U0271443

王辰 · 著

中国林业出版社

图书在版编目（CIP）数据

华北野花 / 王辰著 . —北京：中国林业出版社，2008.6
ISBN 978-7-5038-5244-2

Ⅰ. 华… Ⅱ. 王… Ⅲ. 野生植物：花卉－华北地区
Ⅳ. Q949.408

中国版本图书馆 CIP 数据核字（2008）第 082011 号

书系策划：徐　健　王　辰
编　　著：王　辰
文　　字：王　辰　韩　烁
摄　　影：王　辰　唐志远　黎　敏　欧　智　邱仲恒
杨奕绯　吴　双　牛　洋　韩　烁
设计·绘图：刘承周
责任编辑：张衍辉

出　版：中国林业出版社（100009　北京西城区德内大街刘海胡同 7 号）
网　址：www.cfph.com.cn
E-mail：cfphz@public.bta.net.cn　电话：(010) 66181326
发　行：中国林业出版社
印　刷：北京中科印刷有限公司
版　次：2008 年 7 月第 1 版
印　次：2008 年 7 月第 1 次
开　本：787mm×1092mm　1/32
印　张：11
字　数：395 千字
印　数：1 ~ 4000 册
定　价：58.00 元

序

观花
最简单的时尚科学

著名哲学家波普尔曾经说过："掌握一门知识是认识自然的向导。"也许，这些生长在田野间、江湖畔或者高山上的花草就可以为你充当这样的向导。

现在很多人欣赏一种"在路上"的生活方式，然而却没有想过在路上应该去了解什么、欣赏什么。其实在踏上行途之前，我们如果能为自己确定一个博物学的主题，比如去关注地理、专注身边的动植物，一定会让这次出行变得精彩而有收获。

观鸟、找矿石，这些活动其实都很有意思，去野外观花，也在中国开始兴起。如果说观鸟需要提前准备专业的望远镜、找石头需要背上沉重的地质锤，那么对于更广泛的人群来说，认植物的起点则要低很多。去野外看花，你不需要准备什么特殊的设备，甚至不用任何花销。除此之外，观花还没有年龄上的限制。大思想家卢梭在50多岁的时候突然迷上植物学，他在修道院里进行植物观察研究，然后开始和国内外的植物学家通信往来。卢梭的例子也告诉了我们，植物学和数学、物理不一样，它可以说是博物学中最为平民化的学科。

在中国，博物学的传统源远流长，然而近代以来，由于西方科学体系以及价值观的冲击，很多学者不再热衷于博物学的发现与思考。但是在民间，博物学的复兴正在悄悄来临，越来越多的人开始利用闲暇时间去走出户外，欣赏花鸟，这样的活动在有修养的人群中已经悄然成为一种时尚。

对于观花、认植物怀有憧憬的人们来说，这本书非常实用。它可以告诉你每种植物的形态、开花时间、生长环境甚至分布海拔，而且大量的图片和设计元素让这本书具有独到的美学价值。

当我们在野外的花海中找到这些精美图片的原型，并为之发出惊叹时，这样的感觉一定会很好。

《中国国家地理》杂志　执行总编　李栓科

目录

目录

综述

本书收录了华北地区常见的野花共300种，采用“花色+花形”的区分方法，将其简单归类，易于初学者简单、快速查询及入门，也便于户外、摄影、旅游爱好者，以及学生和热爱自然的广大读者携带与检索。

本书的一大特色在于，采取了简单、便利、一目了然的查询、检索系统；同时，每一种野花配以2张清晰优美的生态照片，不仅便于读者对照，也可在闲暇时随意翻阅，体味自然之美。此外，本书利用简单图标的方式，标示了每一种野花所处的自然环境、花期及分布地区，并用简单通俗、易于理解的语言，对野花的形态进行了描述。

华北地区植物种类繁多，本书收录的野花种类，都是草本植物，乔木及灌木并未收录在内；同时，一些开花不明显或不像传统意义上“花”的植物种类，例如禾本科、莎草科植物，也未予收录。

本书主要分为三大部分：第一部分，讲述本书的具体使用方法，以便于读者更好地利用本书检索与查询，详见1～18页；第二部分，每一种野花的具体描述，详见89～326页；第三部分，索引及其他，详见327～344页。

查询

当你在野外看到一株正在开花的野花，如何利用本书进行查询？

本书提供三种查询方法，请读者视自身需求，选择适当的查询方法。

花色+花形查询法

适用于各类读者的快速查询法，推荐初学者使用。

当你看到一朵野花时，最直观的印象，是野花的颜色和花朵的形状，利用这两点特征，就可以简单查询到这种野花的相关信息。首先，根据野花的颜色，查找“检索书眉”上对应的颜色；然后，根据野花的花瓣数量、花朵形态，查找“检索书眉”上对应花形的小图标；在确定了颜色和花形之后，便已大大缩小了检索范围，此时可逐一翻阅具体内容，对照图片和描述，来确定野花所属的具体种类。

附地菜 *Trigonotis peduncularis*
紫草科 附地菜属

别名：
地胡椒、鸡肠草、伏地菜

●外观：一年生草本，高5-20厘米；
●根茎：茎斜生或匍匐，常丛生，分枝，被毛；
●叶：具基生叶，茎上叶互生；基生叶卵形，全缘，两面略被毛，具叶柄；茎生叶同基生叶，近无叶柄；
●花序：聚伞花序，有时卷曲状，顶生；
●花：花淡蓝色，花冠辐射对称；花瓣5枚，下部合生，喉部具5枚黄色梯形附属物；萼片下部合生，上部5裂，略被毛；雄蕊、雌蕊均内藏。

176 Wild Flowers华北野花

例如，春天在北京城市中的草坪上，看到一朵蓝色、五瓣小花。首先根据检索书眉①上的蓝色色块，把检索范围确定在161～223页之间；然后，根据花瓣为5瓣的特点，在蓝色花中查询检索书眉上的“5瓣”小图标②，把检索范围近一步确定在162～179页之间，此时符合条件的野花一共有17个种类；近一步检索时，在这17个种类中，根据生长环境③、分布地区④和花期⑤，逐一筛选，此时的生长环境应为“城市”+“平原”，分布地区为“北京”，花期为“4月”，基本符合的只剩下两个种类；最后再比对图片⑥和文字⑦描述，进一步确定，你所见到的野花应该是“附地菜”。（见176页）

必须说明的是，本书收录的300种野花，是分布于华北地区较为常见的种类，但华北地区的野花数量实际远远大于300种。当使用本书时，如果你所见到的野花和本书中任意一种野花都不太相似，那么说明，你见到了相对不太常见的野花种类，如果有兴趣，你也可以根据本书的检索方法，将这种野花记录下来，并拍摄照片作为日后鉴别的资料，作为本书的补充，日积月累，可能你会得到一本专属于你自己的野花图鉴。

分科检索法

适用于有一定植物学基础的读者。

当你看到一朵野花，大致知道它所属的“分类科属”时，可以直接利用327至333页的“分科索引”进行检索，直接找到相关的图片和文字介绍。

中文名称检索法

适用于有一定植物学基础的读者。

当你知道一个野花的中文名称时，可利用334至338页的“中文名称索引”进行检索，直接找到相关的图片和文字介绍。中文名称按首字拼音排列。由于一种植物往往拥有多个中文名称，此处以《北京植物志》、《中国植物志》等书中最常用的名称为准，其余俗名并未列出。

单页格式介绍

检索书眉： 以不同颜色将野花区分成大类，用不同色块表示；色块上的小图标代表花的形状，用以快速查询检索。

中文名： 野花最常用的中文名称，同一种类其他的俗名收录于“附记”部分。

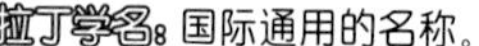

拉丁学名： 国际通用的名称。

分类科属： 分类学上野花所归属的类群。

生态照： 主图多为花及部分枝叶，附图为花的特写、或为其他野外识别特征。

生长环境： 野花生长的环境类型及海拔高度，即野花在何种环境下最易见到。

分布地区： 野花在华北地区的分布状况。

附记： 一种野花往往有多个中文名称，“别名”部分即是该野花其他的常用俗名；若在野外有与该野花近似的种类，这一近似种类的名称、以及与主要介绍种的区分特征将以“近似种”词条作出简要介绍。

形态描述： 对于野花形态的文字描述。

花期： 野生环境中野花开花的时间；高亮显示的月份即为野花的花期。

花色

依照 黄—白—蓝—粉—红—绿 的顺序排列。

有些野花同一朵花具有两种以上颜色，比如狼毒（见111页），同一朵花既有白色又有红色部分；有些野花同一种类有时出现多种颜色的个体，比如圆叶牵牛（见189页），有些植株花为蓝紫色，有些为紫红色。上述情况以其最主要的花色作为分类查询的依据。

某些野花的颜色处于过渡阶段，例如蓝紫色和紫红色，有时因光线强弱、色温等环境因素影响，野外实际所见会与图片略有偏差，若在某一颜色大类中查找不到，可以在邻近颜色的大类中查询。

大类	细分
黄	橙黄、黄、淡黄、米黄
白	乳白、纯白
蓝	淡蓝、水青、蓝、蓝紫
粉	紫红、淡紫红、粉红、淡粉
红	红、橘红、褐
绿	黄绿、淡绿、绿

花期

花期指野花在野生环境中的开花月份。有时同一种野花，在不同环境、不同海拔高度或不同年份中，开花的时间也会有所不同，因而此处记录的花期，包含了不同环境、气候中开花时间提早或延后的情况。

分类科属

在分类学上，一种生物常被划分在由高到低的不同等级中，这些等级由大到小分别是“界、门、纲、目、科、属、种”，例如蛇莓（见30页）就是“种”级单位，它应被划分在植物界、被子植物门、双子叶植物纲、蔷薇目、蔷薇科、蛇莓属。

植物分类中，“科”和“属”两个级别的单位较为重要，因此在植物名称之后，常会附记该植物所在的科属。由于在不同的分类系统中，科名、属名有时并不相同，而有些植物所归属的科属也有差异，因而本书所选取的分类系统与《中国植物志》、《北京植物志》、《河北植物志》等文献一致，为恩格勒系统。

花形

依照多瓣—5瓣—4瓣—3或6瓣—喇叭形花—菊花形花—无花瓣—两侧对称花—蝶形花—唇形花的顺序排列。

同一种野花的花瓣数有时会产生个体变异，因而此处以最常见的情况为准。为便于初学者查询使用，此处所谓的“花瓣”泛指“看上去像花朵的部分”，在植物学中，看似花朵的部分，可能是真正的花瓣，也可能是花的萼片。另外，有些野花的花瓣基部是联合在一起的，例如大叶龙胆（见165页），花瓣下部合生，上部5裂，为便于区分和使用，这样的情况也被归为“花瓣5枚”的类群之中。

辐射对称花

多瓣：花瓣（或看似花瓣的部分）数量多于6枚。

5瓣：花瓣（或看似花瓣的部分）数量为5枚，或花朵基部合生、上部5裂。

4瓣：花瓣（或看似花瓣的部分）数量为4枚，或花朵基部合生、上部4裂。

3或6瓣：花瓣（或看似花瓣的部分）数量为3或6枚，或花朵基部合生、上部3或6裂。

喇叭形花：花朵形如喇叭，或顶端略浅裂。

菊花形花：看似是一朵花，实际则由多朵小花聚集而成。（详见图解）

无花瓣：没有明显的花瓣（或看似花瓣的部分），花的主体由雌蕊或雄蕊构成。

两侧对称花

两侧对称花：花朵以中线为轴，两侧对称（有时不甚规则）。

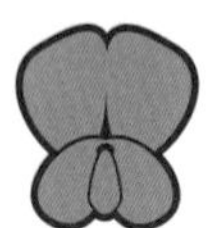

蝶形花：两侧对称花的特例，花朵似蝴蝶形。（详见图解）

唇形花：两侧对称花的特例，花朵基部合生成筒，先端分裂为上下两部分，如同上下嘴唇状。（详见图解）

拉丁学名

以拉丁文书写的国际通用名称，至少包含两个拉丁词——植物的属名和种加词。每种植物只有唯一的拉丁学名，以其他任何文字书写的名称，例如中文名、英文名、俄文名、日文名等，都不能称为“学名”，而应称为俗名或当地名。有时，学名由更多的拉丁词构成，这种情况往往是出现了变种、亚种或变型，以下将以本书中出现的情况为例，略作说明。

例一

Trollius chinensis
毛茛科 金莲花属

金莲花*Trollius chinensis*（见21页）

第一个拉丁词*Trollius*是金莲花的“属名”，用斜体书写，第一个字母大写。

第二个拉丁词*chinensis*是金莲花的“种加词”，用斜体书写，一律用小写。

例二

Lilium concolor var. *pulchellum* **有斑百合**
百合科 百合属

有斑百合*Lilium concolor* var. *pulchellum*（见303页）

前两个拉丁词分别表示其“属名”和“种加词”。

第三个词var.表示“变种”，用正体书写。

第四个拉丁词*pulchellum*是有斑百合的“变种名”，用斜体书写，一律用小写。

例三

北京假报春 *Cortusa matthioli* ssp. *pekinensis*
报春花科 假报春属

北京假报春*Cortusa matthioli* ssp. *pekinensis*（见240页）

前两个拉丁词分别表示其“属名”和“种加词”。

第三个词ssp.表示“亚种”，用正体书写。

第四个拉丁词*pekinensis*是北京假报春的“亚种名”，用斜体书写，一律用小写。

例四

紫花耧斗菜 *Aquilegia viridiflora* f. *atropurpurea*
毛茛科 耧斗菜属

紫花耧斗菜*Aquilegia viridiflora* f. *atropurpurea*（见162页）

前两个拉丁词分别表示其“属名”和“种加词”。

第三个词f.表示“变型”，用正体书写。

第四个拉丁词*atropurpurea*是紫花耧斗菜的“变型名”，用斜体书写，一律用小写。

分为生长环境（纵向）及海拔高度（横向）两部分。

生长环境依城市—湿地—荒地—草丛—林地—石缝的顺序排列。

海拔高度依平—低—中—高的顺序排列。

生长环境指野花在野外所处的环境，由于野外环境种类十分多样，为便于使用，此处精选了常见的6种环境类型。海拔高度指野花常见的垂直分布高度，有些野花的分布可能涉及内蒙古高原，此处环境与华北大部分地区略有不同，因此在内蒙古高原，野花分布的海拔高度与书中记述可能存在一些差异。

	平	低	中	高
城市				
湿地				
荒地				
草丛				
林地				
石缝				

海拔高度

平： 海拔高度低于100米的平原地区。

低： 海拔高度低于500米的山地、丘陵。

中： 海拔高度在500米至1500米之间的山地。

高： 海拔高度高于1500米的山地。

生长环境

城市： 指分布于城市中的野花，出现于房前屋后，街边或公园的草坪之中，一定处于野生状态。

湿地： 分布于河流、湖泊、溪流、池塘及其周边含水充足的地区，可能是生于水中、漂浮于水面或挺立出水的水生植物，也可能是在水域周边湿润土地上生长的湿生植物。

荒地： 指分布于较为干旱环境中的野花，地面多以土、沙石为主，植物覆盖面积较小。

草丛： 分布于草丛中，地面多被各种草本植物覆盖。

林地： 分布于树林中，可能是高大乔木林下，可能是灌木丛中，有些种类也可能分布于树林与其他环境的交界边缘。

石缝： 生长于岩石缝隙中，生于城市中墙壁缝隙、屋顶砖瓦间的野花也归于此类。

分布地区

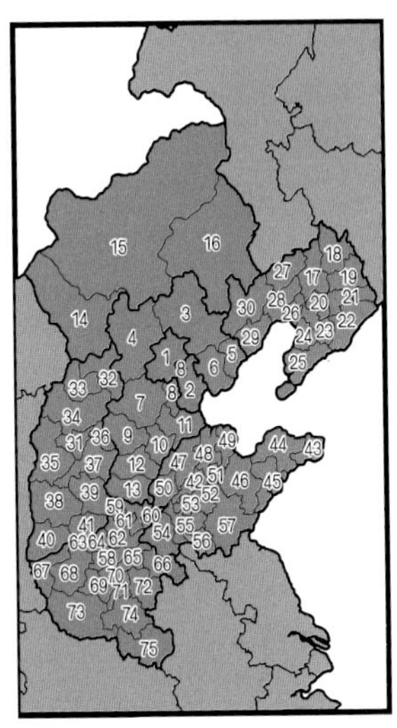

野花在行政区域上的分布范围，所统计的区域以华北地区为中心，涵盖华北地区周边的部分省区，主要包括北京市、天津市、河北省、山西省、山东省、河南省、辽宁省以及内蒙古自治区的一部分。

分布地区在地图上的表示以地级市为单位，凡文献记载有分布者标注为高亮。因分布地区主要以地方植物志等文献为依据，因而可能存在如下情况：野花在某一地区有分布，由于科研工作开展的深入程度所限，或野花的野外分布在近些年内发生变化，文献中并未予以记载，则本书中并未在地图上标识。

河北省： 1北京 2天津 3承德 4张家口 5秦皇岛 6唐山 7保定 8廊坊 9石家庄 10衡水 11沧州 12邢台 13邯郸

内蒙古自治区： 14锡林郭勒 15乌兰察布 16赤峰

辽宁省： 17沈阳 18铁岭 19抚顺 20辽阳 21本溪 22丹东 23鞍山 24营口 25大连 26盘锦 27阜新 28锦州 29葫芦岛 30朝阳

山西省： 31太原 32大同 33朔州 34忻州 35吕梁 36阳泉 37晋中 38临汾 39长治 40运城 41晋城

山东省： 42济南 43威海 44烟台 45青岛 46潍坊 47德州 48滨州 49东营 50聊城 51淄博 52莱芜 53泰安 54菏泽 55济宁 56枣庄 57临沂

河南省： 58郑州 59安阳 60濮阳 61鹤壁 62新乡 63济源 64焦作 65开封 66商丘 67三门峡 68洛阳 69平顶山 70许昌 71漯河 72周口 73南阳 74驻马店 75信阳

形态描述

依照外形—根茎—叶—花序—花的顺序排列。

为便于初学者使用，本书中将一些植物学中的形态术语略作处理，使其更加通俗易懂，但经过处理的语言难免在科学性上不够严谨，敬请广大读者谅解，若需查证更为严谨的形态描述，请参考植物志等相关专业书籍或文献。

由于本书主要收录华北地区常见的野花（草本野花），选取的生态照片绝大多数为花朵图片，仅极少数涉及果实或种子，因而形态描述中并未提及果实及种子部分。

外形：包括植物习性和植株高度两部分；习性即指野花的生长周期，例如一年生草本、多年生草本等；植株高度即为野花在野外常见的高度，以厘米为单位，但并不排除特化的个体低于或高出记述的高度范围。

根茎：包括植物根的特征和茎的特征；若根部具有明显特征，可用于鉴定，则会着重说明，否则可能省略，有时根与茎难以划分界线，则统称地下或接近地下部分为“根茎”；茎的特征常包括是否分枝、直立或斜生、是否具棱、是否具刺等；有时植物体内含有乳汁，则会着重说明。

叶：包括叶序和叶形两部分；叶序指叶的排列方式，例如对生、互生、轮生、基生等；叶形特征中包括叶的形状、质地、边缘、叶柄情况等。

花序：指花的排列方式，分为花序类型和着生位置两部分；花序类型，指花在植物体上的排列方法，例如单生、总状花序、穗状花序等；着生位置，指花序在植物体上的生长位置，例如顶生、腋生等。

花：花的颜色、形态等特征，包括花色、花形、花瓣及萼片（统称为花被）、雌蕊、雄蕊等特征，若花具有特殊气味，则会着重说明。

图解

花的基本构造

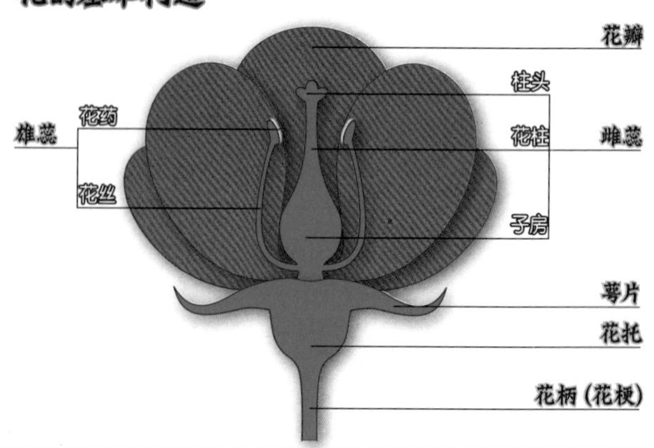

特殊的花

菊花形花示意

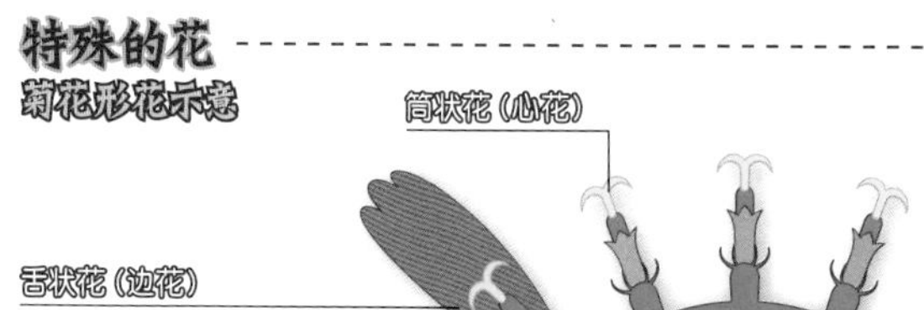

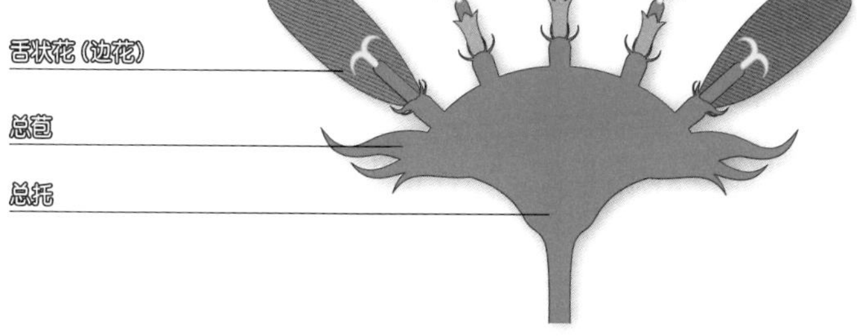

蝶形花示意

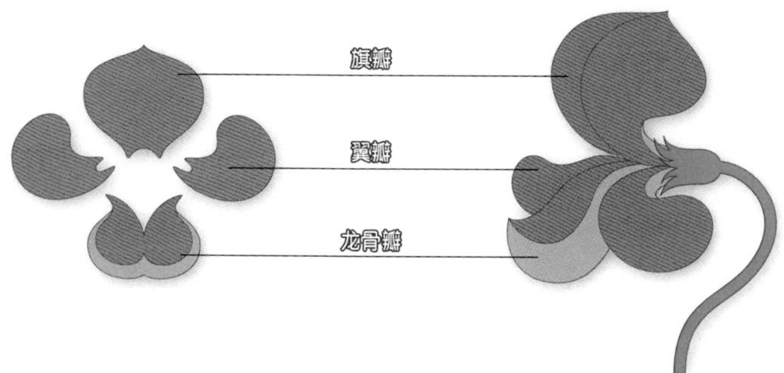

唇形花示意

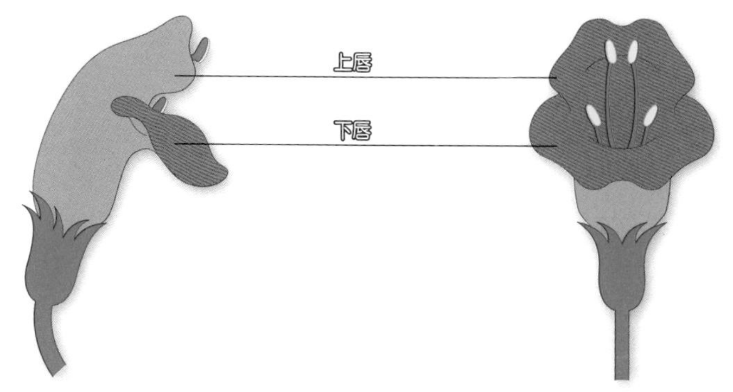

花形实例

辐射对称

花瓣多枚：黄戴戴

花瓣5枚：酢浆草、砂引草

花瓣4枚：糖芥

花瓣3枚：野慈姑

花瓣6枚：有斑百合

喇叭形花：圆叶牵牛、北鱼黄草

菊花形花：翠菊、刺儿菜

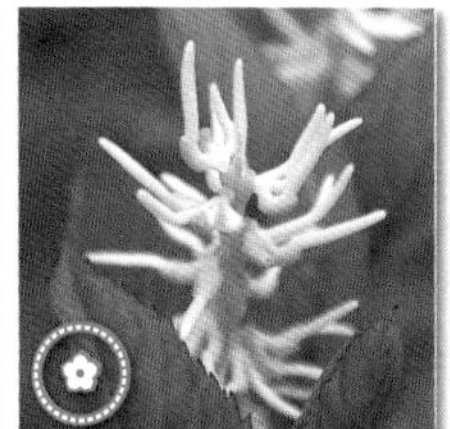

无花瓣：菖蒲、银线草

两侧对称

两侧对称：早开堇菜、草乌、大花杓兰

蝶形花：扁茎黄芪

唇形花：地黄

叶特征示意图

叶序

互生　对生　轮生　基生

叶分裂

深裂　中裂　浅裂　不裂

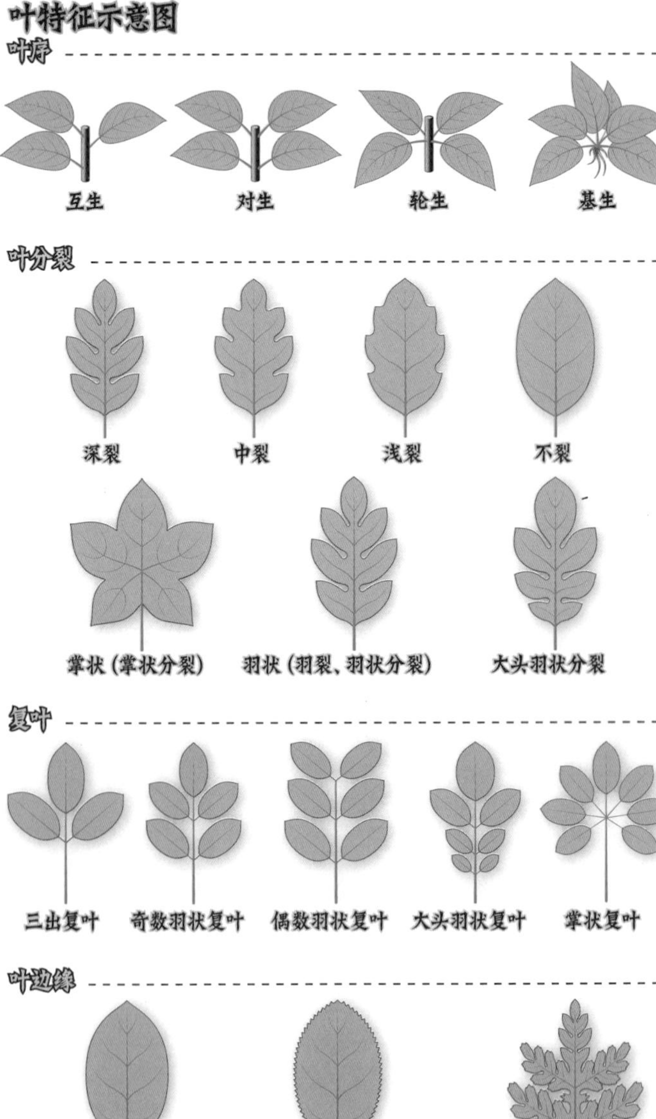

掌状（掌状分裂）　羽状（羽裂、羽状分裂）　大头羽状分裂

复叶

三出复叶　奇数羽状复叶　偶数羽状复叶　大头羽状复叶　掌状复叶

叶边缘

全缘

边缘具齿

边缘不整齐

叶形

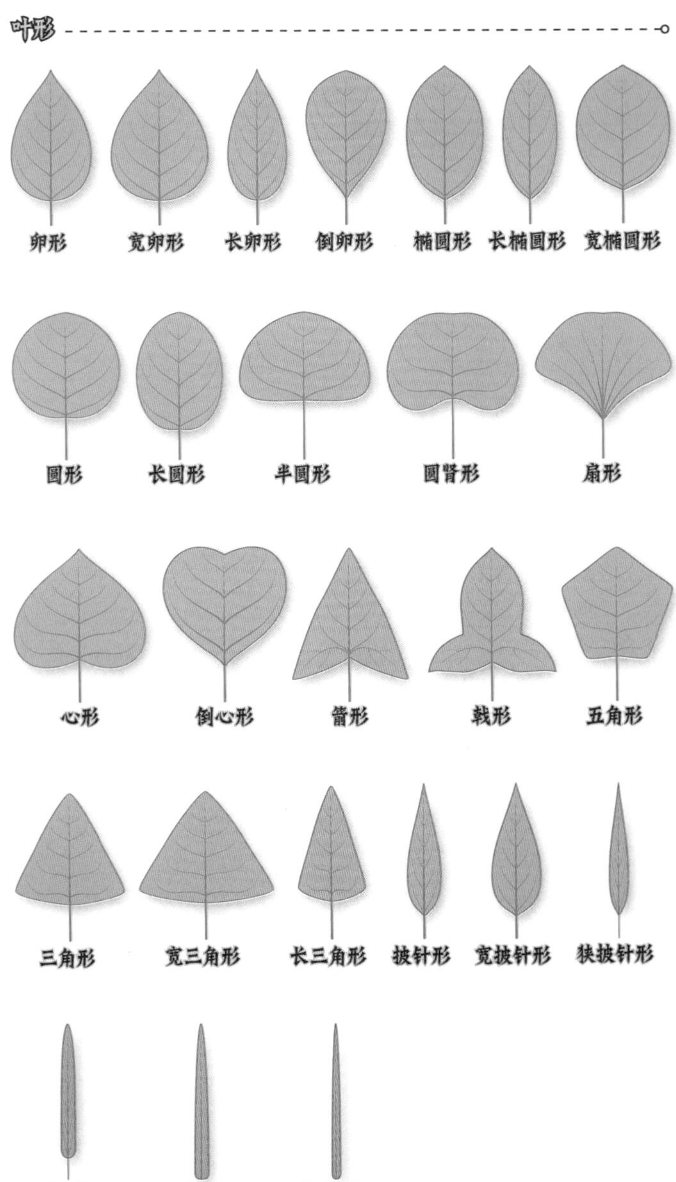
卵形
宽卵形
长卵形
倒卵形
椭圆形
长椭圆形
宽椭圆形
圆形
长圆形
半圆形
圆肾形
扇形
心形
倒心形
箭形
戟形
五角形
三角形
宽三角形
长三角形
披针形
宽披针形
狭披针形
条形
线形
细线形

花序类型

单生：

紫点杓兰

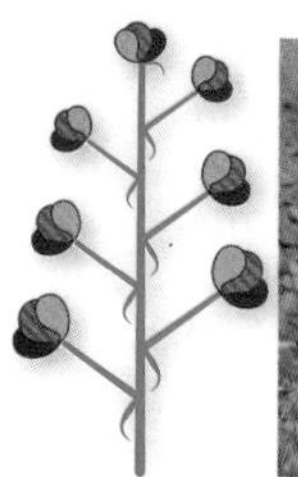

总状花序：柳兰

穗状花序（穗状排列）：藜芦

圆锥花序（圆锥状排列）：黄连花

伞形花序：水芹

伞房花序（伞房状排列）：风毛菊

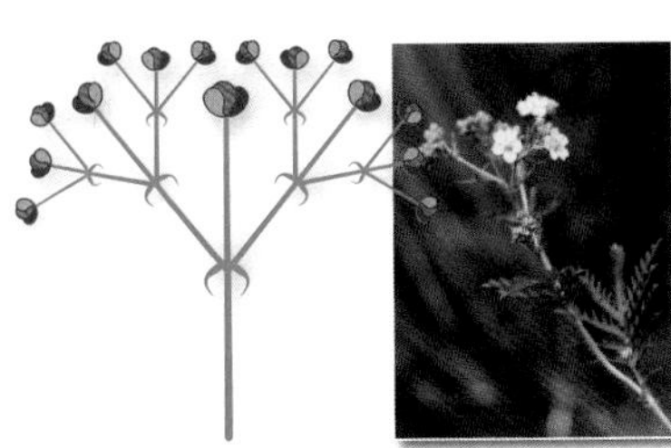

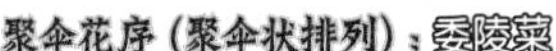
聚伞花序（聚伞状排列）：委陵菜

轮伞花序：串铃草

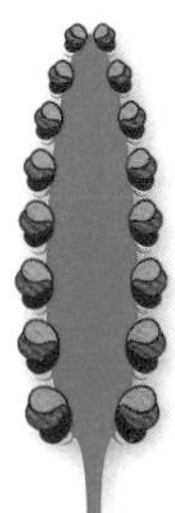

肉穗花序：狭叶香蒲

头状花序（头状排列）：狼毒 苦菜

花或花序着生方式

顶生：

紫斑风铃草

龙牙草

腋生：

苘麻

喜旱莲子草

基生：

斑叶堇菜

点地梅

黄色的花

黄戴戴 *Halerpestes ruthenica*

毛茛科 碱毛茛属

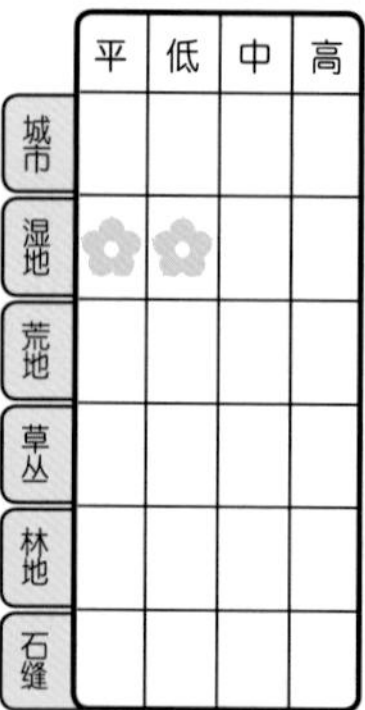

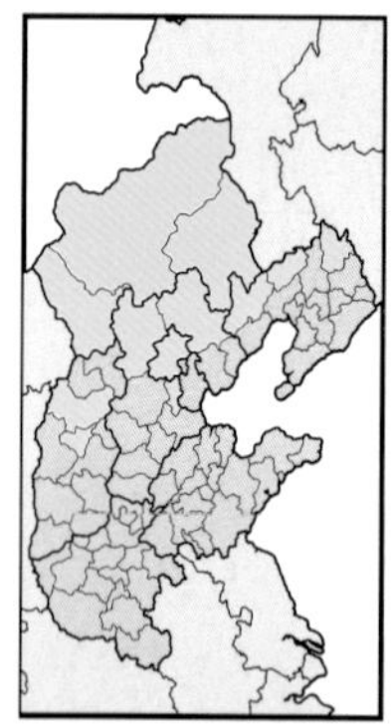

别名：

长叶碱毛茛

- **外观：** 多年生草本，高5–20厘米；
- **根茎：** 具匍匐茎，细长，横走；
- **叶：** 仅具基生叶；长卵形，全缘，先端3浅裂或具圆齿，具长叶柄；
- **花序：** 花单生、有时2–3朵，基生；花梗直立；
- **花：** 花亮黄色，花冠辐射对称；花瓣多数；萼片5枚；雄蕊多枚；雌蕊多枚。

金莲花

Trollius chinensis

毛茛科 金莲花属

	平	低	中	高
城市				
湿地				
荒地				
草丛				✿
林地				
石缝				

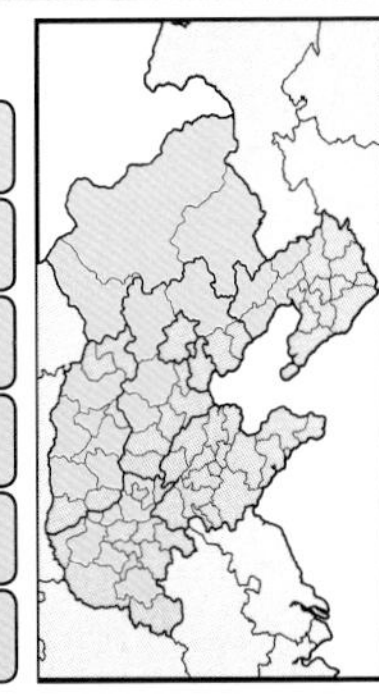

别名：

阿拉坦花、金疙瘩、金梅草

●**外观：** 多年生草本，高30–70厘米；

●**根茎：** 茎直立，不分枝；

●**叶：** 具基生叶，茎上叶互生；基生叶五角形，深裂至基部，掌状，边缘不整齐，具长叶柄；茎生叶同基生叶，具叶柄或近无叶柄；

●**花序：** 花单生、或聚伞花序，顶生；

●**花：** 花金黄色，花冠辐射对称；花被多枚；雄蕊多枚；雌蕊多枚。

马齿苋 *Portulaca oleracea*

马齿苋科 马齿苋属

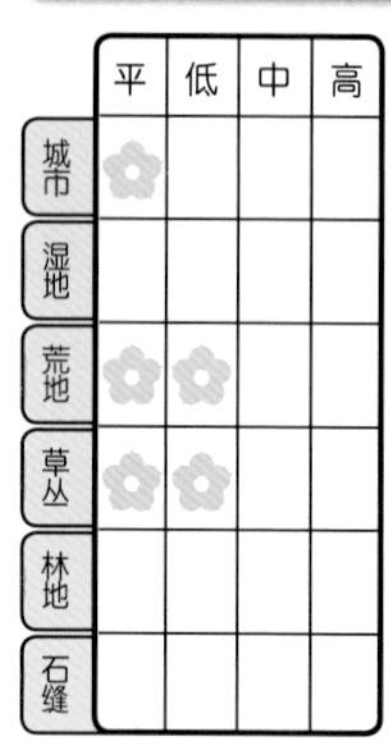

	平	低	中	高
城市	✿			
湿地				
荒地	✿	✿		
草丛	✿	✿		
林地				
石缝				

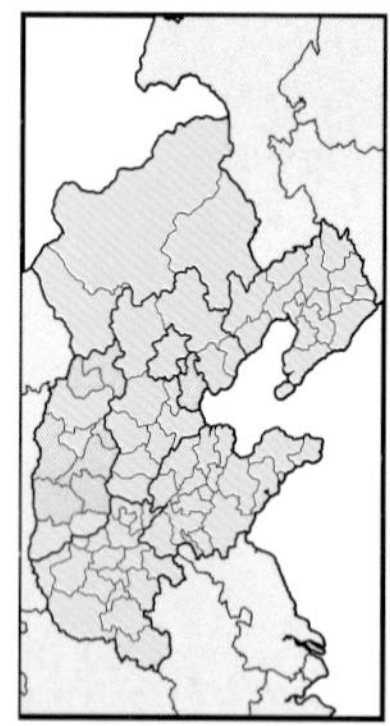

别名：

马齿菜、麻绳菜、五方草、马苋菜、蚂蚱菜

- **外观：** 一年生草本，高2–5厘米；
- **根茎：** 茎匍匐或斜生，多分枝，肉质；
- **叶：** 叶互生，有时对生；倒卵形，肉质，全缘，具短叶柄；
- **花序：** 花3–5朵簇生、有时单生，顶生；
- **花：** 花黄色，花冠辐射对称；花瓣5枚，2浅裂；萼片2枚；雄蕊8–12枚；雌蕊1枚，柱头5裂。

驴蹄草
Caltha palustris
毛茛科 驴蹄草属

	平	低	中	高
城市				
湿地				
荒地				
草丛				
林地				
石缝				

别名：
马蹄叶、马蹄草

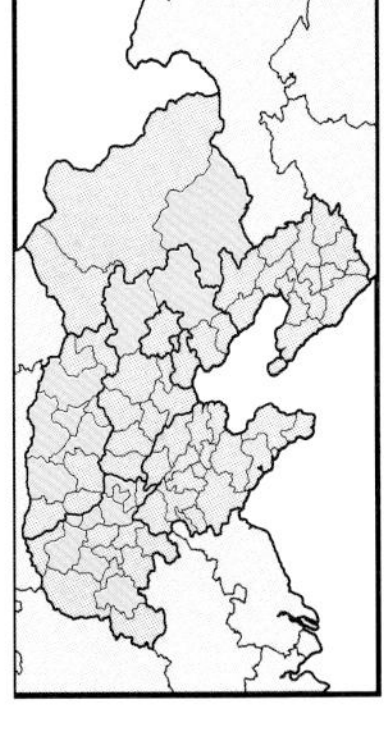

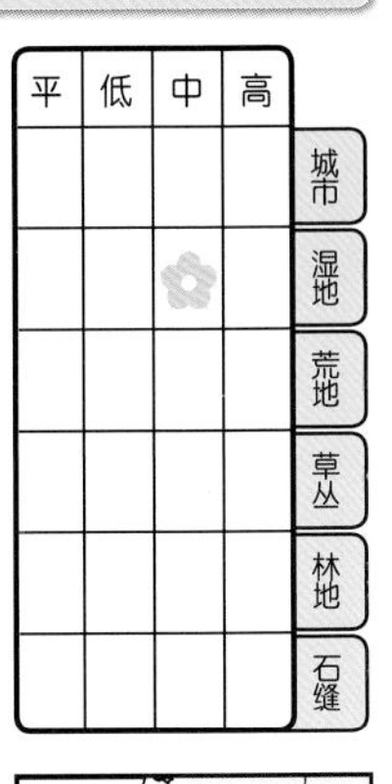

- **外观：**多年生草本，高20－40厘米；
- **根茎：**根略肉质；茎直立，分枝；
- **叶：**具基生叶，茎上叶互生；基生叶圆肾形，边缘具齿，具长叶柄；茎生叶同基生叶，具叶柄或近无叶柄；
- **花序：**聚伞花序，具2朵花，顶生；
- **花：**花黄色，花冠辐射对称；花被5枚；雄蕊多枚；雌蕊多枚。

茴茴蒜 *Ranunculus chinensis*

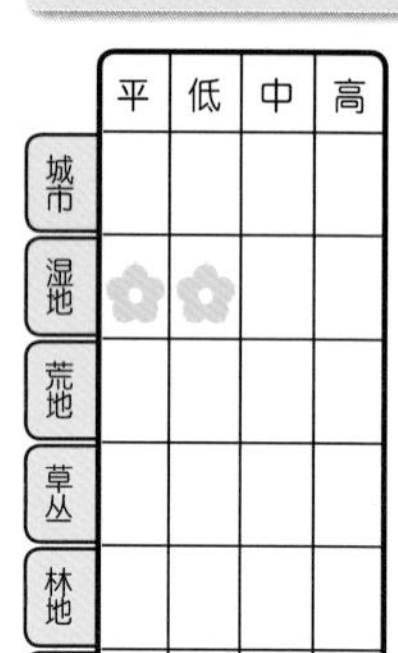

毛茛科 毛茛属

	平	低	中	高
城市				
湿地				
荒地				
草丛				
林地				
石缝				

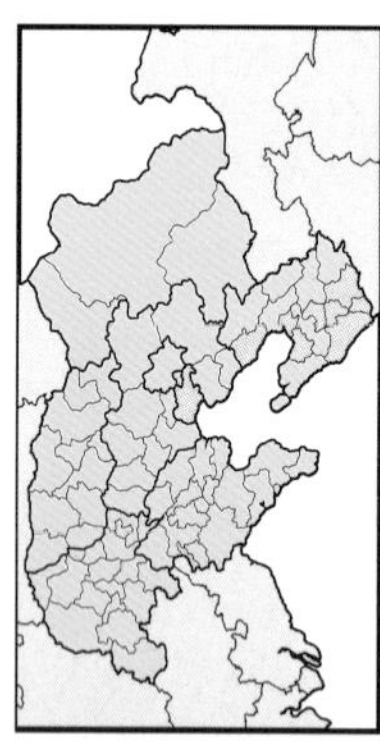

别名：
回回蒜、小虎掌草、鸭脚板、山辣椒

近似种：
石龙芮，茎、叶、花序无毛，基生叶3–5裂。

- **外观：** 一年生或多年生草本，高20–70厘米；
- **根茎：** 茎直立，粗壮，多分枝，中空，被毛；
- **叶：** 具基生叶，茎上叶互生；基生叶为三出复叶，叶柄被毛，小叶宽卵形，深裂，边缘不整齐，两面被毛，近无小叶柄；茎生叶同基生叶；
- **花序：** 聚伞花序，顶生；花序梗被毛；
- **花：** 花黄色，花冠辐射对称；花瓣5枚；萼片5枚，外面被毛；雄蕊多枚；雌蕊多枚。

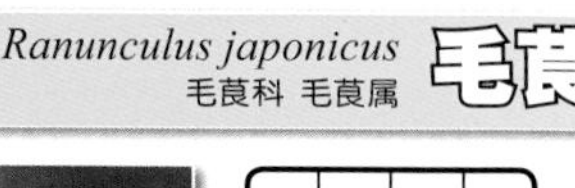

毛茛

Ranunculus japonicus

毛茛科 毛茛属

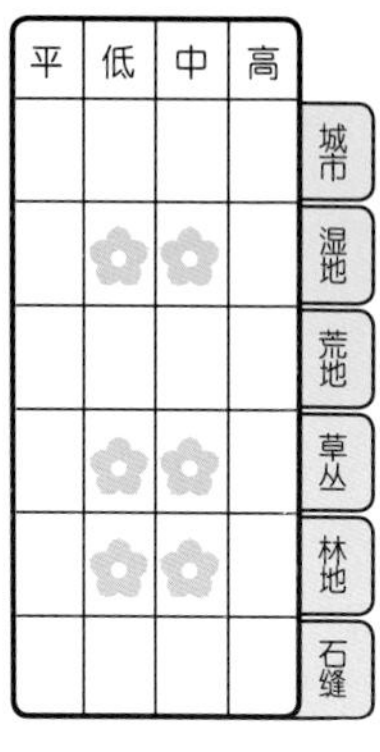

	平	低	中	高
城市				
湿地		✿	✿	
荒地				
草丛		✿	✿	
林地		✿	✿	
石缝				

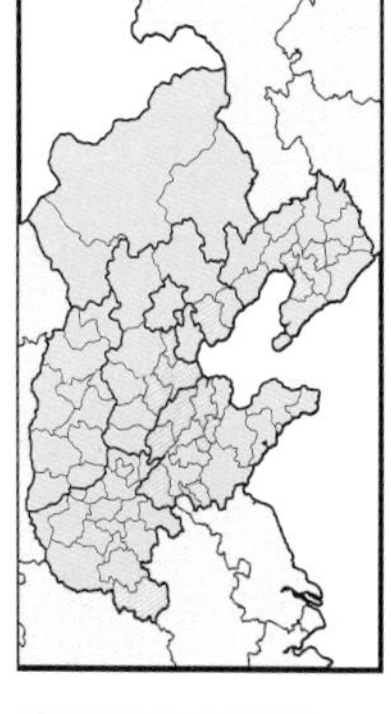

别名：

老虎脚爪草、五虎草、假酸毛茛

●**外观：**多年生草本，高30–70厘米；

●**根茎：**茎直立，分枝，中空，被毛；

●**叶：**具基生叶，茎上叶互生；基生叶五角形，深裂，边缘不整齐，两面被毛，具长叶柄，叶柄被毛；茎生叶同基生叶，具叶柄或近无叶柄；

●**花序：**聚伞花序，顶生或腋生；

●**花：**花亮黄色，花冠辐射对称；花瓣5枚；萼片5枚，外面被毛；雄蕊多枚；雌蕊多枚。

景天三七 *Sedum aizoon*

景天科 景天属

	平	低	中	高
城市				
湿地				
荒地		✿	✿	
草丛		✿	✿	
林地				
石缝		✿	✿	

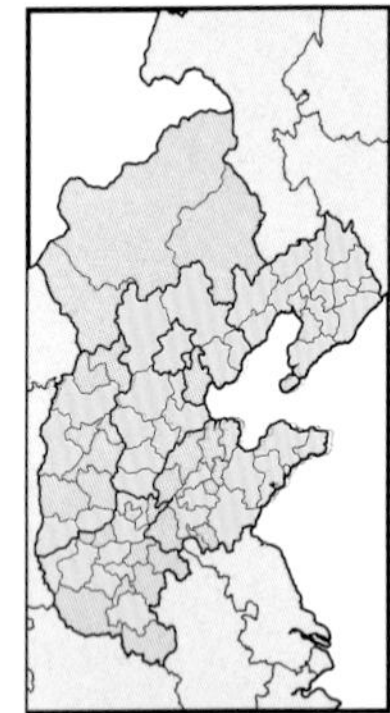

别名：

土三七、费菜、九莲花、长生景天、豆瓣还阳

花期 1 2 3 4 5 6 7 8 9 10 11 12

●**外观：**多年生草本，高20－50厘米；

●**根茎：**茎直立，不分枝；

●**叶：**叶互生；宽披针形，略肉质，边缘具齿，无叶柄；

●**花序：**聚伞花序，顶生；

●**花：**花黄色，花冠辐射对称；花瓣5枚；萼片5枚；雄蕊10枚；雌蕊5枚。

繁缕景天

Sedum stellariaefolium

景天科 景天属

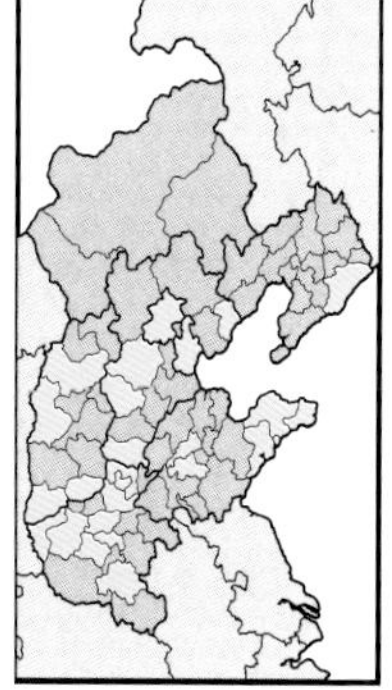

	平	低	中	高
城市				
湿地				
荒地				
草丛				
林地		✿	✿	
石缝		✿	✿	

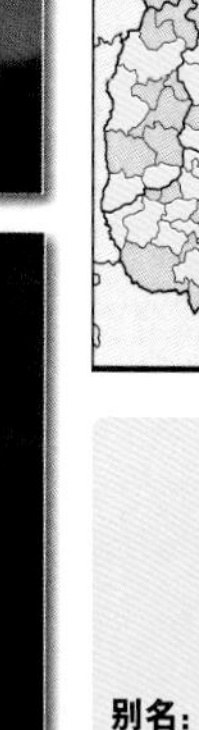

别名：

火焰草、卧儿菜

- **外观：**一年生或二年生草本，高10－20厘米；
- **根茎：**茎直立，有时斜生，分枝，被腺毛；
- **叶：**叶互生；卵状三角形，肉质，全缘，具叶柄；
- **花序：**聚伞花序，顶生；
- **花：**花黄色，花冠辐射对称；花瓣5枚；萼片5枚；雄蕊10枚；雌蕊5枚。

爪虎耳草 *Saxifraga unguiculata*

虎耳草科 虎耳草属

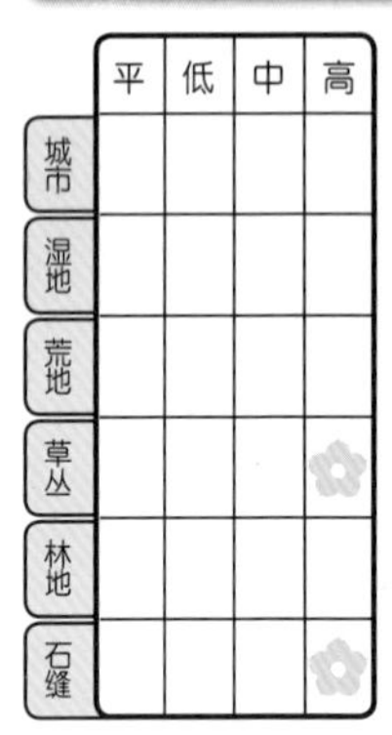

	平	低	中	高
城市				
湿地				
荒地				
草丛				✿
林地				
石缝				✿

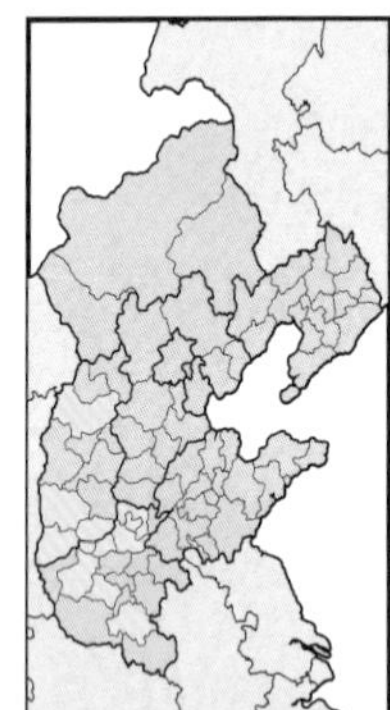

别名：

爪瓣虎耳草

●**外观：**多年生草本，高5－15厘米；

●**根茎：**茎直立，丛生，有时分枝；

●**叶：**具基生叶，茎上叶互生；基生叶宽披针形，全缘，近无叶柄；
茎生叶披针形，全缘，边缘具毛，无叶柄；

●**花序：**花单生、有时为聚伞花序，顶生；

●**花：**花黄色，花冠辐射对称；花瓣5枚，具橙色斑点；萼片5枚，外面被腺毛；
雄蕊10枚；雌蕊1枚，柱头微2裂。

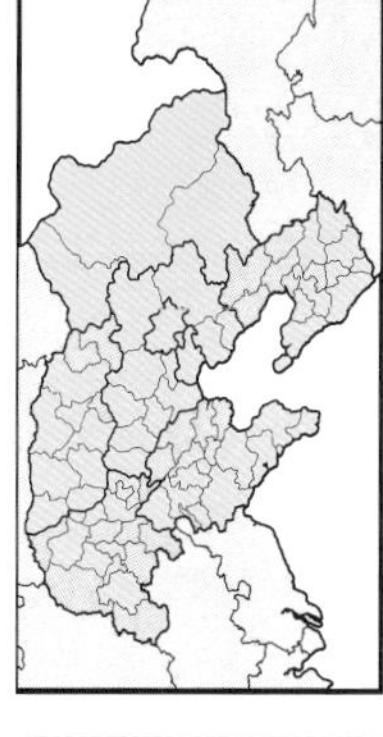

别名：
龙芽草、仙鹤草、瓜香草、路边黄

- **外观：**多年生草本，高30–120厘米；
- **根茎：**根呈块茎状；茎直立，分枝，被毛；
- **叶：**叶互生；奇数羽状复叶，小叶对生，宽卵形，边缘具齿，两面被毛，无小叶柄；
- **花序：**总状花序，顶生，被长毛；
- **花：**花黄色，花冠辐射对称；花瓣5枚；萼片5枚，外面被毛；雄蕊5–15枚；雌蕊2枚。

蛇莓 *Duchesnea indica*

蔷薇科 蛇莓属

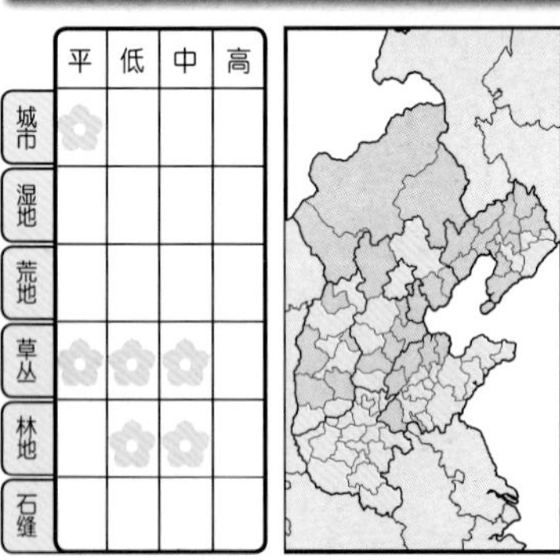

别名： 蛇泡草、三爪凤

近似种： 等齿委陵菜，叶有时被毛，萼片2轮近等大。

- **外观：** 多年生草本，高5–15厘米；
- **根茎：** 茎匍匐，分枝，被毛，节上生不定根；
- **叶：** 仅具基生叶；三出复叶，小叶卵形，边缘具齿，具小叶柄；
- **花序：** 花单生，腋生；
- **花：** 花黄色，花冠辐射对称；花瓣5枚；萼片10枚，2轮，外轮5枚较大、先端3裂；雄蕊多枚；雌蕊多枚。

水杨梅

Geum aleppicum

蔷薇科 水杨梅属

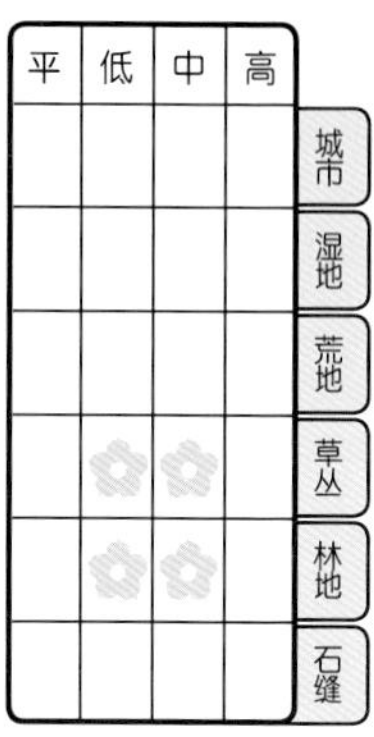

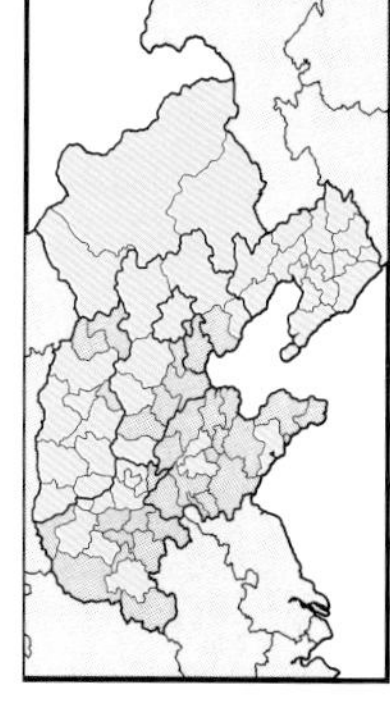

别名：

路边青

●**外观：**多年生草本，高30－80厘米；

●**根茎：**茎直立，不分枝，被长毛；

●**叶：**具基生叶，茎上叶互生；基生叶为大头羽状复叶，叶柄被毛，小叶对生，宽卵形，边缘具齿，略被毛，无小叶柄；

茎生叶为奇数羽状复叶，小叶对生，披针形，边缘具齿，无小叶柄；

●**花序：**花单生，有时3朵，顶生；

●**花：**花黄色，有时橙色，花冠辐射对称；花瓣5枚；萼片10枚，2轮；雄蕊多枚；雌蕊多枚。

鹅绒委陵菜 *Potentilla anserina*

蔷薇科 委陵菜属

	平	低	中	高
城市	✿			
湿地	✿	✿	✿	
荒地				
草丛	✿	✿	✿	✿
林地				
石缝				

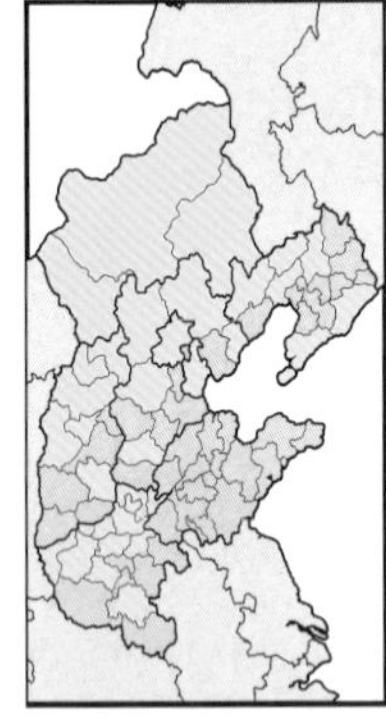

别名：
蕨麻、蕨麻委陵菜、人身果、莲花菜、延寿草

花期
1 2 3 4 5 6 7 8 9 10 11 12

●**外观：**多年生草本，高5–15厘米；

●**根茎：**有时具块根，纺锤形；茎匍匐，分枝，节上生不定根；

●**叶：**具基生叶，茎上叶互生；基生叶为奇数羽状复叶，叶柄略被毛，小叶对生或互生，长卵形，边缘具齿，背面密被毛，呈银白色，近无小叶柄；茎生叶同基生叶；

●**花序：**花单生，腋生；

●**花：**花黄色，花冠辐射对称；花瓣5枚；萼片10枚，2轮；雄蕊多枚；雌蕊多枚。

委陵菜

	平	低	中	高
城市				
湿地				
荒地		✿	✿	
草丛		✿	✿	
林地				
石缝				

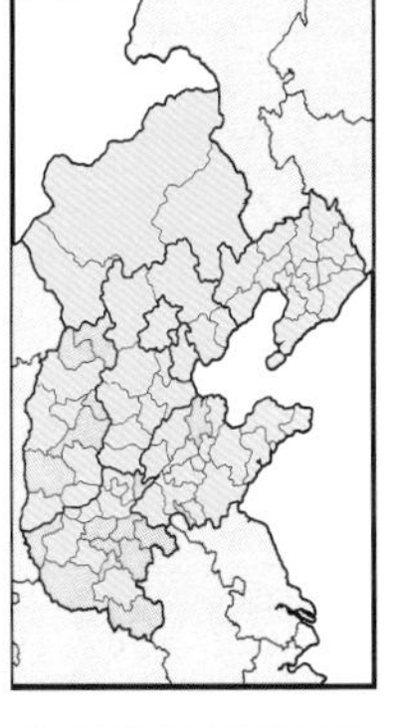

别名：
生血丹、一白草、扑地虎、天青地白

●**外观：**多年生草本，高20—60厘米；

●**根茎：**根粗壮，略木质化；茎直立或斜生，有时分枝，被长毛；

●**叶：**具基生叶，茎上叶互生；基生叶为奇数羽状复叶，叶柄被毛，小叶近对生，条形，边缘具齿或深裂，背面密被毛，无小叶柄；茎生叶同基生叶；

●**花序：**聚伞花序，顶生或腋生，被毛；

●**花：**花黄色，花冠辐射对称；花瓣5枚；萼片10枚，2轮；雄蕊多枚；雌蕊多枚。

匐枝委陵菜 *Potentilla flagellaris*

蔷薇科 委陵菜属

	平	低	中	高
城市				
湿地				
荒地				
草丛		✿	✿	
林地		✿	✿	
石缝				

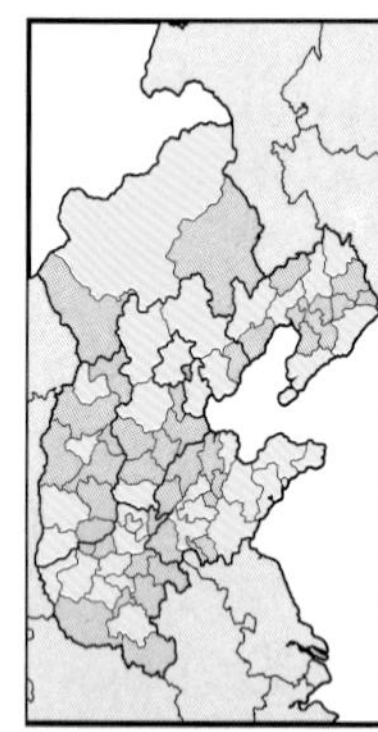

别名：
蔓委陵菜、鸡儿头苗

近似种：
绢毛匍匐委陵菜，基生叶为三出复叶，小叶背面密被毛。

- **外观：**多年生草本，高5－15厘米；
- **根茎：**茎匍匐，分枝，略被毛；
- **叶：**具基生叶，茎上叶互生；基生叶为掌状复叶，小叶5枚（有时3枚），叶柄被毛，小叶倒卵形，边缘具齿，无小叶柄；茎生叶同基生叶；
- **花序：**花单生，腋生或与叶对生；
- **花：**花黄色，花冠辐射对称；花瓣5枚；萼片10枚，2轮；雄蕊多枚；雌蕊多枚。

朝天委陵菜

Potentilla supina

蔷薇科 委陵菜属

	平	低	中	高
城市	✿			
湿地				
荒地	✿	✿		
草丛	✿	✿		
林地				
石缝				

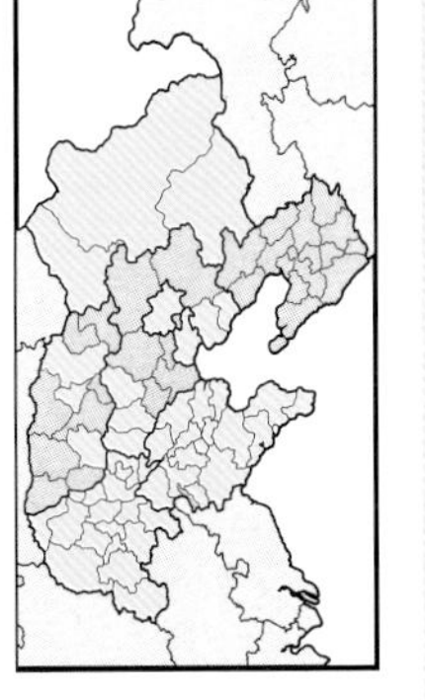

别名：
鸡毛菜、伏委陵菜、铺地委陵菜

近似种：
多茎委陵菜，奇数羽状复叶，小叶羽状深裂，裂片细。

●**外观：**一年生或二年生草本，高10－50厘米；

●**根茎：**茎斜生或匍匐，分枝；

●**叶：**具基生叶，茎上叶互生；基生叶为奇数羽状复叶，小叶互生或对生，长卵形，边缘具齿、无小叶柄；茎生叶同基生叶；

●**花序：**花单生，腋生，有时为聚伞花序，顶生；花梗被毛；

●**花：**花黄色，花冠辐射对称；花瓣5枚；萼片10枚，2轮；雄蕊多枚；雌蕊多枚。

酢浆草 *Oxalis corniculata*

酢浆草科 酢浆草属

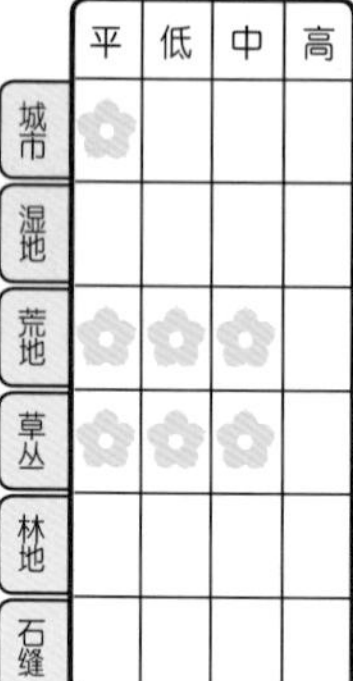

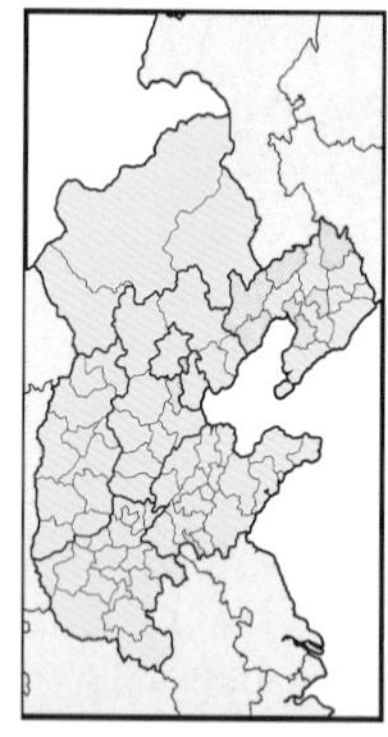

别名：
三叶草、酸味草、酸醋酱

●**外观：**多年生草本，高5–35厘米；

●**根茎：**茎匍匐或斜生，多分枝，略被毛；

●**叶：**具基生叶，茎上叶互生；基生叶为三出复叶，具长叶柄、略被毛，小叶倒心形，全缘，无小叶柄；茎生叶同基生叶；

●**花序：**花单生，有时为聚伞花序，腋生；

●**花：**花黄色，花冠辐射对称；花瓣5枚；萼片5枚，背面被毛；雄蕊10枚；雌蕊5枚。

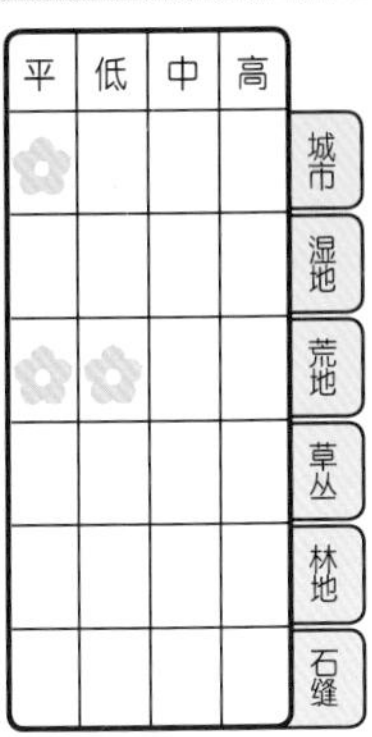

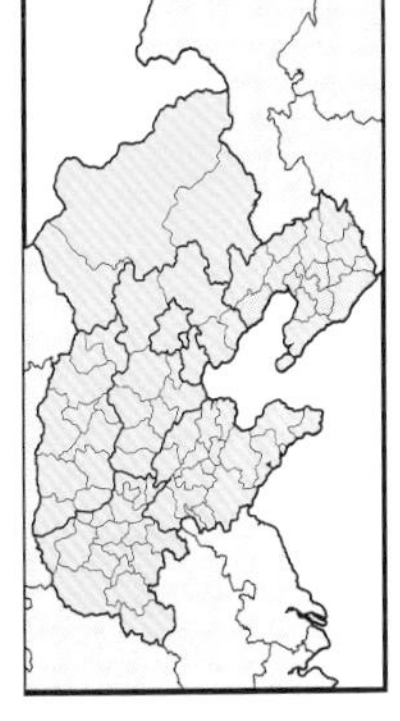

别名：
蒺藜狗子、白蒺藜

●**外观：**一年生草本，高5—15厘米；

●**根茎：**茎匍匐或斜生，分枝，被毛；

●**叶：**叶互生或对生；偶数羽状复叶，小叶对生，长圆形，全缘，背面被毛，无小叶柄；

●**花序：**花单生，腋生；

●**花：**花黄色，花冠辐射对称；花瓣5枚；萼片5枚；雄蕊10枚；雌蕊1枚，柱头5裂。

北芸香 *Haplophyllum dauricum*

芸香科 拟芸香属

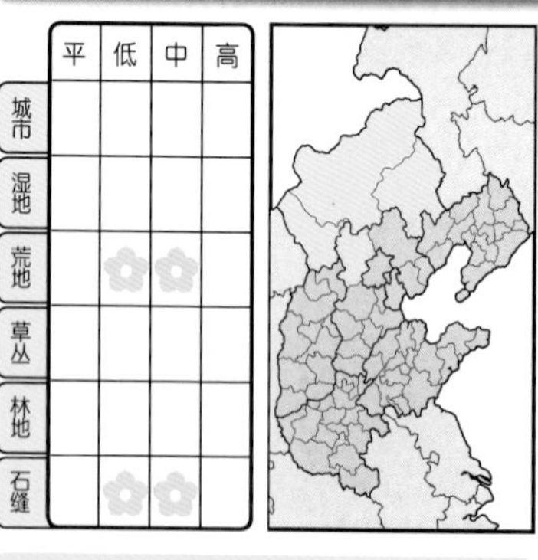

别名:

草芸香

- **外观:** 多年生草本，高5－15厘米；
- **根茎:** 根茎木质；茎直立，丛生，不分枝；
- **叶:** 叶互生；披针形，全缘，具油点，近无叶柄；
- **花序:** 聚伞花序，顶生；
- **花:** 花黄色，花冠辐射对称；花瓣5枚；萼片5枚，基部合生，边缘被毛；雄蕊10枚；雌蕊1枚。

苘麻

平	低	中	高	
✿				城市
				湿地
✿	✿	✿		荒地
✿	✿	✿		草丛
				林地
				石缝

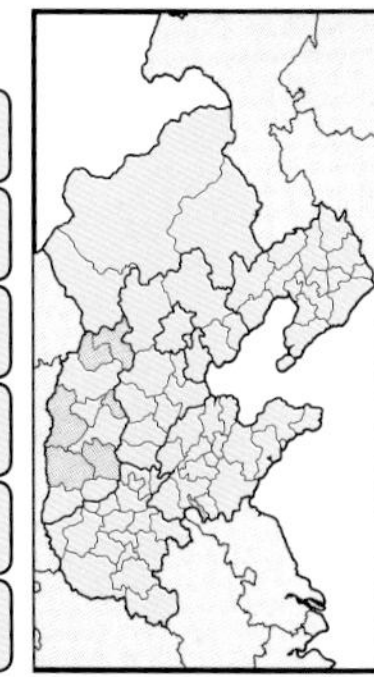

别名：

青麻、白麻、车轮草

- **外观：** 一年生草本，高80−200厘米；
- **根茎：** 茎直立，分枝，被毛；
- **叶：** 叶互生；心形，边缘具细齿，两面被毛，具叶柄，叶柄被毛；
- **花序：** 花单生，腋生；
- **花：** 花黄色，花冠辐射对称；花瓣5枚；萼片下部合生，上部5裂，被毛；雄蕊多枚；雌蕊多枚。

红旱莲 *Hypericum ascyron*

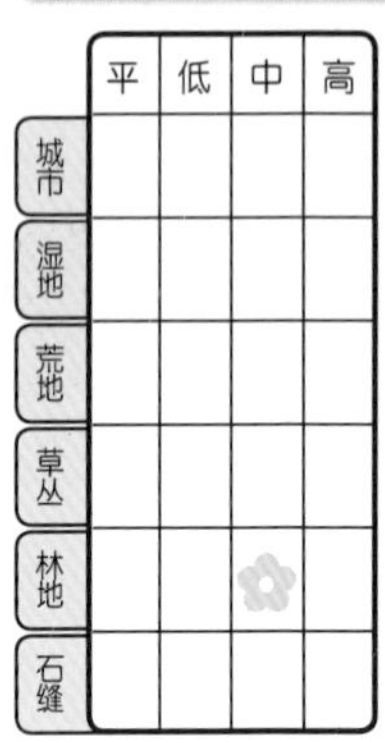

藤黄科 金丝桃属

	平	低	中	高
城市				
湿地				
荒地				
草丛				
林地			✿	
石缝				

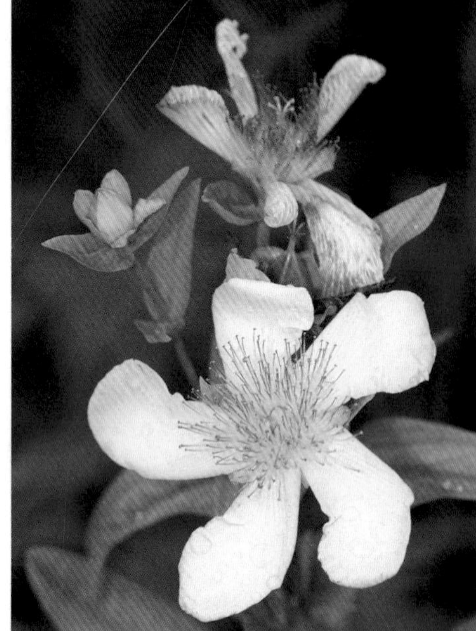

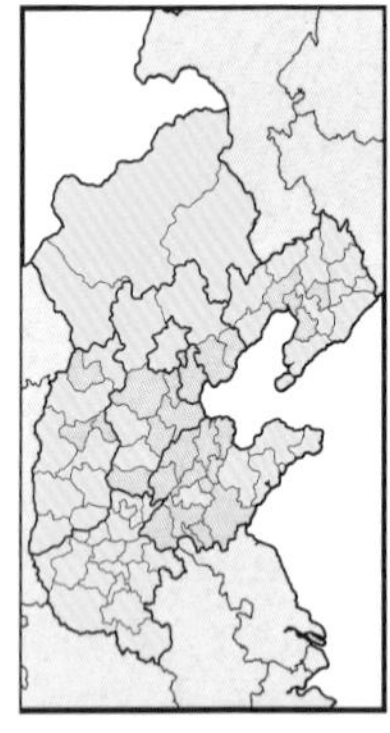

别名：
黄海棠、金丝蝴蝶、水黄花、牛心菜、救牛草

●**外观：**多年生草本，高40—100厘米；

●**根茎：**茎直立，有时分枝；

●**叶：**叶互生；长卵形，全缘，下面具腺体，无叶柄，叶基部抱茎；

●**花序：**聚伞花序，顶生；

●**花：**花黄色，花冠辐射对称；花瓣5枚，旋转状弯曲；萼片5枚；雄蕊多枚；雌蕊1枚，柱头5裂。

北柴胡

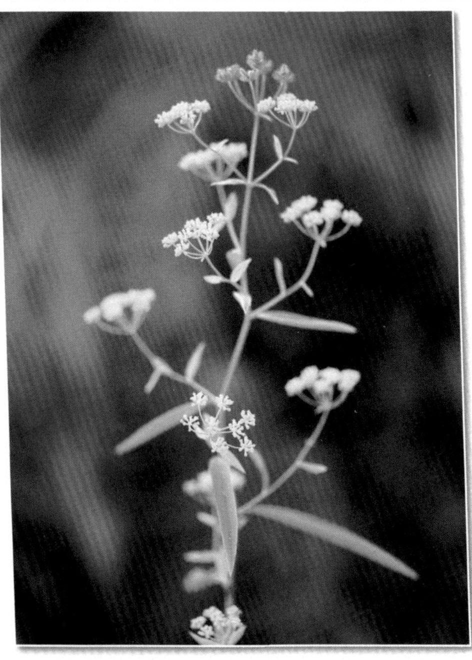

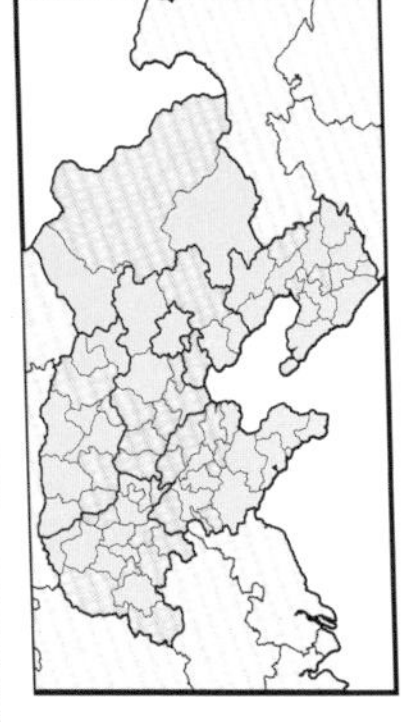

别名：
竹叶柴胡、
硬苗柴胡

花期
1
2
3
4
5
6
7
8
9
10
11
12

●**外观：**多年生草本，高40—80厘米；

●**根茎：**茎直立，多分枝；

●**叶：**叶互生；披针形，全缘，无叶柄，叶基部抱茎；

●**花序：**伞形花序，顶生；

●**花：**花黄色，花冠辐射对称；花瓣5枚，较小；
萼片下部合生，上部5裂，不明显；雄蕊5枚，有时不明显；雌蕊不明显。

黄连花 *Lysimachia davurica*

报春花科 珍珠菜属

	平	低	中	高
城市				
湿地				
荒地				
草丛	✿	✿		
林地				
石缝				

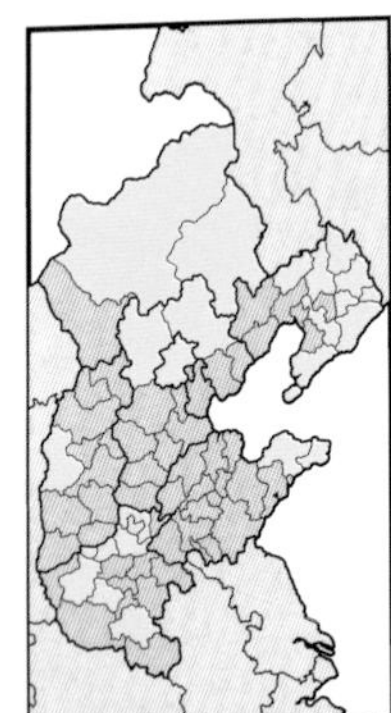

别名：

黄莲花、黄花珍珠菜

●**外观**：多年生草本，高30－80厘米；

●**根茎**：茎直立，不分枝，略被毛；

●**叶**：叶互生或轮生；披针形，全缘，无叶柄；

●**花序**：圆锥花序，顶生，被毛；

●**花**：花黄色，花冠辐射对称；花瓣5枚，基部合生；萼片下部合生，上部5裂；雄蕊5枚；雌蕊1枚。

莕菜

平	低	中	高	
				城市
✿	✿			湿地
				荒地
				草丛
				林地
				石缝

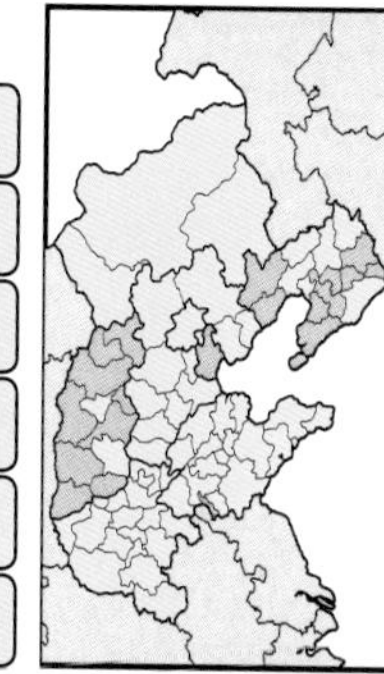

别名：

荇菜、金莲子、莲叶荇菜、水镜草

●**外观**：多年生浮水草本；

●**根茎**：茎多分枝，具不定根；

●**叶**：叶对生或互生；圆形，全缘，下面带紫色，具长叶柄；

●**花序**：花单生、有时伞形花序，腋生；

●**花**：花金黄色，花冠辐射对称；花瓣5枚，边缘流苏状，基部略合生；萼片5枚；雄蕊5枚；雌蕊1枚。

竹灵消 *Cynanchum inamoenum*

萝藦科 鹅绒藤属

	平	低	中	高
城市				
湿地				
荒地				
草丛			✿	✿
林地			✿	✿
石缝				

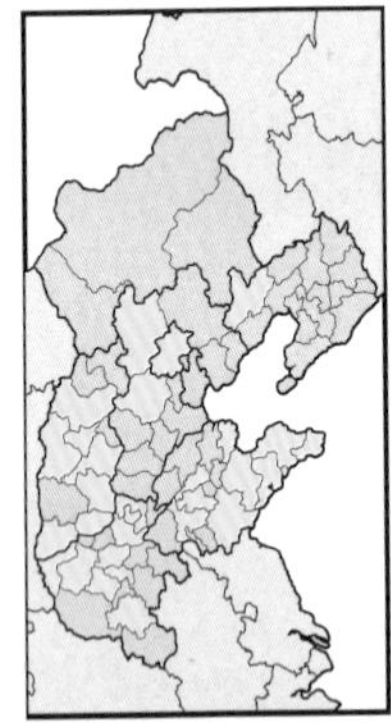

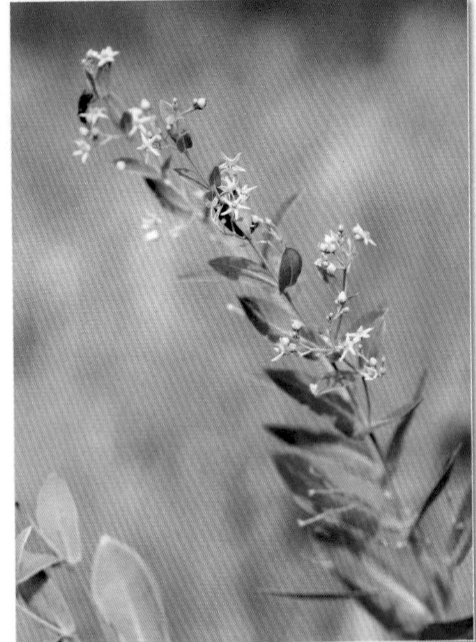

别名：
白龙须、牛角风、直立白前

●**外观：**多年生草本，高20—50厘米；

●**根茎：**茎直立，分枝，被毛；植物体内具白色乳汁；

●**叶：**叶对生；卵形，全缘，边缘被毛，具短叶柄；

●**花序：**聚伞花序，腋生；

●**花：**花黄绿色，花冠辐射对称；花瓣5枚，基部合生，喉部具5枚球形附属物；萼片下部合生，上部5裂；雄蕊、雌蕊合生。

异叶败酱

平	低	中	高	
				城市
				湿地
		✿		荒地
		✿		草丛
				林地
				石缝

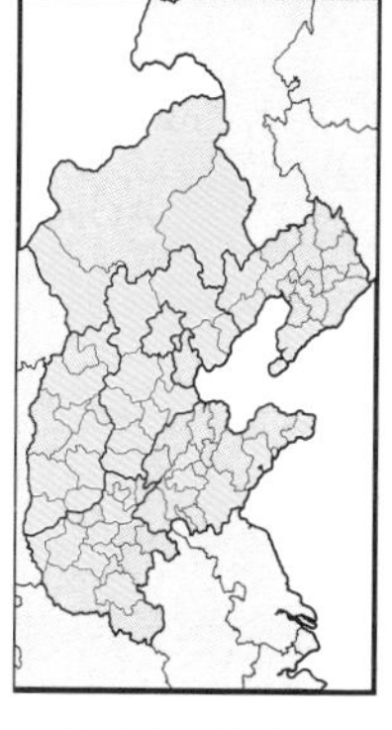

别名：
墓回头、追风箭、摆子草

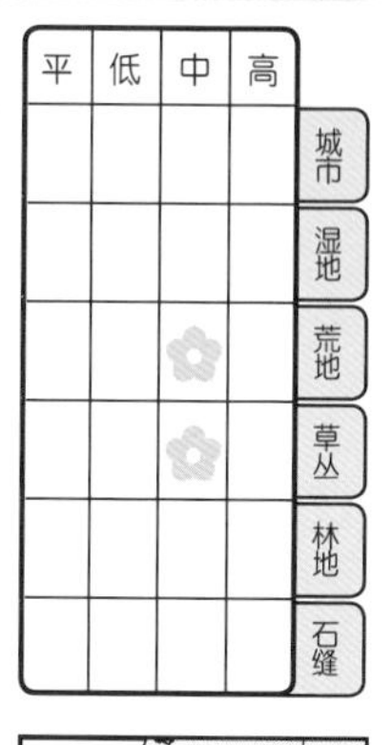

近似种：
糙叶败酱，茎被短毛，叶长卵形，羽状深裂；黄花龙牙，叶宽卵形，羽状深裂，花序淡黄色。

- **外观：** 多年生草本，高30－60厘米；
- **根茎：** 根状茎匍匐，有异味；茎直立，有时分枝；
- **叶：** 叶对生；叶形多样，下部叶卵形，羽状深裂，边缘不整齐，具短叶柄，上部叶长卵形或披针形，边缘具齿或浅裂，无叶柄；
- **花序：** 聚伞花序，伞房状排列，顶生；
- **花：** 花黄色，花冠辐射对称；花瓣下部合生，上部5裂；萼片合生，不明显；雄蕊4枚；雌蕊1枚，有时内藏。

赤雹 *Thladiantha dubia*

葫芦科 赤雹属

	平	低	中	高
城市				
湿地				
荒地				
草丛				
林地			✿	
石缝				

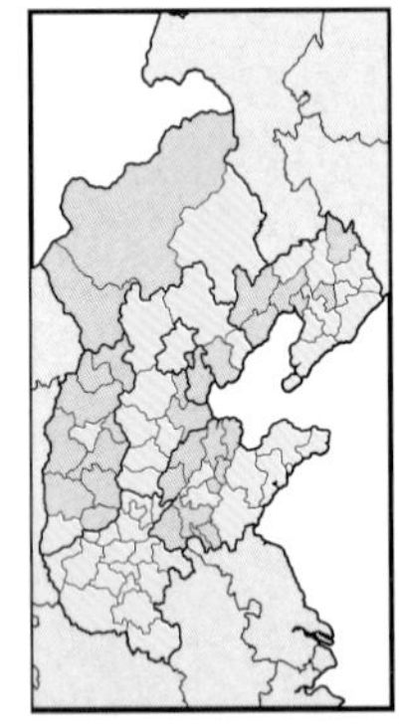

别名：

赤瓟

- **外观：** 多年生草质藤本；
- **根茎：** 茎略被毛；卷须与叶对生，被毛；
- **叶：** 叶互生；心形，边缘具齿，具叶柄；
- **花序：** 雌雄异株；雄花单生、有时为总状花序，腋生；雌花单生，腋生；
- **花：** 花黄色，花冠辐射对称；雄花花瓣下部合生，上部5裂，外面略被毛，萼片下部合生，上部5裂，被毛，雄蕊5枚；雌花同雄花，雄蕊退化，雌蕊1枚，柱头3裂。

芹叶铁线莲

	平	低	中	高
城市				
湿地				
荒地		✿	✿	
草丛		✿	✿	
林地				
石缝				

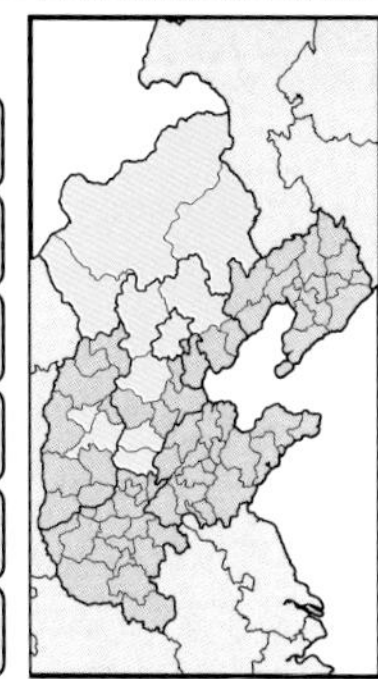

别名：

透骨草、断肠草

●**外观：**多年生草质藤本；

●**根茎：**茎纤细，分枝，有纵沟；

●**叶：**叶对生；奇数羽状复叶，小叶对生，小叶羽裂为丝状，边缘不整齐，具小叶柄；

●**花序：**聚伞花序，腋生；

●**花：**花淡黄色，花冠辐射对称；花被4枚；雄蕊多枚；雌蕊多枚。

白屈菜 *Chelidonium majus*

罂粟科 白屈菜属

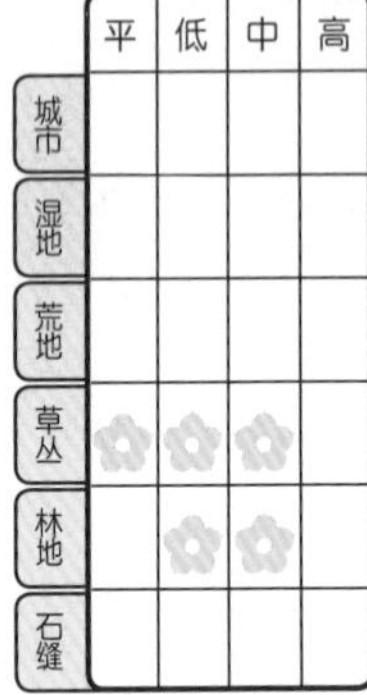

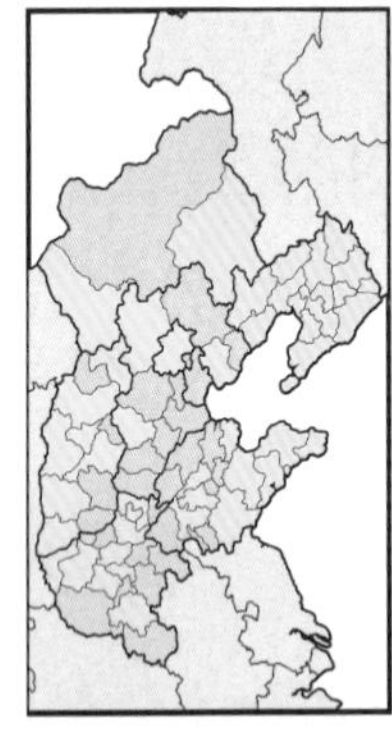

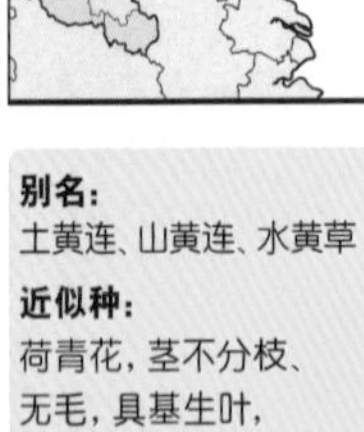

别名：
土黄连、山黄连、水黄草

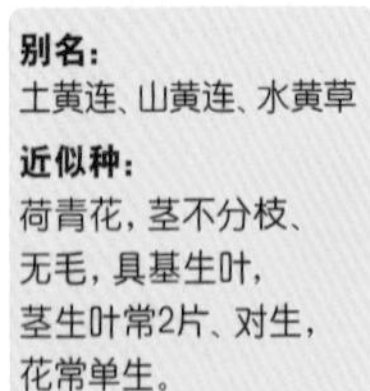

近似种：
荷青花，茎不分枝、无毛，具基生叶，茎生叶常2片、对生，花常单生。

- **外观：** 多年生草本，高30－90厘米；
- **根茎：** 根圆锥形，粗壮；茎直立，多分枝，被长毛；植物体内具黄色乳汁；
- **叶：** 叶互生；宽卵形，羽状深裂至基部，边缘不整齐，背面具白粉，具长叶柄；
- **花序：** 聚伞花序，顶生或腋生；
- **花：** 花黄色，花冠辐射对称；花瓣4枚；萼片2枚，被长毛，有时脱落；雄蕊多枚；雌蕊1枚，柱头微2裂。

野罂粟

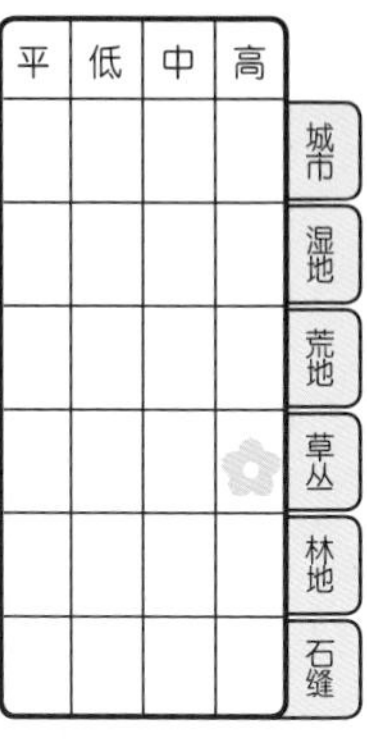

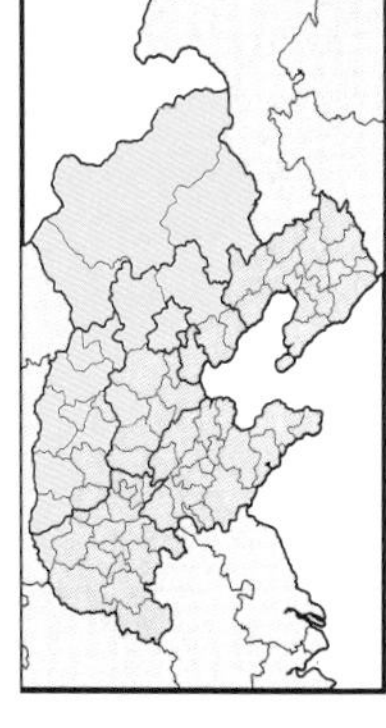

别名：
山大烟、山米壳、野大烟

花期
1
2
3
4
5
6
7
8
9
10
11
12

●**外观：** 多年生草本，高20–60厘米；

●**根茎：** 根茎缩短；无明显地上茎；植物体内具白色乳汁；

●**叶：** 仅具基生叶；宽卵形，羽状深裂，边缘不整齐，两面被毛，具长叶柄；

●**花序：** 花单生，基生；花梗直立，被毛；

●**花：** 花黄色，花冠辐射对称；花瓣4枚，边缘略呈波状；萼片2枚，外面被毛，常脱落；雄蕊多枚；雌蕊1枚，柱头4–8裂。

糖芥 *Erysimum bungei*
十字花科 糖芥属

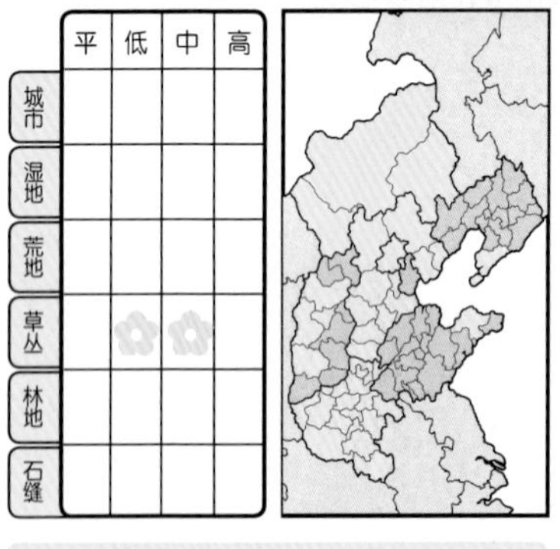

	平	低	中	高
城市				
湿地				
荒地				
草丛		✿	✿	
林地				
石缝				

花期 1 2 3 4 5 6 7 8 9 10 11 12

别名：
七里黄

●**外观：**多年生草本，高30—60厘米；

●**根茎：**茎直立，有时分枝，具棱，密被毛；

●**叶：**具基生叶，茎上叶互生；基生叶披针形，全缘，两面被毛，具叶柄；茎生叶同基生叶，边缘具齿或全缘，具短叶柄或无叶柄；

●**花序：**总状花序，顶生；

●**花：**花橘黄色，花冠辐射对称；花瓣4枚；萼片4枚，被毛；雄蕊6枚；雌蕊1枚。

球果蔊菜

Rorippa globosa

十字花科 蔊菜属

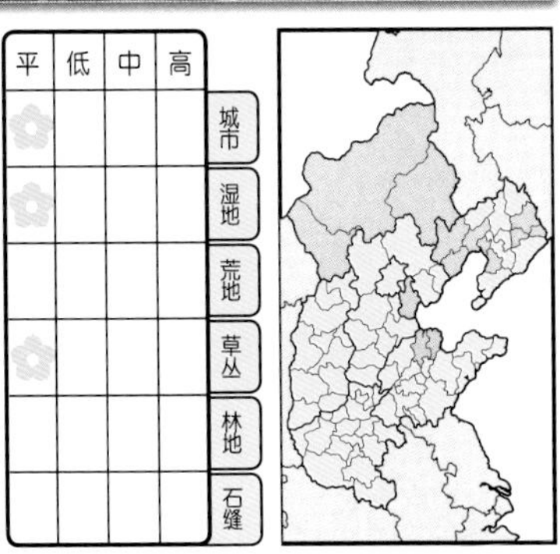

别名：风花菜、银条菜

近似种：沼生蔊菜，叶长圆形，羽状深裂；蔊菜，叶长圆形，大头羽状分裂。

- **外观：**一年生或二年生草本，高20－80厘米；
- **根茎：**茎直立，分枝；
- **叶：**叶互生；宽披针形，边缘具齿，两面略被毛，具叶柄或无叶柄；
- **花序：**总状花序，圆锥状排列，顶生；
- **花：**花黄色，花冠辐射对称；花瓣4枚；萼片4枚；雄蕊6枚；雌蕊1枚。

毛金腰 *Chrysosplenium pilosum* var. *valdepilosum*

虎耳草科 金腰属

花期 1 2 3 4 5 6 7 8 9 10 11 12

	平	低	中	高
城市				
湿地				
荒地				
草丛				
林地			✿	
石缝				

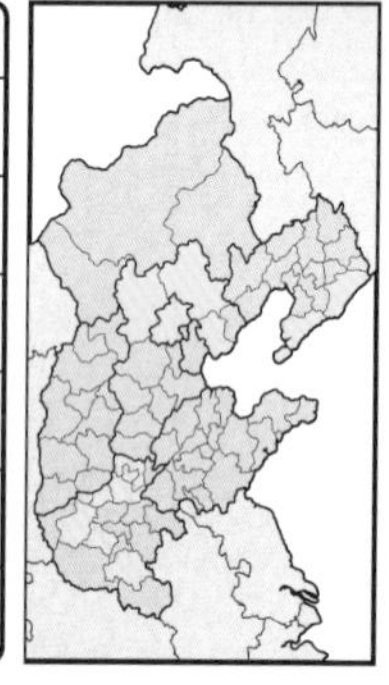

别名：柔毛金腰、金腰子

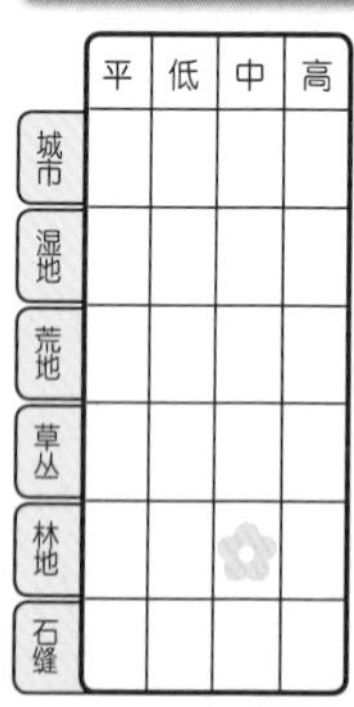

近似种：蔓金腰，具匍匐枝，茎无毛，叶互生。

●**外观：**多年生草本，高5–20厘米；

●**根茎：**茎直立或斜生，肉质，被长毛；

●**叶：**叶对生；扇形，边缘具齿，两面被毛，具叶柄；

●**花序：**聚伞花序，顶生；苞片叶状，无毛；

●**花：**花黄绿色，花冠辐射对称；花被4枚；雄蕊、雌蕊均内藏。

蓬子菜

	平	低	中	高
城市				
湿地				
荒地			✿	✿
草丛			✿	✿
林地				
石缝				

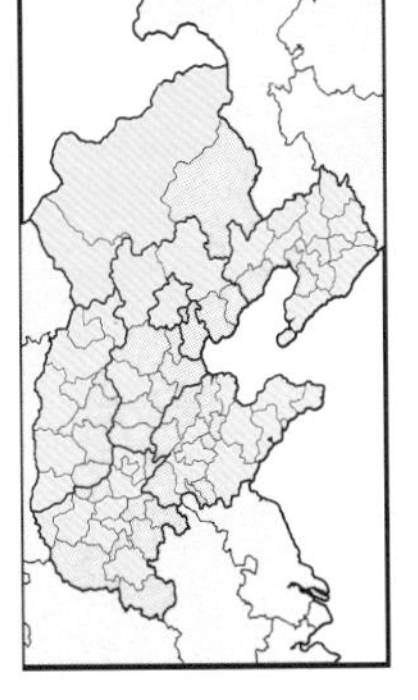

别名：
松叶草、蛇望草、铁尺草、柳绒蒿、黄米花

- **外观：** 多年生草本，高20－40厘米；
- **根茎：** 茎直立，有时分枝，略被毛，四棱；
- **叶：** 叶轮生；线形，边缘反卷，下面被毛，无叶柄；
- **花序：** 聚伞花序，顶生或腋生，被毛；
- **花：** 花黄色，花冠辐射对称；花瓣下部合生，上部4裂；萼片合生；雄蕊4枚；雌蕊2枚。

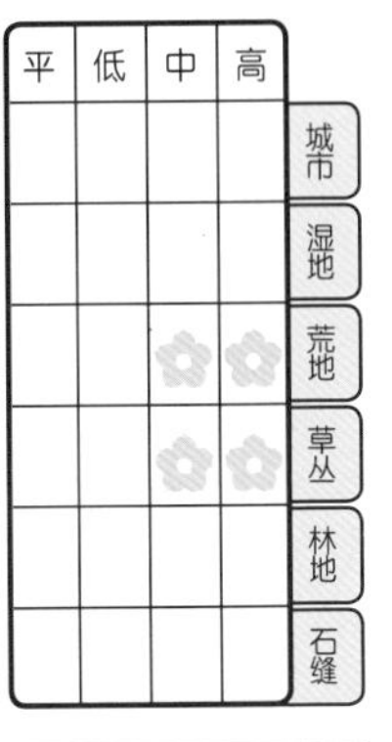

宝铎草 *Disporum sessile*

百合科 万寿竹属

	平	低	中	高
城市				
湿地				
荒地				
草丛				
林地			✿	
石缝				

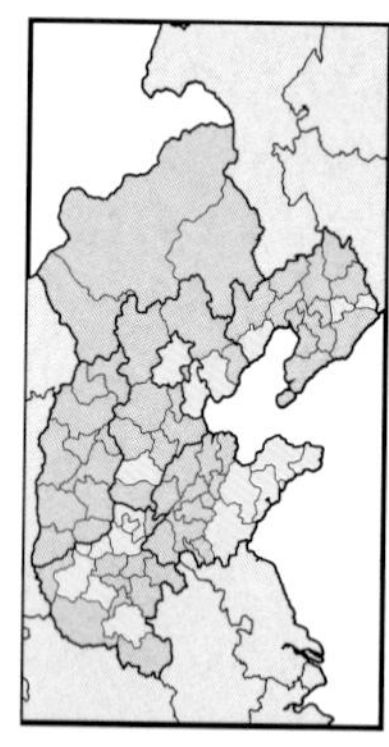

别名：

淡竹花、黄花宝铎草

●**外观：**多年生草本，高20－80厘米；

●**根茎：**茎直立，分枝；

●**叶：**叶互生；长卵形，全缘，无叶柄；

●**花序：**花单生或伞形花序，顶生；花序梗弯曲，花下垂；

●**花：**花黄绿色，花冠辐射对称；花被6枚，2轮；雄蕊、雌蕊均内藏。

小顶冰花

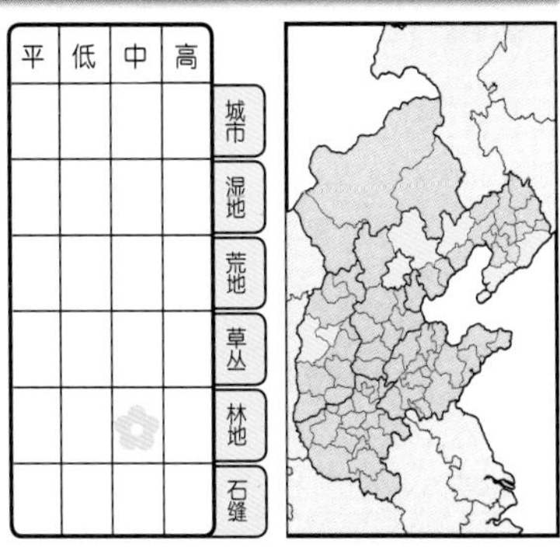

别名：

冬花

●**外观：**多年生草本，高10—30厘米；

●**根茎：**鳞茎卵形；茎直立或斜生，有时分枝；

●**叶：**具基生叶、1枚，茎上叶互生；基生叶线形，全缘，近无叶柄；茎生叶同基生叶；

●**花序：**伞形花序，顶生；

●**花：**花黄色，有时带绿色，花冠辐射对称；花被6枚；雄蕊6枚；雌蕊1枚。

小黄花菜 *Hemerocallis minor*

百合科·萱草属

	平	低	中	高
城市				
湿地				
荒地				
草丛				
林地				
石缝				

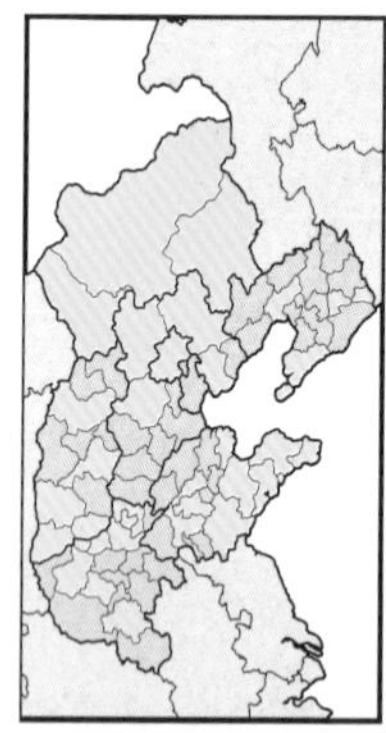

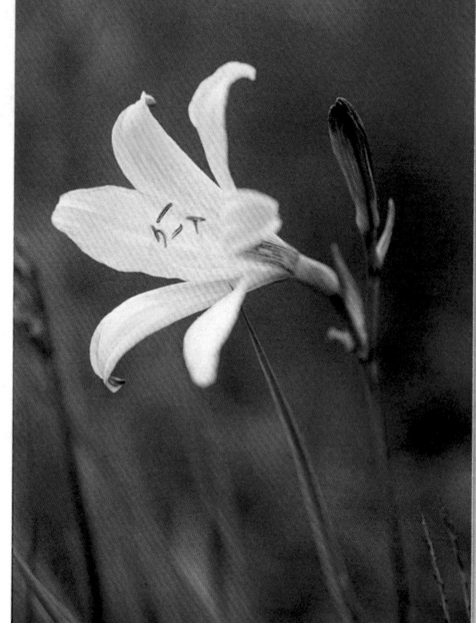

别名：

黄花菜、野金针

近似种：

北黄花菜，圆锥花序，具4朵以上花。

●**外观：**多年生草本，高20－80厘米；

●**根茎：**无明显地上茎；

●**叶：**仅具基生叶；线形，全缘，无叶柄；

●**花序：**花单生，有时2－3朵，基生；花序梗直立；

●**花：**花黄色，花冠辐射对称；花被6枚，2轮；雄蕊6枚；雌蕊1枚。

Tricyrtis maculata 黄花油点草

百合科 油点草属

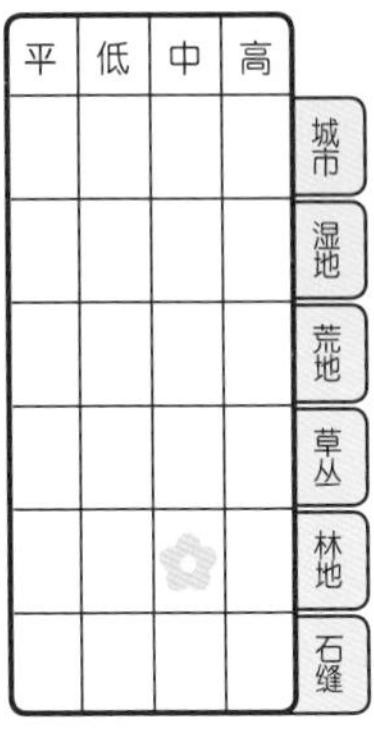

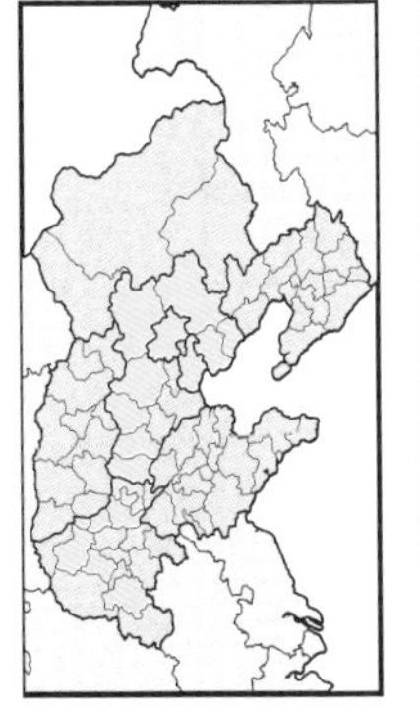

别名：

疏毛油点草

●**外观：**多年生草本，高50—100厘米；

●**根茎：**茎直立，有时分枝，略被毛；

●**叶：**叶互生；卵形，全缘，两面略被毛，无叶柄；

●**花序：**聚伞花序，顶生或腋生，略被毛；

●**花：**花黄绿色，花冠辐射对称；花被6枚，具紫色斑点；雄蕊6枚，下部合生；雌蕊3枚，下部合生，柱头2裂。

甘菊 *Dendranthema lavandulifolium*

菊科 菊属

	平	低	中	高
城市				
湿地				
荒地				
草丛				
林地				
石缝		✿	✿	✿

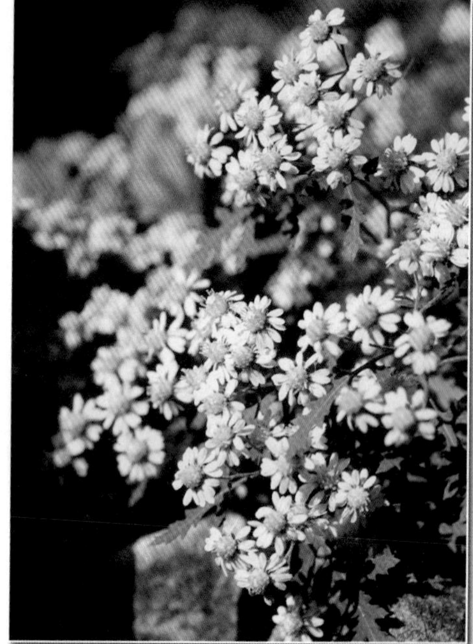

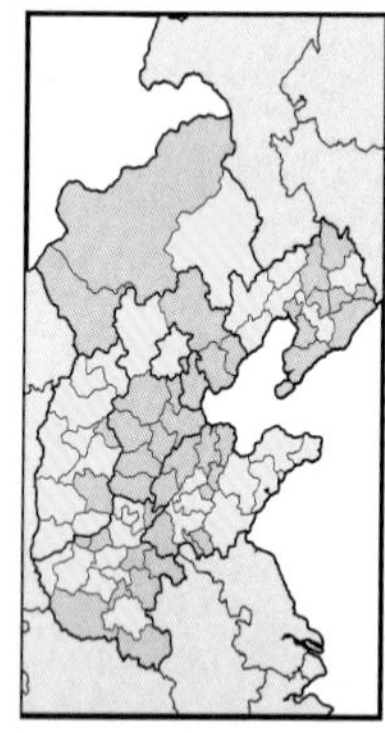

别名：

野菊花、岩香菊

花期

1
2
3
4
5
6
7
8
9
10
11
12

● **外观：** 多年生草本，高30—120厘米；

● **根茎：** 茎直立或斜生，分枝，略被毛；

● **叶：** 叶互生；卵形，羽状深裂，边缘不整齐，具叶柄；

● **花序：** 头状花序，伞房状排列，顶生；苞片披针形；

● **花：** 花黄色，较小，聚集；边缘小花花瓣状。

Inula japonica 菊科 旋覆花属 旋覆花

平	低	中	高	
✿				城市
✿	✿	✿		湿地
				荒地
✿	✿	✿		草丛
				林地
				石缝

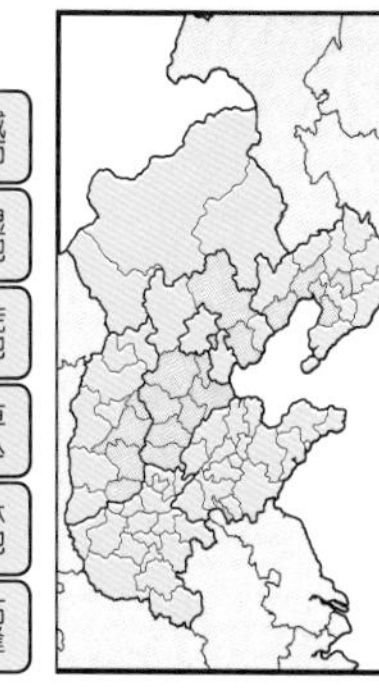

别名:

金佛花、金佛草、六月菊

- **外观:** 多年生草本，高20–70厘米;
- **根茎:** 茎直立，分枝，略被毛;
- **叶:** 叶互生; 宽披针形，全缘，或边缘略具齿，无叶柄;
- **花序:** 头状花序，顶生; 苞片线形;
- **花:** 花黄色，较小，聚集; 边缘小花花瓣状。

苦菜 *Ixeris chinensis*

菊科 苦荬菜属

	平	低	中	高
城市	✿			
湿地				
荒地	✿	✿		
草丛	✿	✿		
林地				
石缝				

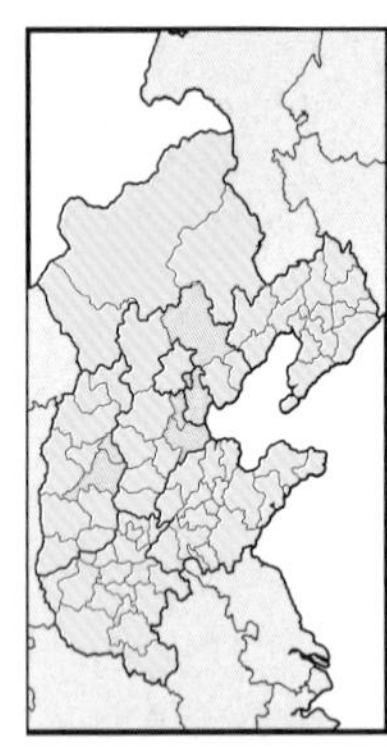

别名：
中华小苦荬、山苦菜、小苦苣、黄鼠草

近似种：
变色苦菜，花淡粉色。

- **外观：**多年生草本，高10—30厘米；
- **根茎：**茎直立或斜生，有时分枝；植物体内具白色乳汁；
- **叶：**具基生叶，茎上叶互生；基生叶披针形，全缘、边缘具齿或羽状浅裂，具短叶柄；茎生叶披针形，全缘或边缘具齿，无叶柄；
- **花序：**头状花序，伞房状排列，顶生；苞片披针形；
- **花：**花黄色，较小，聚集；小花花瓣状。

苦荬菜

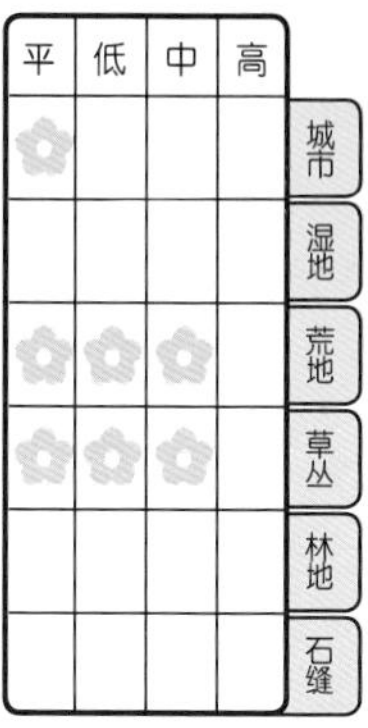

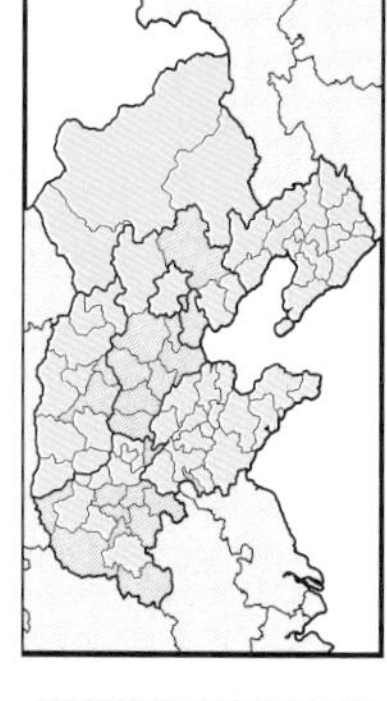

别名：
抱茎小苦荬、苦碟子、抱茎苦荬菜、盘尔草

近似种：
秋苦荬菜，基生叶常枯萎，叶中部较宽，基部较窄。

●**外观：**多年生草本，高20—80厘米；

●**根茎：**茎直立，分枝；植物体内具白色乳汁；

●**叶：**具基生叶，茎上叶互生；基生叶长卵形，羽状深裂，边缘不整齐、具齿，具短叶柄；茎生叶宽披针形，边缘具齿，无叶柄，叶基部抱茎；

●**花序：**头状花序，伞房状排列，顶生；苞片披针形；

●**花：**花黄色，较小，聚集；小花花瓣状。

狭苞橐吾 *Ligularia intermedia*

菊科 橐吾属

	平	低	中	高
城市				
湿地				
荒地				
草丛				
林地				
石缝				

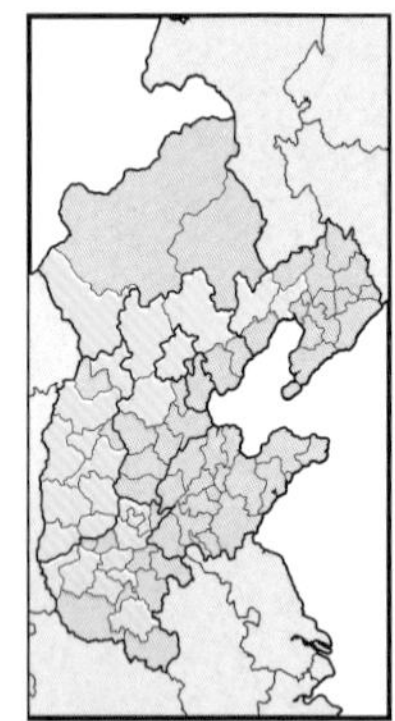

别名：

光紫菀、中间型橐吾

●**外观：** 多年生草本，高40－100厘米；

●**根茎：** 茎直立，不分枝，略被毛；

●**叶：** 具基生叶，茎上叶互生；基生叶心形，边缘具齿，具长叶柄，叶柄具鞘；茎生叶同基生叶，具短叶柄或近无叶柄；

●**花序：** 头状花序，总状排列，顶生；苞片长圆形；

●**花：** 花黄色，较小，聚集；边缘小花花瓣状。

毛连菜

Picris japonica

菊科 毛连菜属

	平	低	中	高
城市				
湿地				
荒地		✿	✿	
草丛		✿	✿	
林地				
石缝				

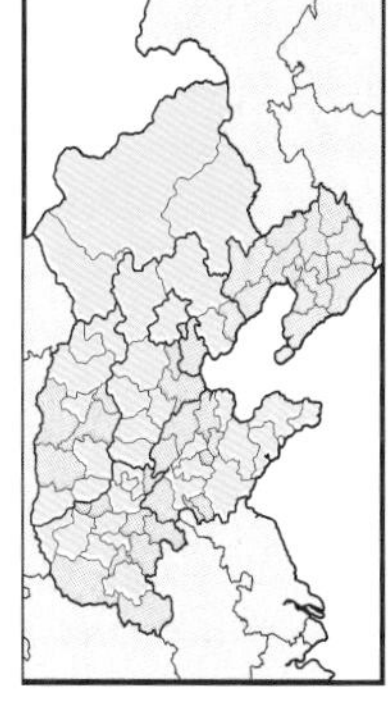

别名：

枪刀菜

●**外观：**多年生草本，高30–100厘米；

●**根茎：**茎直立，分枝，被毛、钩状；植物体内具白色乳汁；

●**叶：**叶互生；宽披针形，边缘具细齿，两面被毛、钩状，近无叶柄；

●**花序：**头状花序，伞房状排列，顶生；苞片线形，略被毛；

●**花：**花黄色，较小，聚集；边缘小花花瓣状。

桃叶鸦葱 *Scorzonera sinensis*

菊科 鸦葱属

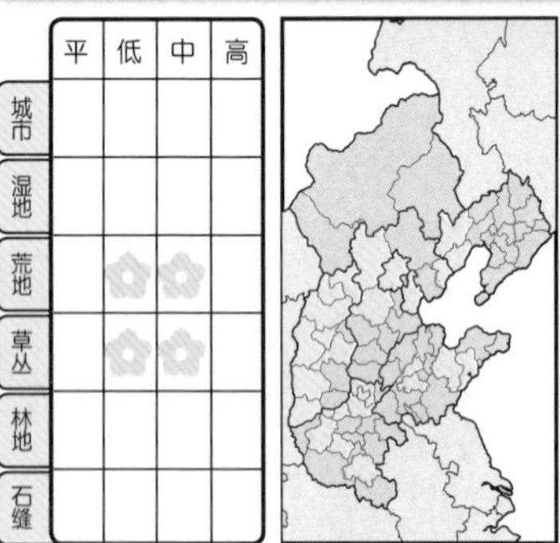

别名： 皱叶鸦葱

近似种： 鸦葱，叶边缘不呈波状，全缘。

- **外观：** 多年生草本，高5–15厘米；
- **根茎：** 茎直立，不分枝；植物体内具白色乳汁；
- **叶：** 具基生叶，茎上叶互生；基生叶披针形，边缘波状，具短叶柄；茎生叶披针形，鳞片状，全缘，无叶柄，不明显；
- **花序：** 头状花序，顶生；苞片长卵形；
- **花：** 花黄色，较小，聚集；边缘小花花瓣状。

林荫千里光

Senecio nemorensis

菊科 千里光属

平	低	中	高	
				城市
				湿地
				荒地
				草丛
		✿	✿	林地
				石缝

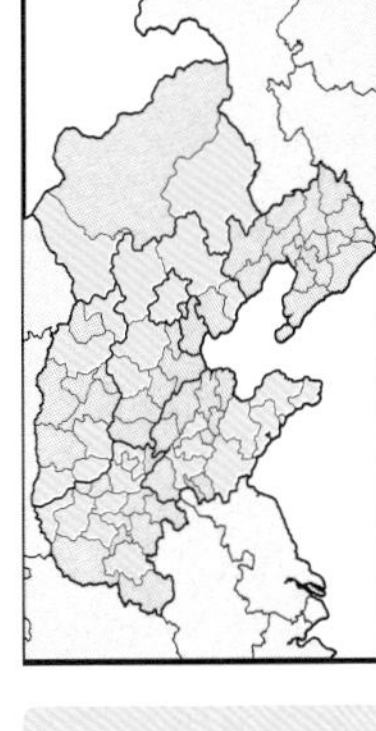

别名：

黄菀，森林千里光

●**外观：**多年生草本，高50－120厘米；

●**根茎：**茎直立，有时分枝；

●**叶：**叶互生；宽披针形，边缘具齿，近无叶柄；

●**花序：**头状花序，伞房状排列，顶生；苞片线形，略被毛；

●**花：**花黄色，较小，聚集；边缘小花花瓣状。

花期

1 2 3 4 5 6 7 8 9 10 11 12

腺梗豨莶 *Siegesbeckia pubescens*

菊科 豨莶属

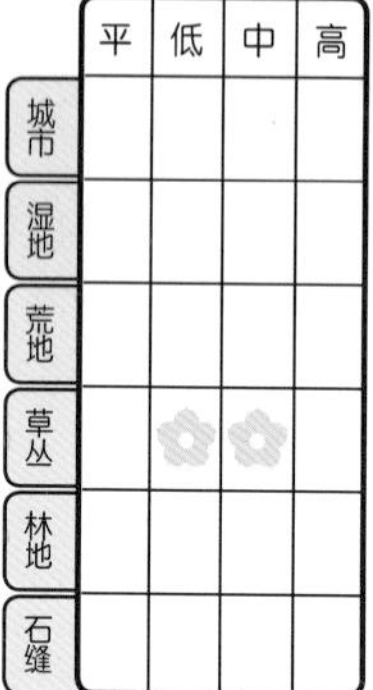

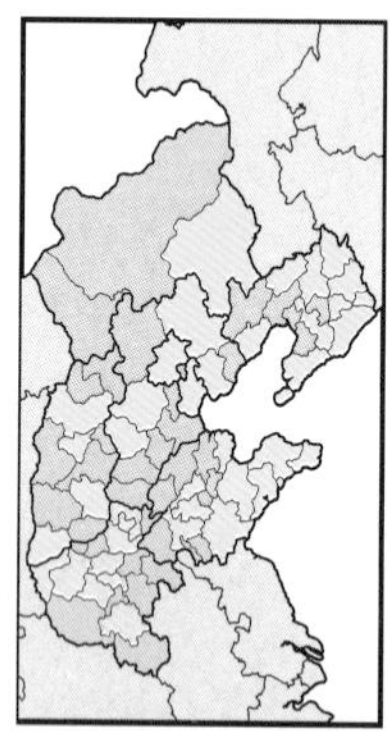

别名：
毛豨莶、棉苍狼、
珠草、豨莶

- **外观：** 一年生草本，高30–100厘米；
- **根茎：** 茎直立，多分枝，被毛；
- **叶：** 叶对生；卵形，边缘具齿，两面略被毛，具叶柄或近无叶柄；
- **花序：** 头状花序，圆锥状排列，顶生，被毛；苞片线形，被毛；
- **花：** 花黄色，较小，聚集；边缘小花花瓣状。

苦苣菜

Sonchus oleraceus

菊科 苦苣菜属

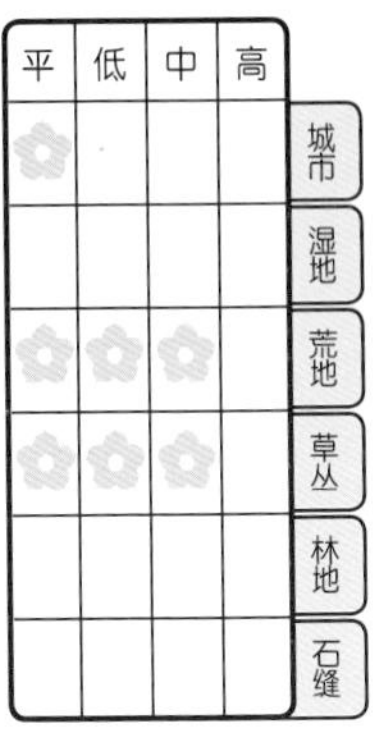

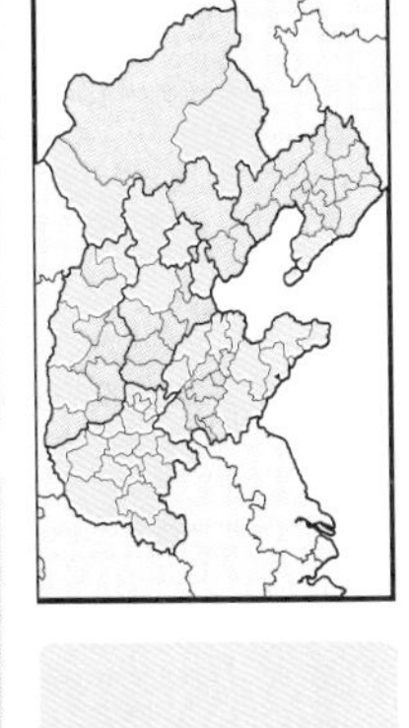

别名：
滇苦苣菜、滇苦莱、田苦荬菜、尖叶苦菜

近似种：
续断菊，叶长卵形，有时羽状浅裂或近不裂。

- **外观：** 一年生或二年生草本，高30－80厘米；
- **根茎：** 茎直立，有时分枝；植物体内具白色乳汁；
- **叶：** 叶互生；长卵形，羽状深裂，边缘具齿、具刺，近无叶柄，叶基部抱茎；
- **花序：** 头状花序，伞房状排列，顶生；苞片披针形；
- **花：** 花黄色，较小，聚集；小花花瓣状。

蒲公英 *Taraxacum mongolicum*

菊科 蒲公英属

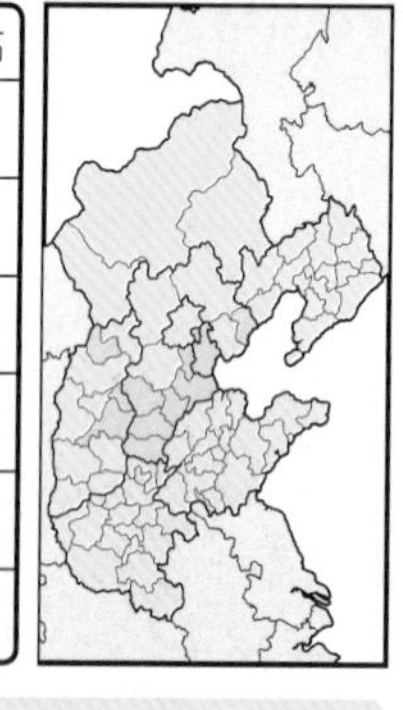

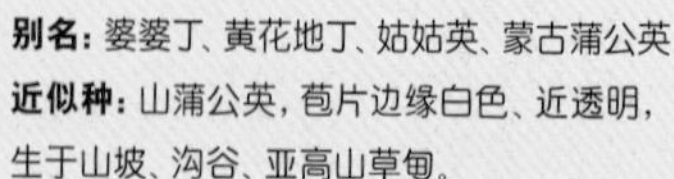

别名： 婆婆丁、黄花地丁、姑姑英、蒙古蒲公英

近似种： 山蒲公英，苞片边缘白色、近透明，生于山坡、沟谷、亚高山草甸。

- **外观：** 多年生草本，高10－30厘米；
- **根茎：** 无明显地上茎；植物体内具白色乳汁；
- **叶：** 仅具基生叶；宽披针形，羽状深裂，边缘不整齐，近无叶柄；
- **花序：** 头状花序，基生；花序梗直立，被毛，中空；苞片披针形；
- **花：** 花黄色，较小，聚集；小花花瓣状。

平	低	中	高	
				城市
				湿地
				荒地
		✿		草丛
				林地
				石缝

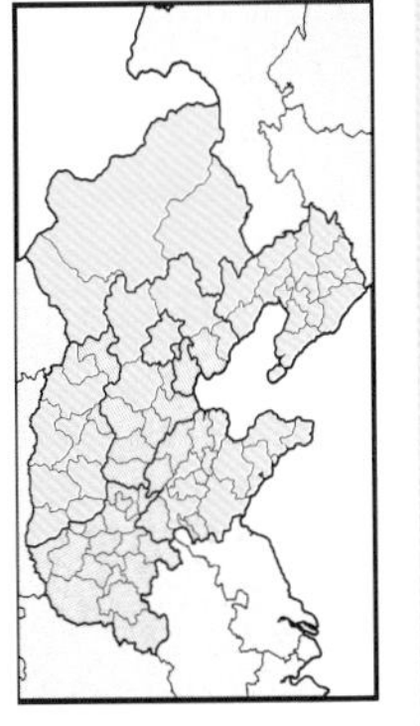

别名：
白火丹草、糯米青、铜盘一枝香

●**外观：**多年生草本，高20—70厘米；

●**根茎：**茎直立，不分枝，密被长毛；

●**叶：**具基生叶，茎上叶互生；基生叶长圆形，边缘略具齿，两面被长毛，具短叶柄，叶柄被毛；茎生叶披针形，边缘略具齿，两面被毛，无叶柄，叶基部抱茎；

●**花序：**头状花序，伞房状排列，顶生，被毛；苞片披针形，被毛；

●**花：**花黄色，较小，聚集；边缘小花花瓣状。

款冬 *Tussilago farfara*

菊科 款冬属

花期
1
2
3
4
5
6
7
8
9
10
11
12

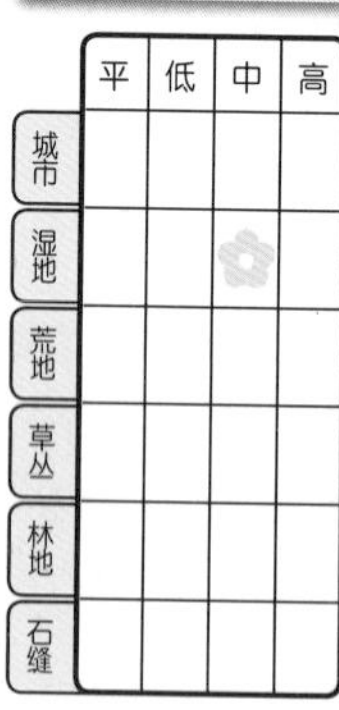

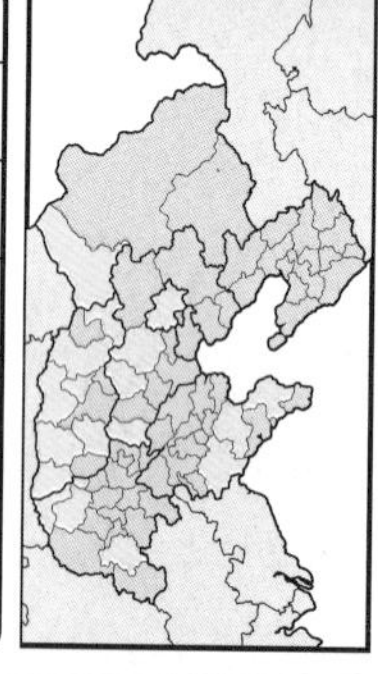

别名：

款冬花、冬花、虎须、九尽草

●**外观：**多年生草本，高5–20厘米；

●**根茎：**无明显地上茎；

●**叶：**花期后生叶，仅具基生叶；叶心形，边缘具齿，下面密被毛，具叶柄，叶柄被毛；

●**花序：**头状花序，基生；花序梗直立，肉质，具鳞片；苞片线形，略被毛；

●**花：**花黄色，较小，聚集；边缘小花花瓣状。

牛扁

平	低	中	高	
				城市
				湿地
				荒地
		✿	✿	草丛
		✿	✿	林地
				石缝

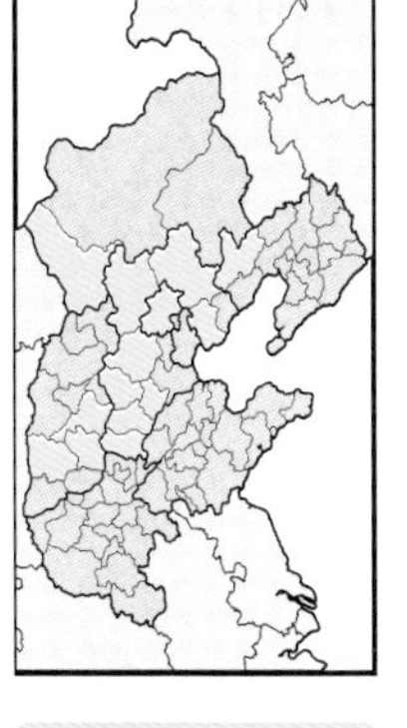

别名：

黄花乌头、扁桃叶根

近似种：

两色乌头，多年生草质藤本，花淡紫色或近白色。

●**外观：**多年生草本，高40－110厘米；

●**根茎：**根圆柱形；茎直立，不分枝，被短毛；

●**叶：**具基生叶，茎上叶互生；基生叶圆肾形，深裂至基部，掌状，边缘不整齐，被短毛，具长叶柄；茎生叶同基生叶，具叶柄或近无叶柄；

●**花序：**总状花序，顶生；

●**花：**花淡黄色，花冠两侧对称，头盔状；萼片5枚、花瓣状；花瓣不明显；雄蕊多枚；雌蕊3枚，不明显。

小黄紫堇 *Corydalis raddeana*

罂粟科 紫堇属

	平	低	中	高
城市				
湿地				
荒地				
草丛				
林地			✿	
石缝				

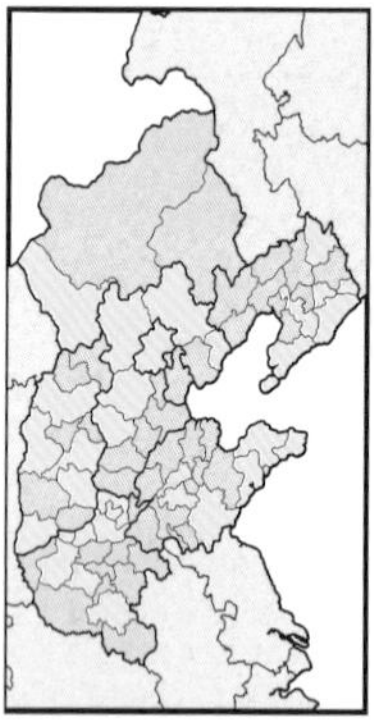

别名：
黄花地丁

花期
1
2
3
4
5
6
7
8
9
10
11
12

●**外观：**一年生草本，高40−90厘米；

●**根茎：**茎直立，分枝，具棱；

●**叶：**具基生叶，茎上叶互生；基生叶近三角形，羽状深裂，边缘不整齐，具长叶柄；茎生叶同基生叶，具长叶柄或短叶柄；

●**花序：**总状花序，顶生或腋生；

●**花：**花黄色，花冠两侧对称；花瓣4枚，外侧2枚较大、带红色，内侧2枚较小；萼片2枚，不明显；雄蕊、雌蕊均内藏。

珠果黄堇

Corydalis speciosa

罂粟科 紫堇属

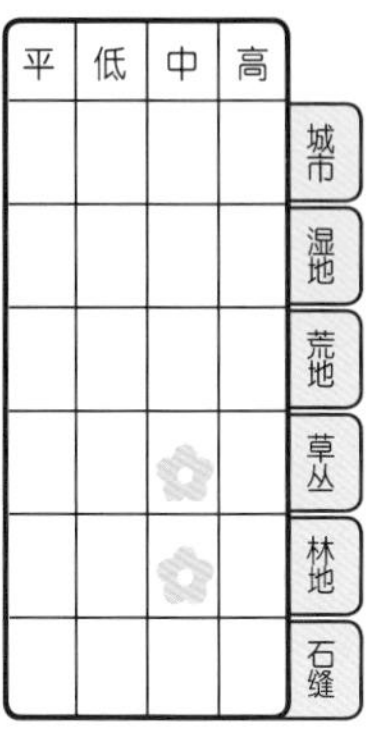

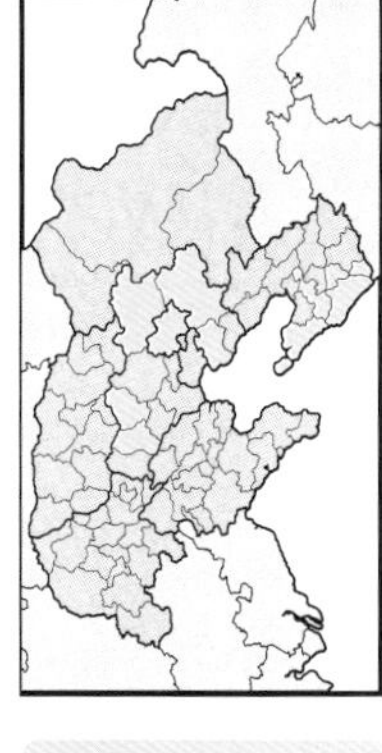

别名：
狭裂珠果黄堇

近似种：
蛇果黄堇，具基生叶、茎上叶互生，花淡黄色，花瓣4枚、内侧2枚深紫红色。

- **外观：** 多年生草本，高20—50厘米；
- **根茎：** 茎直立，有时分枝；
- **叶：** 叶互生；宽卵形，羽状深裂，边缘不整齐，具叶柄或近无叶柄；
- **花序：** 总状花序，顶生或腋生；
- **花：** 花黄色，花冠两侧对称；花瓣4枚，外侧2枚较大，内侧2枚较小；萼片2枚，不明显；雄蕊、雌蕊均内藏。

角茴香 *Hypecoum erectum*

罂粟科 角茴香属

	平	低	中	高
城市				
湿地				
荒地				
草丛				
林地				
石缝				

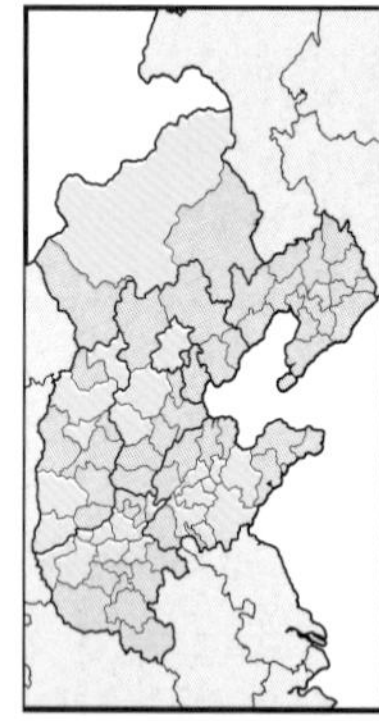

别名：
咽喉草、麦黄草、雪里青

花期
1
2
3
4
5
6
7
8
9
10
11
12

●**外观：**一年生草本，高10—30厘米；

●**根茎：**茎直立，有时丛生，分枝；

●**叶：**具基生叶，茎上叶互生；基生叶长卵形，羽状深裂，裂片细，边缘不整齐，具叶柄，叶柄基部鞘状；茎生叶同基生叶；

●**花序：**聚伞花序，顶生；

●**花：**花黄色，花冠两侧对称；花瓣4枚，2轮，外轮2枚较大，内轮2枚较小、先端3裂；雄蕊4枚；雌蕊1枚，柱头2裂。

水金凤

Impatiens noli-tangere
凤仙花科 凤仙花属

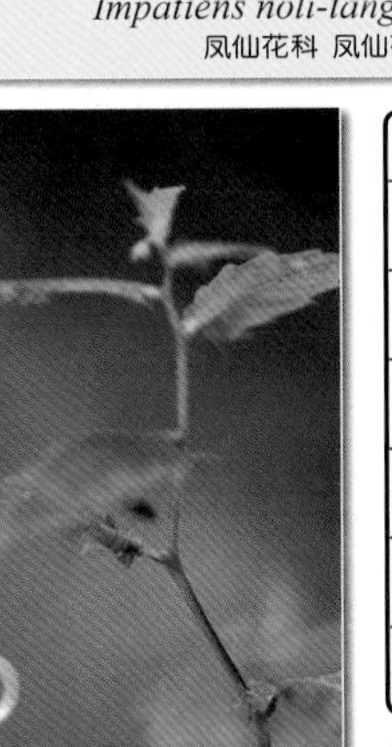

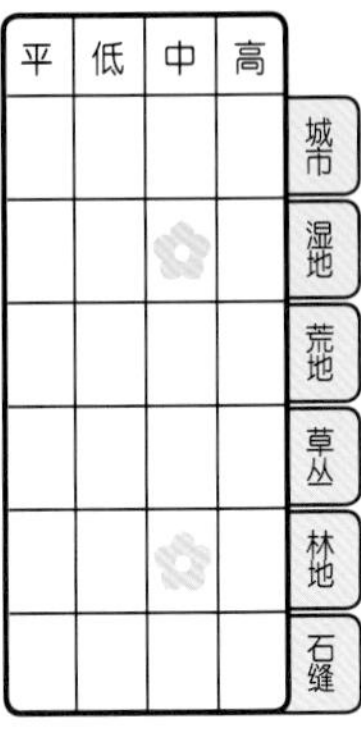

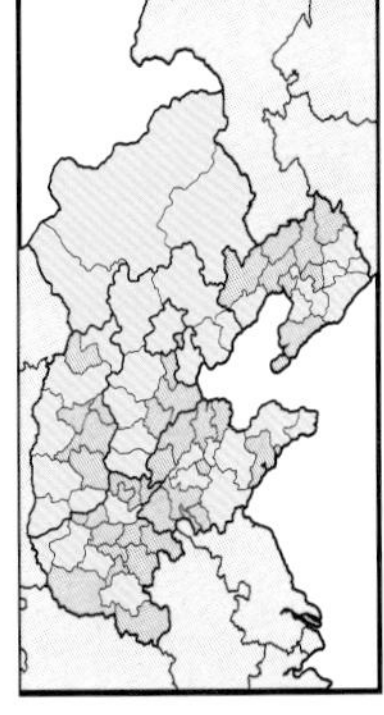

别名：
辉菜花

●**外观：**一年生草本，高40–70厘米；

●**根茎：**茎直立，多分枝；

●**叶：**叶互生；长卵形，边缘具齿，具叶柄；

●**花序：**聚伞花序、有时花单生，腋生，下垂；

●**花：**花黄色，花冠两侧对称；花瓣5枚，常具红色斑点；萼片3枚，其中1枚花瓣状；雄蕊、雌蕊均内藏，不明显。

双花黄堇菜 *Viola biflora*

堇菜科 堇菜属

	平	低	中	高
城市				
湿地				
荒地				
草丛			✿	✿
林地			✿	✿
石缝				

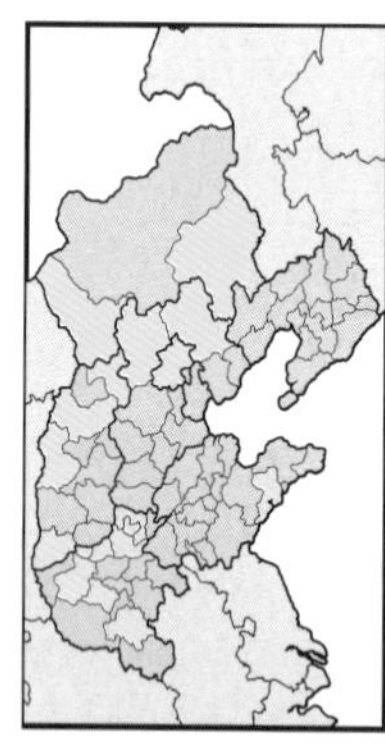

别名：

双花堇菜、孪生堇菜、短距黄堇

- **外观：** 多年生草本，高5–20厘米；
- **根茎：** 茎直立或斜生，常丛生，不分枝；
- **叶：** 具基生叶，茎上叶互生；基生叶心形，边缘具齿，具长叶柄；茎生叶同基生叶，具短叶柄；
- **花序：** 花单生、有时2朵，腋生；
- **花：** 花黄色，花冠两侧对称；花瓣5枚，下面1枚具褐色条纹；萼片5枚；雄蕊不明显；雌蕊1枚，略伸出。

天仙子

Hyoscyamus niger

茄科 天仙子属

	平	低	中	高
城市				
湿地				
荒地		✿	✿	
草丛		✿	✿	
林地				
石缝				

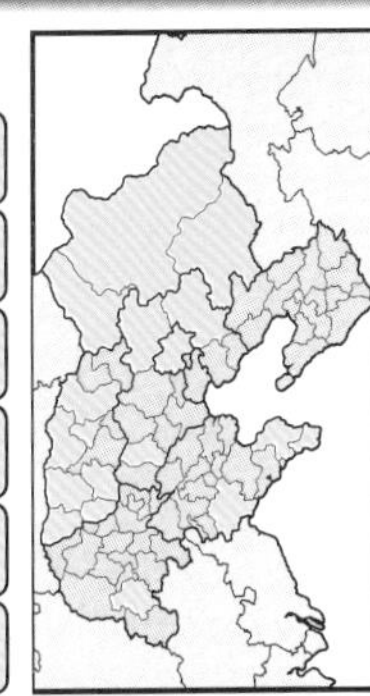

别名：

莨菪、牙痛草、黑莨菪、米罐子

- **外观：**一年生或二年生草本，高60–120厘米；
- **根茎：**茎直立，分枝，被毛；
- **叶：**叶互生；宽卵形，羽状深裂，边缘不整齐，两面密被毛，无叶柄；
- **花序：**花单生，腋生；
- **花：**花淡黄色，花冠两侧对称；花瓣下部合生，上部5裂，具紫色条纹，喉部深紫色；萼片下部合生，上部5裂，被毛；雄蕊5枚；雌蕊1枚。

珊瑚兰 *Corallorhiza trifida*

兰科 珊瑚兰属

	平	低	中	高
城市				
湿地				
荒地				
草丛				
林地				
石缝				

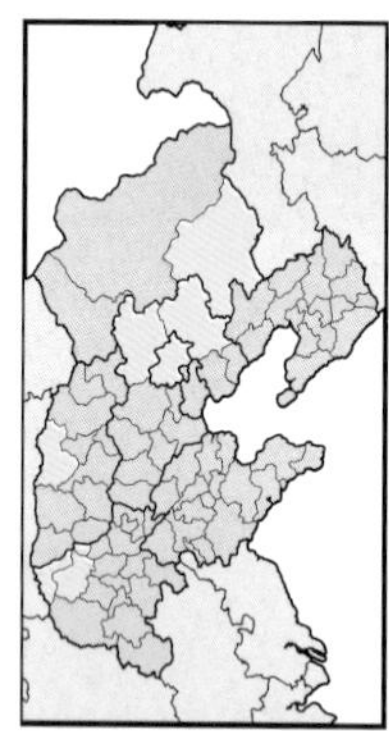

别名：

三裂珊瑚兰

- **外观：**多年生腐生草本，高10−30厘米；
- **根茎：**根肉质，珊瑚状；茎直立，不分枝；
- **叶：**无叶，具膜质鞘；
- **花序：**总状花序，顶生；
- **花：**花黄绿色，花冠两侧对称；花被6枚，2轮，特化，内轮下面1枚白色、具红色斑点；雄蕊、雌蕊均不明显。

茳芒香豌豆

Lathyrus davidii

豆科 山黧豆属

平	低	中	高	
				城市
				湿地
				荒地
				草丛
				林地
				石缝

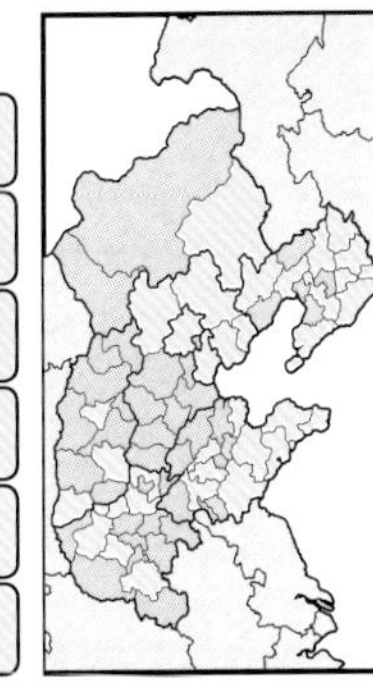

别名：

大山黧豆、大豌豆、山黧豆、茳芒决明

● **外观：** 多年生草本，高60－150厘米；

● **根茎：** 具块根；茎直立或斜生，多分枝，具沟；

● **叶：** 叶互生；偶数羽状复叶，顶端具卷须、有时分枝，小叶对生，卵形，全缘，具短小叶柄；

● **花序：** 总状花序，腋生；

● **花：** 花淡黄色，花冠两侧对称，蝶形；花瓣5枚；萼片下部合生，上部5裂；雄蕊、雌蕊均内藏。

草木犀 *Melilotus officinalis*

豆科 草木犀属

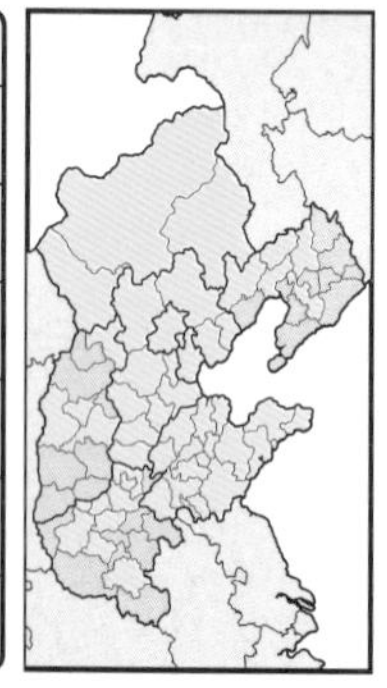

别名： 辟汗草、黄香草木犀

近似种： 细齿草木犀，小叶边缘具齿较多，每侧达15个或更多。

- **外观：** 一年生或二年生草本，高40－120厘米；
- **根茎：** 茎直立，多分枝，具棱；
- **叶：** 叶互生；三出复叶，小叶卵形，边缘具齿，具小叶柄；
- **花序：** 总状花序，腋生；
- **花：** 花黄色，花冠两侧对称，蝶形；花瓣5枚；萼片下部合生，上部5裂；雄蕊、雌蕊均内藏。

扁蓿豆

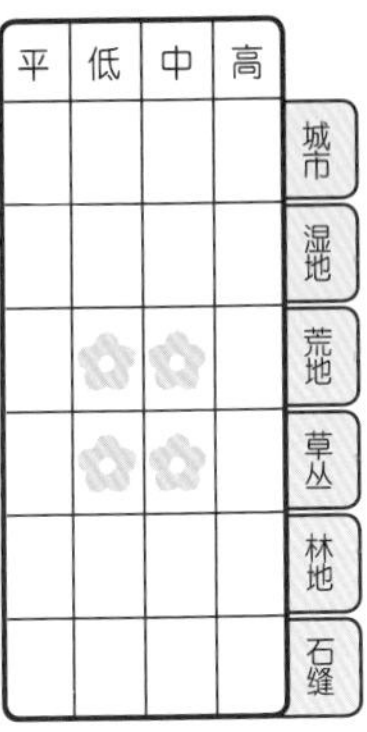

别名：

花苜蓿

●**外观：**多年生草本，高20–80厘米；

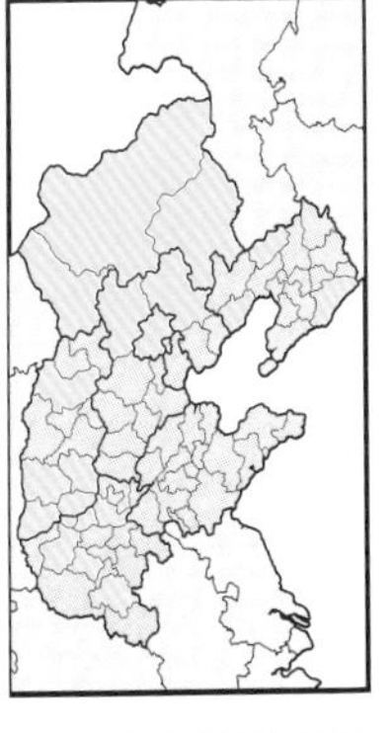

●**根茎：**茎直立，有时斜生，常丛生，分枝，具四棱；

●**叶：**叶互生；三出复叶，具短叶柄，小叶长卵形，上部边缘具齿、下部全缘，背面被毛，具小叶柄或近无小叶柄；

●**花序：**总状花序，腋生；花序梗长；

●**花：**花黄色，带深红色，花冠两侧对称，蝶形；花瓣5枚，背面常深红色；萼片下部合生，上部5裂，被毛；雄蕊、雌蕊均内藏。

披针叶黄华 *Thermopsis lanceolata*

豆科 黄华属

	平	低	中	高
城市				
湿地			✿	
荒地				
草丛			✿	
林地				
石缝				

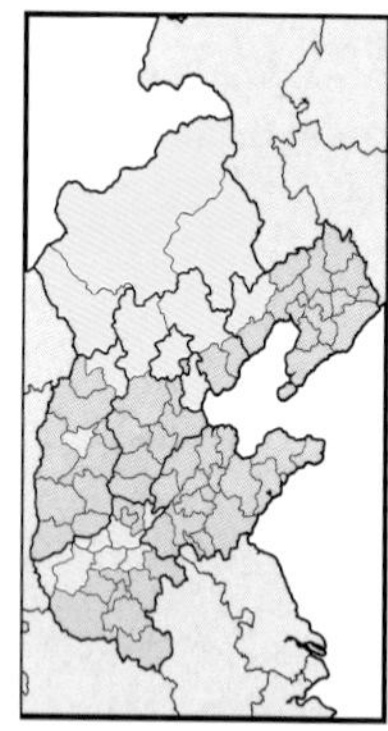

别名：
牧马豆、
披针叶野决明

花期
1 2 3 4 5 6 7 8 9 10 11 12

●**外观：** 多年生草本，高10–40厘米；

●**根茎：** 茎直立，有时分枝，具沟棱，被毛；

●**叶：** 叶互生；三出复叶，具短叶柄，小叶披针形，全缘，背面被毛，无小叶柄；

●**花序：** 总状花序，顶生；

●**花：** 花黄色，花冠两侧对称，蝶形；花瓣5枚；萼片下部合生，上部5裂，密被毛；雄蕊、雌蕊均内藏。

大黄花

Cymbaria dahurica

玄参科 大黄花属

平	低	中	高	
				城市
				湿地
		✿		荒地
		✿		草丛
				林地
				石缝

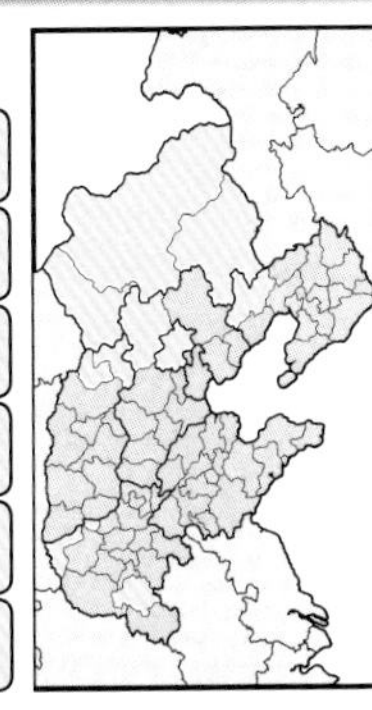

别名:

达乌里芯巴

●**外观:** 多年生草本，高5−25厘米；

●**根茎:** 茎直立或斜生，有时分枝，密被毛；

●**叶:** 叶对生；线形，全缘，两面密被毛，无叶柄；

●**花序:** 花单生，腋生；

●**花:** 花黄色，花冠两侧对称，二唇形；花瓣合生，略被毛，上唇2裂，下唇3裂；萼片下部合生，上部5裂，被毛；雄蕊内藏；雌蕊1枚。

柳穿鱼 *Linaria vulgaris* ssp. *sinensis*

玄参科 柳穿鱼属

	平	低	中	高
城市				
湿地				
荒地				
草丛				
林地				
石缝				

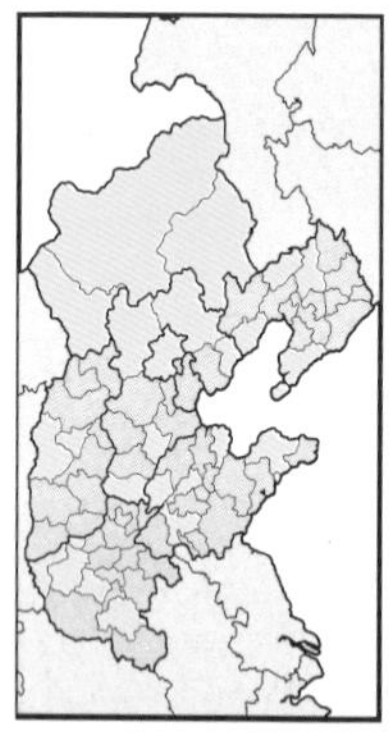

别名：

二至花

●**外观：**多年生草本，高20－50厘米；

●**根茎：**茎直立，分枝；

●**叶：**叶互生，有时轮生；线形，全缘，无叶柄；

●**花序：**总状花序，顶生；

●**花：**花黄色，带橙色，花冠两侧对称，略呈二唇形；花瓣合生，上唇2裂，后面具长管，下唇3裂，喉部凸起、被毛；萼片下部合生，上部5深裂；雄蕊、雌蕊均内藏。

中国马先蒿

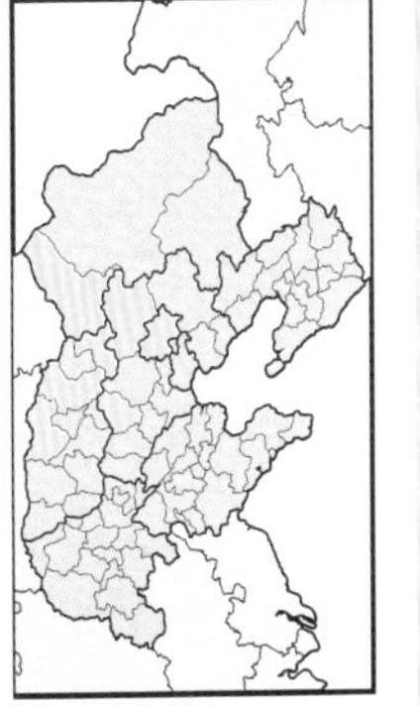

别名:
黄花烂石草

●**外观:** 一年生草本, 高5-30厘米;

●**根茎:** 茎直立或斜生, 有时分枝;

●**叶:** 具基生叶, 茎上叶互生; 基生叶披针形, 羽状浅裂, 边缘不整齐、具齿, 具叶柄; 茎生叶同基生叶;

●**花序:** 穗状花序, 顶生;

●**花:** 花黄色, 花冠两侧对称, 二唇形; 花瓣合生, 上唇盔状, 扭转, 略被毛, 下唇3裂; 萼片下部合生, 上部2裂, 被毛; 雄蕊、雌蕊均内藏。

红纹马先蒿 *Pedicularis striata*

玄参科 马先蒿属

	平	低	中	高
城市				
湿地				
荒地				
草丛			✿	
林地			✿	
石缝				

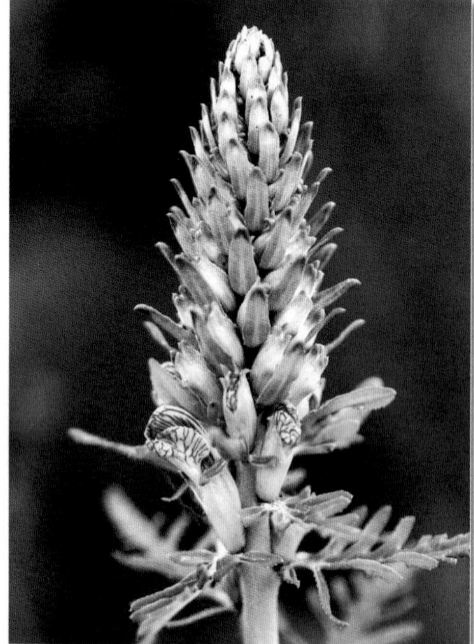

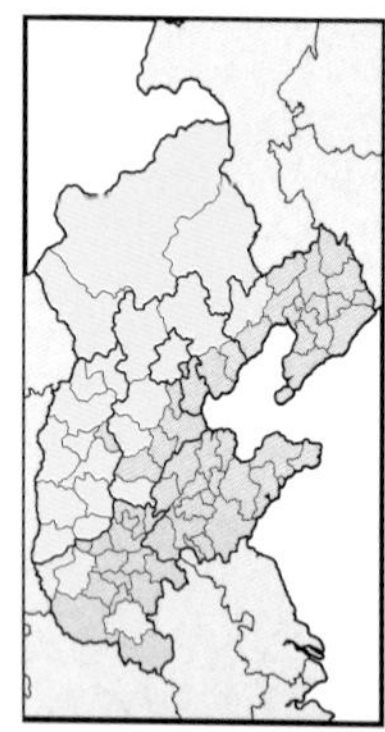

别名：
黄花马先蒿、
细叶马先蒿

花期
1
2
3
4
5
6
7
8
9
10
11
12

- **外观：** 多年生草本，高30－80厘米；
- **根茎：** 茎直立，不分枝，被毛；
- **叶：** 具基生叶，茎上叶互生；基生叶披针形，羽状深裂，边缘不整齐，具长叶柄；茎生叶同基生叶，近无叶柄；
- **花序：** 穗状花序，顶生；
- **花：** 花淡黄色，带红色条纹，花冠两侧对称，二唇形；花瓣合生，上唇盔状，下唇3浅裂；萼片下部合生，上部5浅裂，被毛；雄蕊、雌蕊均内藏。

阴行草

	平	低	中	高
城市				
湿地				
荒地		✿	✿	
草丛		✿	✿	
林地				
石缝		✿	✿	

别名：

金钟荫陈、刘寄奴

- **外观：**一年生草本，高30－60厘米；
- **根茎：**茎直立，分枝，密被毛；
- **叶：**叶对生；卵形，羽状深裂，裂片线形，边缘不整齐，近无叶柄；
- **花序：**花单生，腋生；
- **花：**花黄色，花冠两侧对称，二唇形；花瓣合生，被毛，上唇盔状，红褐色，下唇3裂；萼片下部合生，上部5裂，密被毛；雄蕊、雌蕊均内藏。

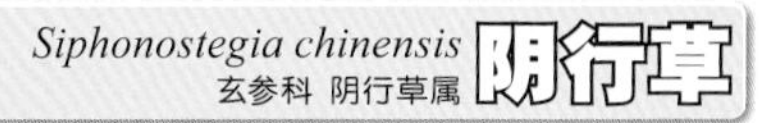

黄花列当 *Orobanche pycnostachya*

列当科 列当属

	平	低	中	高
城市				
湿地				
荒地		✿	✿	
草丛		✿	✿	
林地				
石缝				

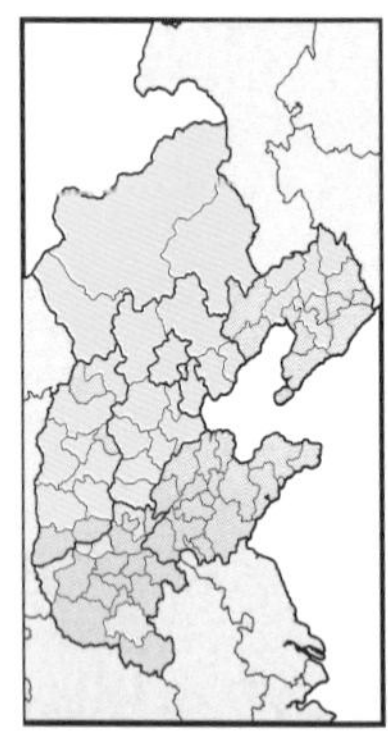

别名：

黄花栗当、独根草

●**外观：**一年生或多年生草本，寄生，高10—50厘米；

●**根茎：**茎直立，不分枝，肉质，被毛；

●**叶：**叶互生；披针形，小鳞片状，全缘，被毛，无叶柄；

●**花序：**穗状花序，顶生，被毛；

●**花：**花黄色，花冠两侧对称，二唇形；花瓣合生，被毛，上唇2裂，下唇3裂；萼片下部合生，上部4裂，被毛；雄蕊、雌蕊均内藏。

白色的花

银莲花 *Anemone cathayensis*

毛茛科 银莲花属

	平	低	中	高
城市				
湿地				
荒地				
草丛			✿	✿
林地				
石缝				✿

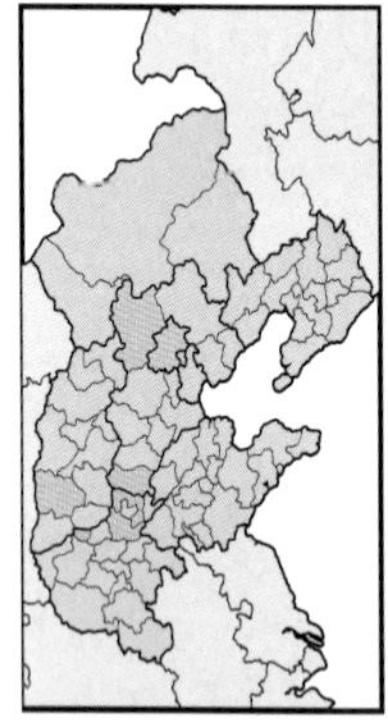

花期

1 2 3 4 **5** **6** 7 8 9 10 11 12

别名：
华北银莲花

近似种：
长毛银莲花，叶柄、花序梗、叶片密被毛。

●**外观：**多年生草本，高15–40厘米；

●**根茎：**根状茎缩短，略木质；无明显地上茎；

●**叶：**仅具基生叶；圆肾形，深裂至基部，掌状，边缘不整齐，有时被毛，具长叶柄；

●**花序：**聚伞花序，基生；花序梗直立，具总苞片，叶状；

●**花：**花白色，花冠辐射对称；花被5枚，有时更多；雄蕊多枚；雌蕊多枚。

草芍药

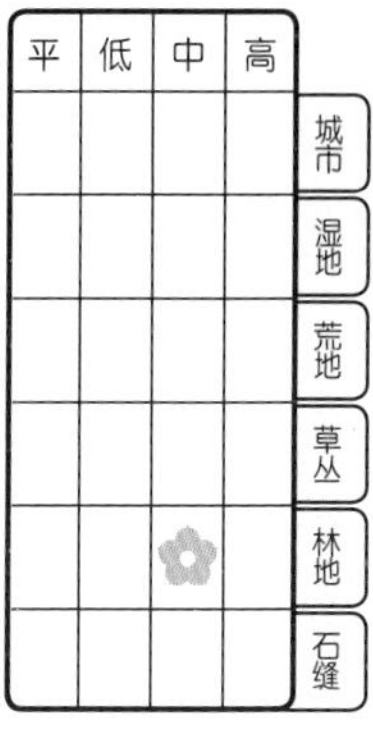

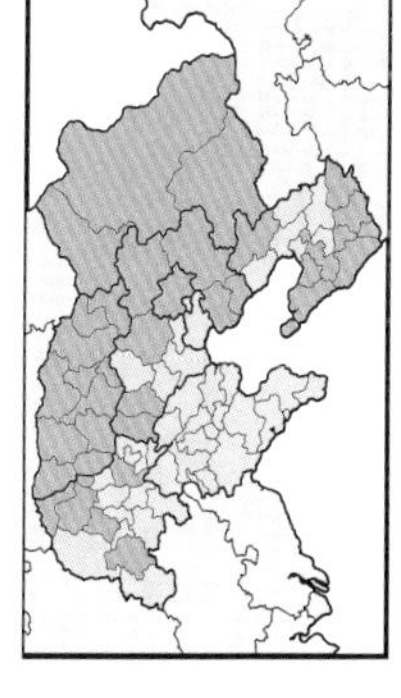

别名：

山芍药、野芍药

●**外观：**多年生草本，高30–70厘米；

●**根茎：**根粗壮；茎直立，不分枝；

●**叶：**叶互生；奇数羽状复叶，小叶对生，卵形，全缘，小叶具短叶柄；

●**花序：**花单生，顶生；

●**花：**花白色，有时粉红色，花冠辐射对称；花瓣6枚或更多；萼片3–5枚；雄蕊多枚；雌蕊2–3枚。

苦荞麦 *Fagopyrum tataricum*

蓼科 荞麦属

	平	低	中	高
城市				
湿地				
荒地		✿	✿	
草丛		✿	✿	
林地				
石缝				

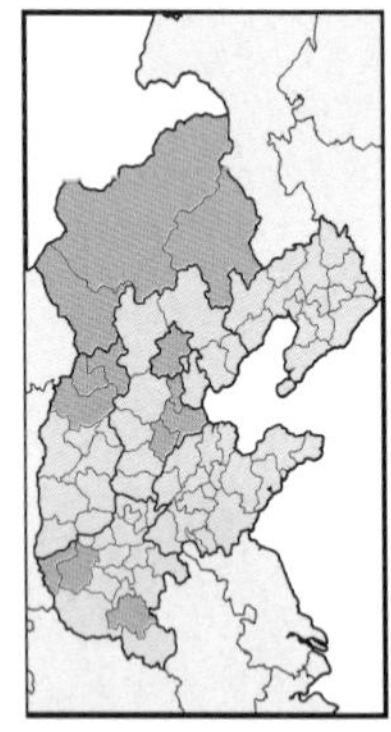

别名：
野荞麦、鞑靼荞麦

●**外观：**一年生草本，高20–70厘米；

●**根茎：**茎直立，分枝，中空；

●**叶：**叶互生；宽三角形，全缘，具叶柄，叶柄基部有膜质托叶鞘；

●**花序：**总状花序，顶生或腋生；

●**花：**花白色或略带红色，花冠辐射对称；花被下部合生，上部5深裂；雄蕊8枚；雌蕊3枚。

支柱蓼

	平	低	中	高
城市				
湿地				
荒地				
草丛				
林地			✿	
石缝				

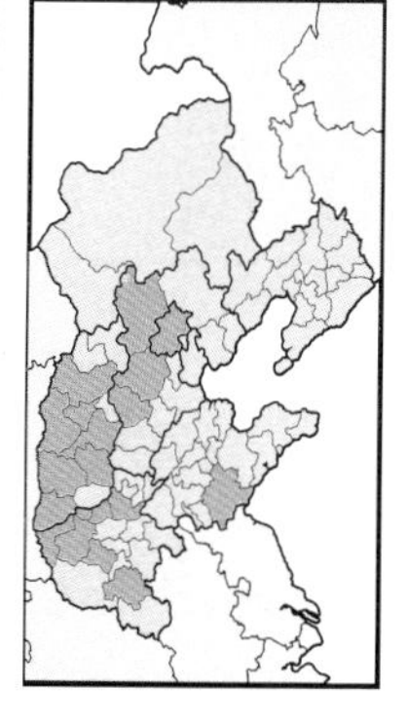

别名：
红三七、蓼子七、九牛造

●**外观：** 多年生草本，高10–40厘米；

●**根茎：** 根状茎粗壮；茎直立或斜生，有时分枝；

●**叶：** 具基生叶，茎上叶互生；基生叶长卵形，全缘，具长叶柄；
茎生叶卵形，全缘，具短叶柄或近无叶柄，略抱茎，叶基部有膜质托叶鞘；

●**花序：** 总状花序，呈穗状，顶生或腋生；

●**花：** 花白色或淡粉色，花冠辐射对称；花被下部合生，上部5深裂；
雄蕊8枚，长于花被；雌蕊3枚。

珠芽蓼 *Polygonum viviparum*

蓼科 蓼属

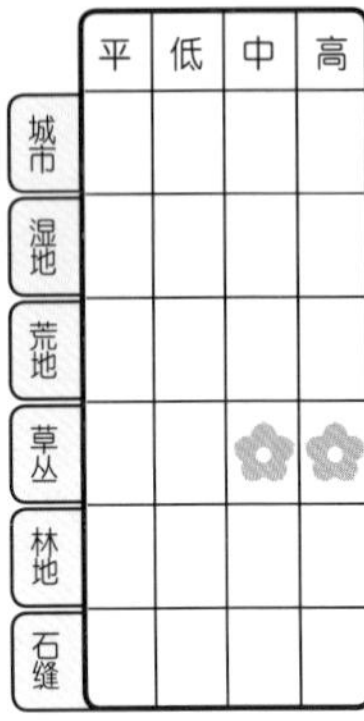

	平	低	中	高
城市				
湿地				
荒地				
草丛				
林地				
石缝				

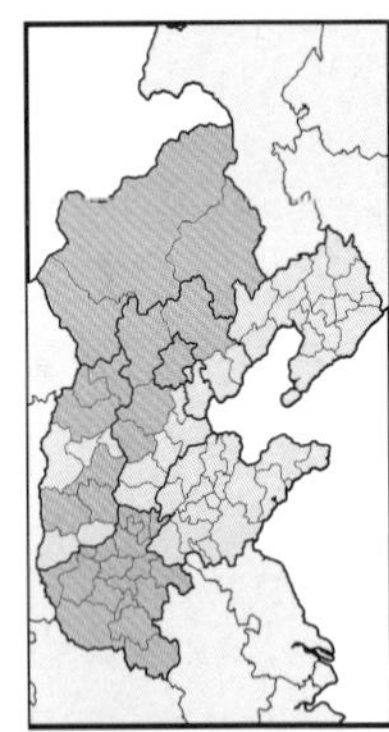

别名：
山谷子、蝎子七、山高梁

近似种：
拳蓼，基生叶沿叶柄下延成翅，边缘略呈波状，花序下部无珠芽。

- **外观：** 多年生草本，高15－60厘米；
- **根茎：** 根状茎粗壮；茎直立，不分枝；
- **叶：** 具基生叶，茎上叶互生；基生叶长椭圆形，全缘，具长叶柄；茎生叶披针形，全缘，近无叶柄，叶基部有膜质托叶鞘；
- **花序：** 总状花序，呈穗状，顶生；花序下部生珠芽；
- **花：** 花白色或淡粉色，花冠辐射对称；花被下部合生，上部5深裂；雄蕊8枚；雌蕊3枚。

喜旱莲子草

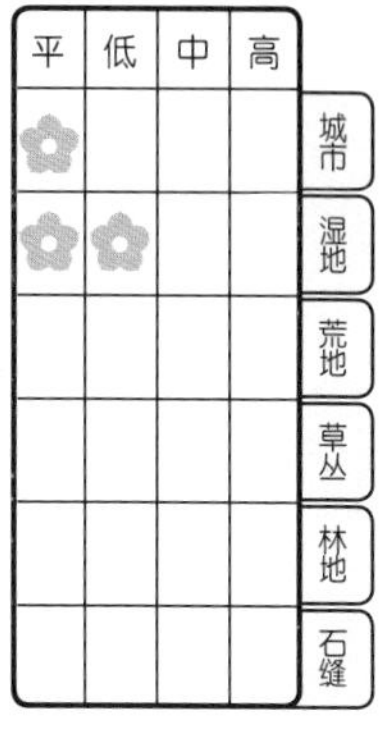

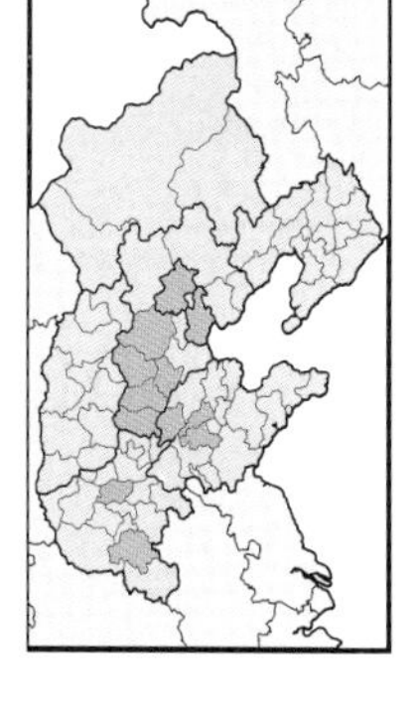

别名：
水花生、革命草、空心苋、空心莲子草

- **外观：**多年生草本，高30−70厘米；
- **根茎：**茎平卧，上部直立，分枝；
- **叶：**叶对生；卵形，全缘，具短叶柄；
- **花序：**头状花序，腋生；
- **花：**花白色，花冠辐射对称；花被5枚；雄蕊5枚；雌蕊1枚。

商陆 *Phytolacca acinosa*

商陆科 商陆属

	平	低	中	高
城市				
湿地				
荒地				
草丛				
林地			✿	
石缝				

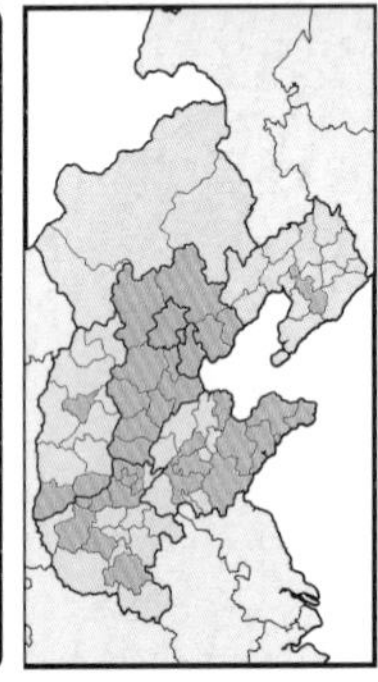

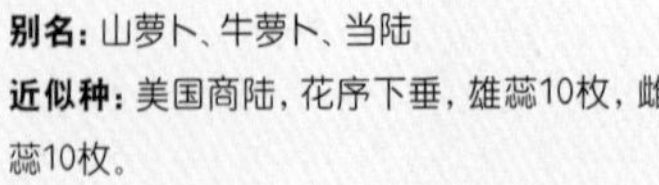

别名：山萝卜、牛萝卜、当陆

近似种：美国商陆，花序下垂，雄蕊10枚，雌蕊10枚。

- **外观：**多年生草本，高80–200厘米；
- **根茎：**根圆锥形，肥大；茎直立，有时分枝；
- **叶：**叶互生；椭圆形，全缘，具叶柄；
- **花序：**总状花序，顶生或与叶对生；
- **花：**花白色，有时带淡粉色，花冠辐射对称；花被5枚；雄蕊8–10枚；雌蕊8枚。

灯心草蚤缀

Arenaria juncea

石竹科 蚤缀属

	平	低	中	高
城市				
湿地				
荒地				
草丛				✿
林地				
石缝				✿

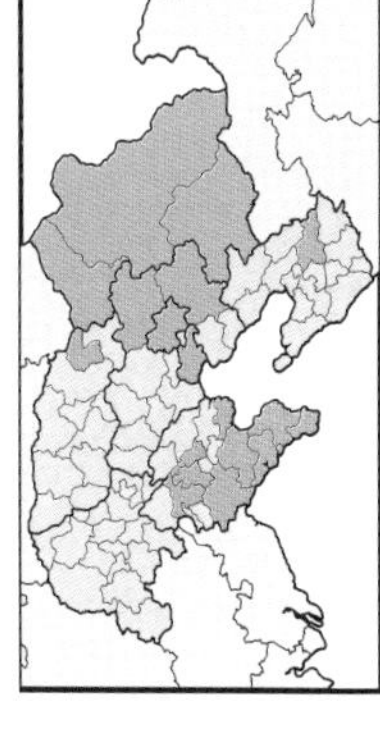

别名：
老牛筋、小无心菜、山银柴胡

花期 1 2 3 4 5 **6 7 8 9** 10 11 12

- **外观：** 多年生草本，高20－50厘米；
- **根茎：** 茎直立，常丛生，不分枝，节部略膨大；
- **叶：** 具基生叶，茎上叶对生；基生叶细线形，全缘，无叶柄；茎生叶线形，全缘，无叶柄，抱茎；
- **花序：** 聚伞花序，顶生；
- **花：** 花白色，花冠辐射对称；花瓣5枚；萼片5枚；雄蕊10枚；雌蕊3枚。

卷耳 *Cerastium arvense*

石竹科 卷耳属

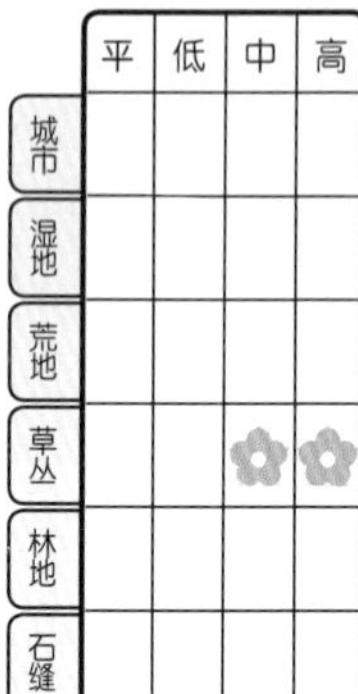

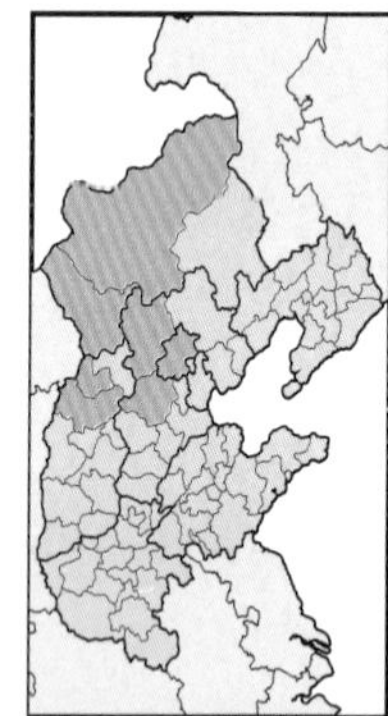

花期

1 2 3 4 5 6 7 8 9 10 11 12

别名：
野卷耳

●**外观：**多年生草本，高10－30厘米；

●**根茎：**茎直立，不分枝，节部膨大，被短毛；

●**叶：**叶对生；披针形，全缘，两面被短毛，近无叶柄，抱茎；

●**花序：**聚伞花序，顶生；

●**花：**花白色，花冠辐射对称；花瓣5枚，2中裂；萼片5枚，被毛；雄蕊10枚；雌蕊5枚。

牛繁缕

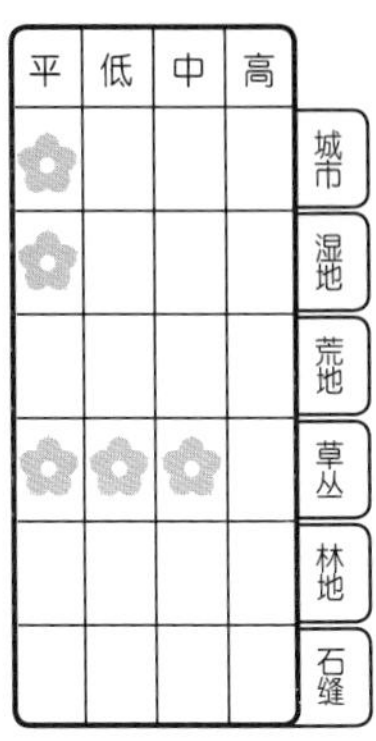

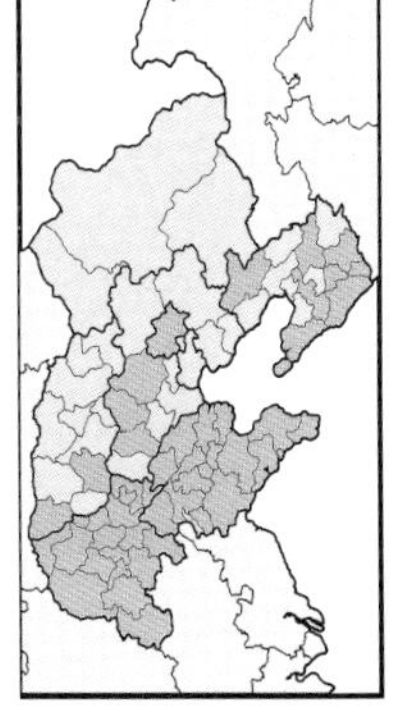

别名：
鹅肠菜、鹅儿肠、石灰菜

●**外观：**多年生草本，高20–40厘米；

●**根茎：**茎直立，多分枝，节部膨大，上部略被腺毛；

●**叶：**叶对生；宽卵形，全缘，具叶柄或近无叶柄；

●**花序：**聚伞花序，顶生；

●**花：**花白色，花冠辐射对称；花瓣5枚，2深裂；萼片5枚，被腺毛；雄蕊10枚；雌蕊5枚。

异花假繁缕 *Pseudostellaria heterantha*

石竹科 假繁缕属

	平	低	中	高
城市				
湿地				
荒地				
草丛				
林地			✿	
石缝				

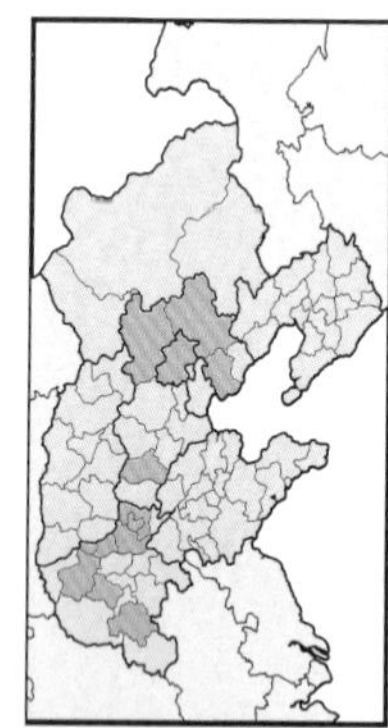

花期
1
2
3
4
5
6
7
8
9
10
11
12

别名：
异花孩儿参

近似种：
蔓假繁缕，茎匍匐，花单生、腋生；毛假繁缕，叶被毛，花瓣先端微凹陷。

●**外观：**多年生草本，高10–20厘米；

●**根茎：**具块根，纺锤形；茎直立，基部分枝，节部膨大；

●**叶：**叶对生；卵形，全缘，具短叶柄；

●**花序：**花单生、有时2–3朵，顶生或腋生；

●**花：**花白色，花冠辐射对称；花瓣5枚；萼片5枚，被毛；雄蕊10枚；雌蕊2–3枚；另具闭锁花，生于茎基部叶腋，不明显。

石生蝇子草

Silene tatarinowii

石竹科 蝇子草属

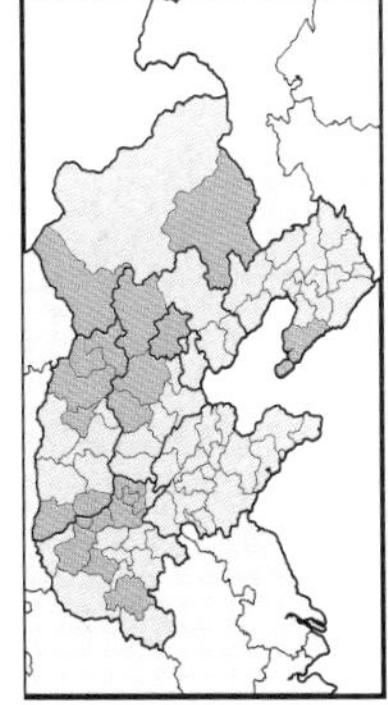

花期

7

8

9

别名：
山女娄菜、石生麦瓶草、蝇子草

- **外观：**多年生草本，高30–80厘米；
- **根茎：**根纺锤形；茎直立或斜生，分枝，节部膨大，略被毛；
- **叶：**叶对生；披针形，全缘，两面及边缘被毛，具短叶柄；
- **花序：**聚伞花序，顶生；
- **花：**花白色，花冠辐射对称；花瓣5枚，2浅裂；萼片合生呈筒状，先端5裂；雄蕊10枚；雌蕊3枚。

叉歧繁缕 *Stellaria dichotoma*

石竹科 繁缕属

	平	低	中	高
城市				
湿地				
荒地				
草丛			✿	✿
林地				
石缝			✿	✿

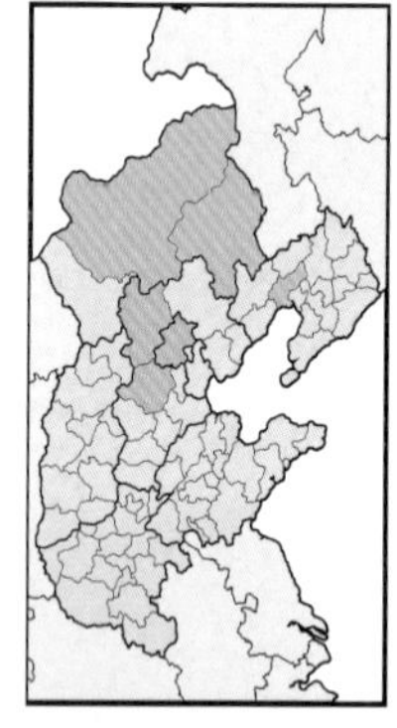

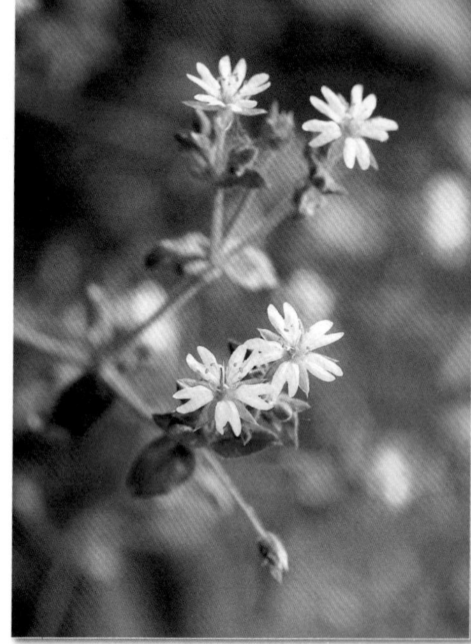

花期

1 2 3 4 5 6 7 8 9 10 11 12

别名：

歧枝繁缕、叉繁缕

近似种：

内曲繁缕，全株被毛，叶披针形，花瓣2深裂。

- **外观：** 多年生草本，高20—40厘米；
- **根茎：** 茎直立，丛生，多分枝，节部膨大，密被腺毛；
- **叶：** 叶对生；卵形，全缘，两面被毛，无叶柄；
- **花序：** 聚伞花序，顶生；
- **花：** 花白色，花冠辐射对称；花瓣5枚，2中裂；萼片5枚，被毛；雄蕊10枚；雌蕊3枚。

繁缕

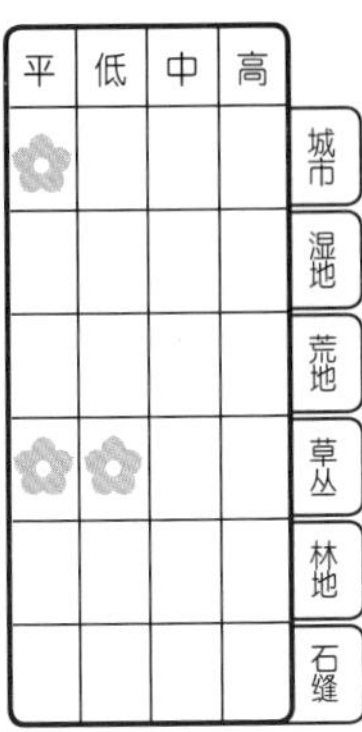

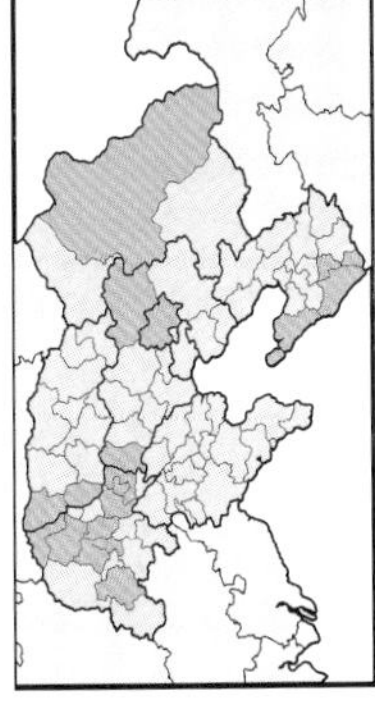

花期
3
4
5
6
7
8
9
10

别名：
鸡儿肠、鹅肠菜

●**外观：** 一年生或二年生草本，高10–20厘米；

●**根茎：** 茎直立或斜生，多分枝，节部膨大；

●**叶：** 叶对生；卵形，全缘，具叶柄或近无叶柄；

●**花序：** 聚伞花序，顶生；

●**花：** 花白色，花冠辐射对称；花瓣5枚，2深裂；萼片5枚，略长于花瓣，被毛；雄蕊5–10枚；雌蕊3枚。

水毛茛 *Batrachium bungei*

毛茛科 水毛茛属

花期 1 2 3 4 5 6 7 8 9 10 11 12

	平	低	中	高
城市				
湿地	✿	✿	✿	
荒地				
草丛				
林地				
石缝				

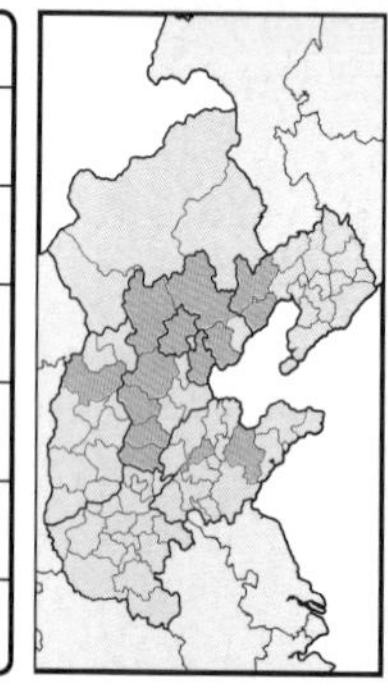

别名：梅花藻

近似种：北京水毛茛，具二种叶型，沉水叶半圆形或扇形、深裂为丝状，浮水叶扇形、浅裂，花白色。

- **外观：**多年生沉水草本；
- **根茎：**茎横走，分枝；
- **叶：**叶互生；半圆形或扇形，深裂为丝状，具叶柄；
- **花序：**花单生，腋生，伸出水面；
- **花：**花白色，基部带黄色，花冠辐射对称；花瓣5枚，有时更多；萼片常脱落，不明显；雄蕊多枚；雌蕊多枚。

小丛红景天

Rhodiola dumulosa

景天科 红景天属

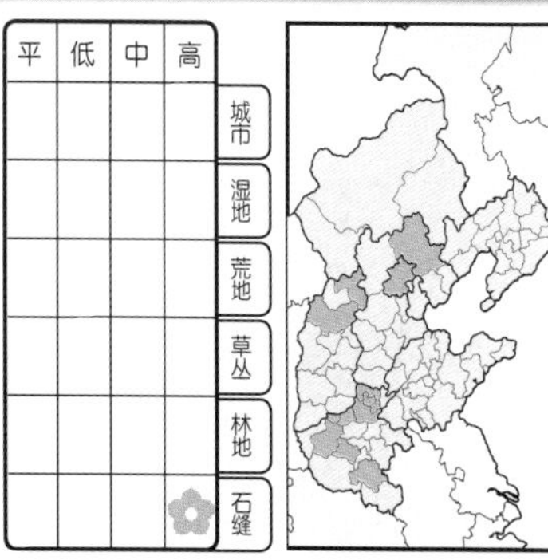

别名：
凤尾七、凤凰草、香景天、雾灵景天

●**外观：**多年生草本，高10—25厘米；

●**根茎：**根粗壮；茎直立，丛生，不分枝，基部常木质化；

●**叶：**叶互生；线形，肉质，全缘，无叶柄；

●**花序：**聚伞花序，顶生；

●**花：**花白色，有时带淡粉色，花冠辐射对称；花瓣5枚；萼片5枚；雄蕊10枚；雌蕊5枚。

细叉梅花草 *Parnassia oreophila*

虎耳草科 梅花草属

	平	低	中	高
城市				
湿地				
荒地				
草丛			✿	✿
林地				
石缝				

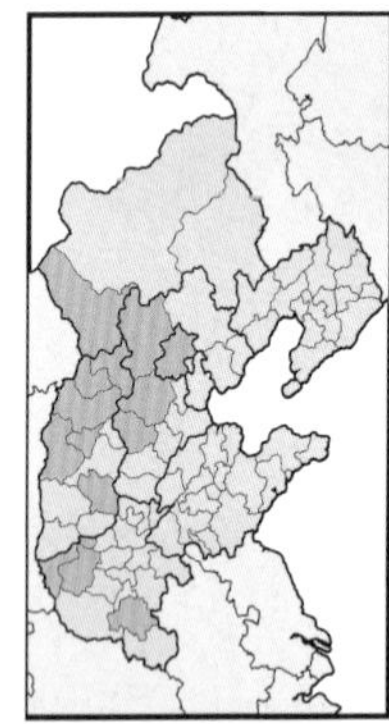

花期

1 2 3 4 5 6 **7 8 9** 10 11 12

别名：
四川苍耳七

●**外观：**多年生草本，高10—30厘米；

●**根茎：**茎直立，丛生，不分枝；

●**叶：**具基生叶，茎上叶仅1枚；基生叶卵形，全缘，具长叶柄；
茎生叶同基生叶，无叶柄，叶基部抱茎；

●**花序：**花单生，顶生；

●**花：**花白色，花冠辐射对称；花瓣5枚；萼片5枚；
雄蕊5枚，假雄蕊5束、较短；雌蕊1枚，柱头3裂。

梅花草

Parnassia palustris

虎耳草科 梅花草属

	平	低	中	高
城市				
湿地			✿	
荒地				
草丛			✿	✿
林地				
石缝				

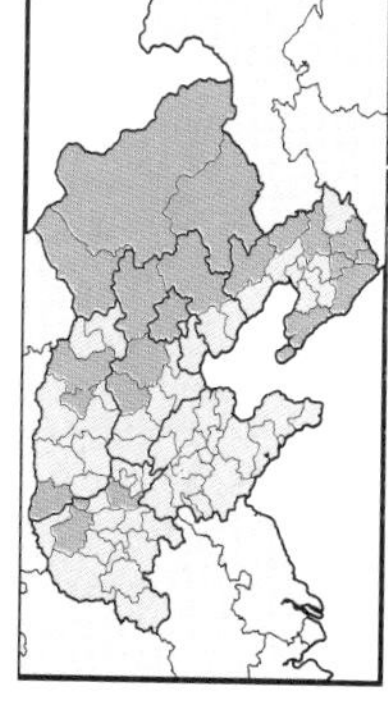

别名：
苍耳七

花期 1 2 3 4 5 6 **7 8 9** 10 11 12

●**外观：**多年生草本，高10-30厘米；

●**根茎：**茎直立，丛生，不分枝；

●**叶：**具基生叶，茎上叶仅1枚；基生叶卵状心形，全缘，具长叶柄；茎生叶同基生叶，无叶柄，叶基部抱茎；

●**花序：**花单生，顶生；

●**花：**花白色，花冠辐射对称；花瓣5枚；萼片5枚；雄蕊5枚，假雄蕊5束、丝状；雌蕊1枚，柱头4裂。

球茎虎耳草 *Saxifraga sibirica*

虎耳草科 虎耳草属

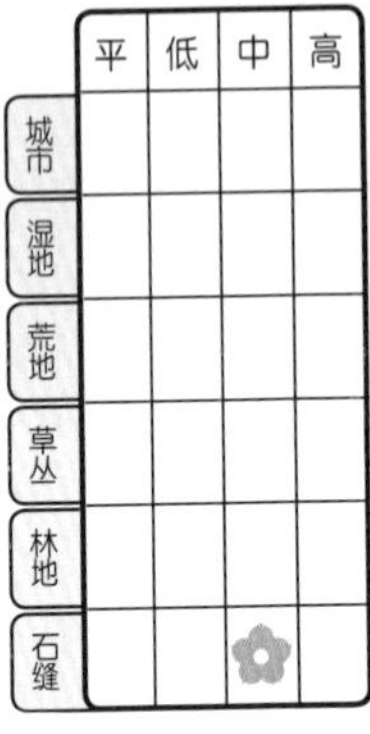

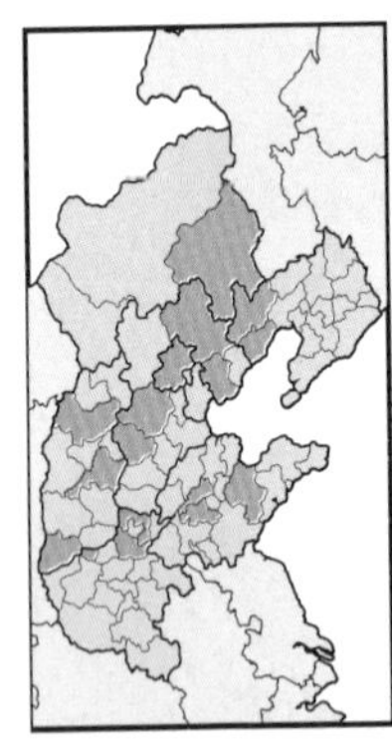

花期

1
2
3
4
5
6
7
8
9
10
11
12

别名：

北虎耳草

- **外观：** 多年生草本，高5–25厘米；
- **根茎：** 具块茎；茎直立或斜生，不分枝，被腺毛；
- **叶：** 具基生叶，茎上叶互生；基生叶圆形，边缘浅裂、掌状，有时被腺毛，具叶柄；茎生叶同基生叶，具叶柄或近无叶柄；
- **花序：** 聚伞花序、有时仅1–3朵，顶生；
- **花：** 花白色，花冠辐射对称；花瓣5枚；萼片5枚；雄蕊10枚；雌蕊1枚，柱头微2裂。

东方草莓

Fragaria orientalis

蔷薇科 草莓属

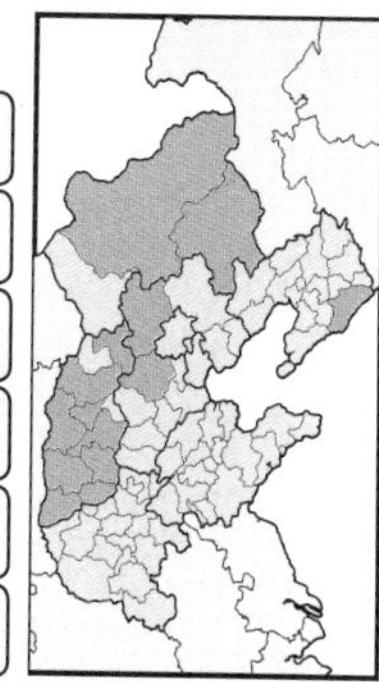

花期 6 7

别名：
野草莓、土泡

- **外观：**多年生草本，高5–30厘米；
- **根茎：**茎匍匐，分枝，被毛，节上生不定根；
- **叶：**仅具基生叶；三出复叶，叶柄被毛，小叶倒卵形，边缘具齿，略被毛，近无小叶柄；
- **花序：**总状花序，聚伞状排列，基生；花序梗斜生，被毛；
- **花：**花白色，花冠辐射对称；花瓣5枚；萼片10枚，2轮；雄蕊多枚；雌蕊多枚。

野西瓜苗 *Hibiscus trionum*

锦葵科 木槿属

	平	低	中	高
城市				
湿地				
荒地		✿	✿	
草丛		✿	✿	
林地				
石缝				

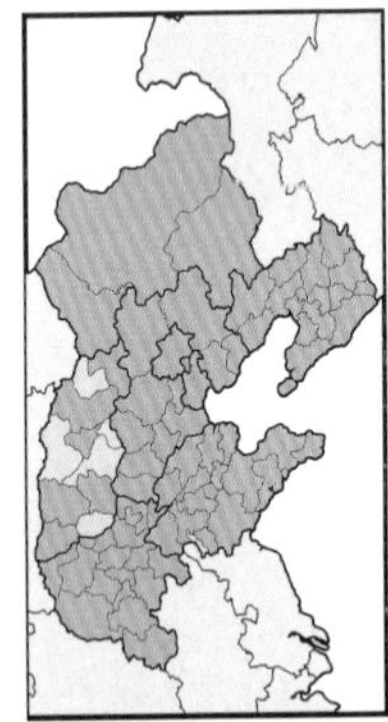

别名：
香铃草、灯笼花、小秋葵、火炮草

花期
1 2 3 4 5 6 7 8 9 10 11 12

●**外观：** 一年生草本，高20–70厘米；

●**根茎：** 茎直立或斜生，有时分枝，被毛；

●**叶：** 叶互生；圆形，深裂或浅裂，掌状，边缘不整齐，两面略被毛，具叶柄，叶柄被毛；

●**花序：** 花单生，腋生；苞片线形，被毛，轮生；

●**花：** 花白色，中央深紫红色，花冠辐射对称；花瓣5枚，外面略被毛；萼片5枚，具条纹，外面被毛；雄蕊多枚；雌蕊1枚，柱头5裂。

狼毒

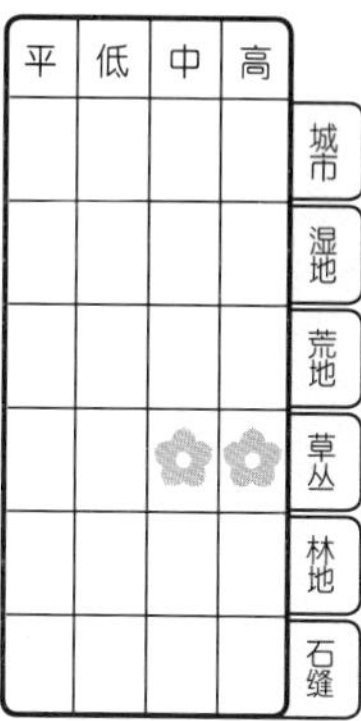

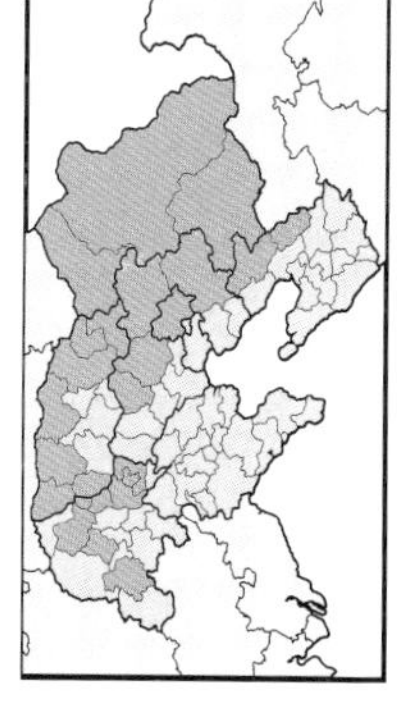

别名：
瑞香狼毒、断肠草、燕子花、馒头花

- **外观：** 多年生草本，高20—50厘米；
- **根茎：** 根茎圆柱形，木质；茎直立，丛生，不分枝；
- **叶：** 叶互生；披针形，全缘，具短叶柄；
- **花序：** 头状花序，顶生；
- **花：** 花白色，背面常粉红色，花冠辐射对称；花被下部合生，上部5裂；雄蕊、雌蕊均内藏。

毒芹 *Cicuta virosa*

伞形科 毒芹属

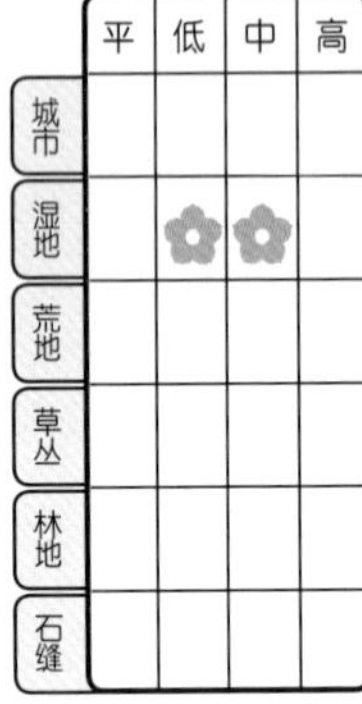

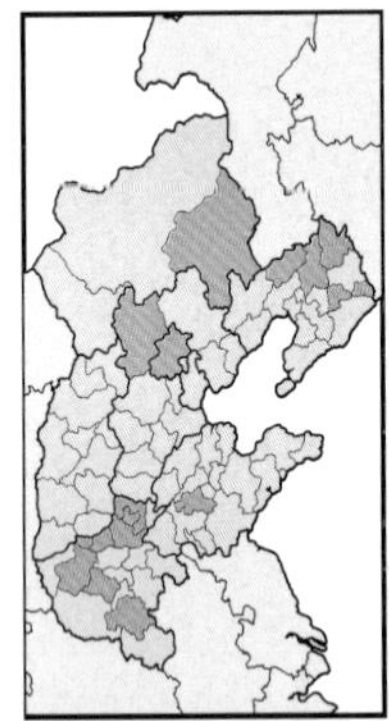

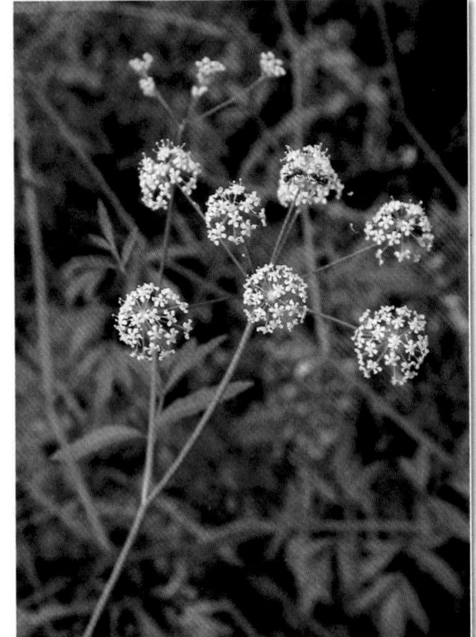

别名：
钩吻叶芹、野芹菜花

花期 1 2 3 4 5 6 7 8 9 10 11 12

●**外观：**多年生草本，高50－100厘米；

●**根茎：**根茎中空，内部具横隔；茎直立，分枝，中空；

●**叶：**具基生叶，茎上叶互生；奇数羽状复叶，具长叶柄，叶柄基部抱茎，小叶对生，披针形，边缘具齿，近无小叶柄；茎生叶同基生叶；

●**花序：**伞形花序，顶生或腋生；

●**花：**花白色，花冠辐射对称；花瓣5枚；萼片下部合生，上部5裂，不明显；雄蕊5枚，有时不明显；雌蕊不明显。

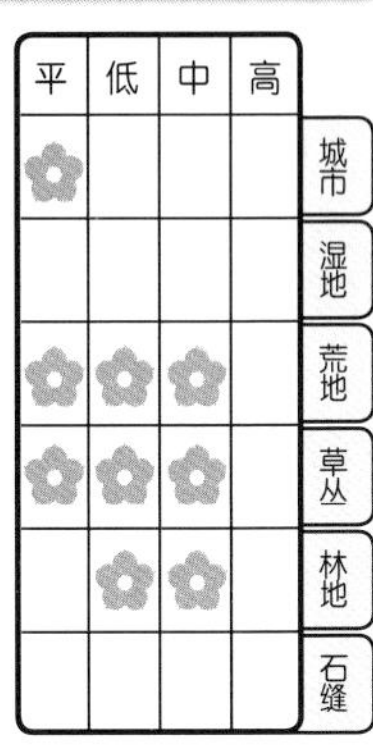

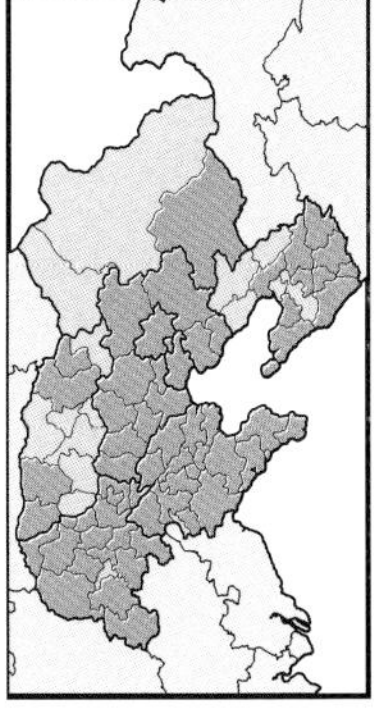

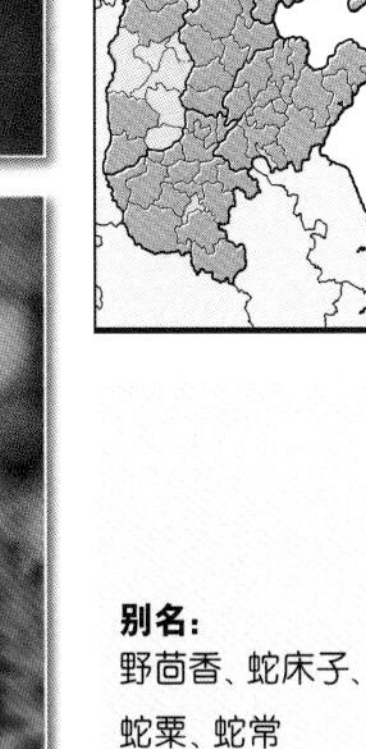

别名：
野茴香、蛇床子、蛇栗、蛇常

- ●**外观：**一年生草本，高20－60厘米；
- ●**根茎：**茎直立，分枝；
- ●**叶：**具基生叶，茎上叶互生；基生叶三角形，羽状深裂，边缘不整齐，具叶柄；茎生叶同基生叶；
- ●**花序：**伞形花序，顶生或腋生；
- ●**花：**花白色，花冠辐射对称；花瓣5枚；萼片合生，不明显；雄蕊5枚，有时不明显；雌蕊不明显。

短毛独活 *Heracleum moellendorffii*

伞形科 独活属

	平	低	中	高
城市				
湿地				
荒地				
草丛				
林地			✿	
石缝				

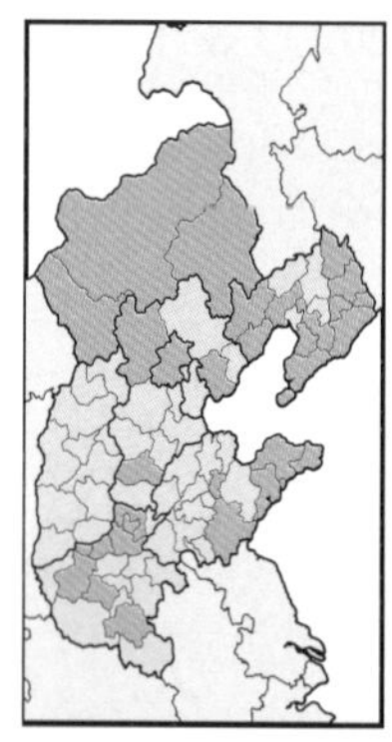

别名：
短毛白芷、东北牛防风、老山芹、大活、毛羌

近似种：
白芷，叶三角形，羽状深裂。

●**外观：**多年生草本，高100–200厘米；

●**根茎：**根粗大，圆锥形；茎直立，分枝，中空；

●**叶：**具基生叶，茎上叶互生；基生叶宽卵形，深裂，羽状或三出复叶状，边缘具齿，具叶柄，叶柄基部膨大为鞘状；茎生叶同基生叶；

●**花序：**伞形花序，顶生；

●**花：**花白色，花冠辐射对称；花瓣5枚，有时大小不相等，顶端常凹缺；萼片合生，不明显；雄蕊5枚，有时不明显；雌蕊不明显。

水芹

Oenanthe javanica

伞形科 水芹属

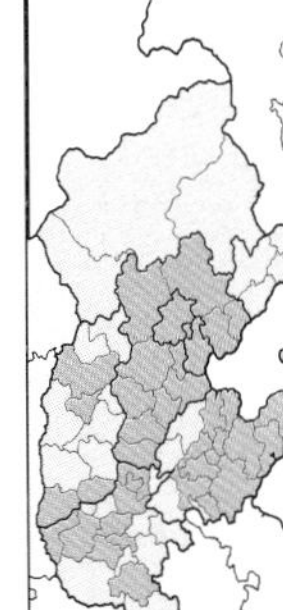

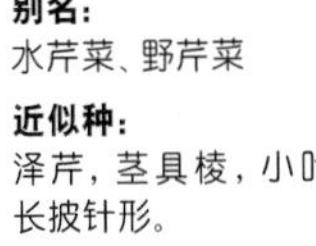

别名：
水芹菜、野芹菜

近似种：
泽芹，茎具棱，小叶长披针形。

●**外观：** 多年生草本，高30－60厘米；

●**根茎：** 茎直立，有时分枝，中空；

●**叶：** 叶互生；奇数羽状复叶，具长叶柄，小叶对生，长卵形，边缘具齿，近无小叶柄；

●**花序：** 伞形花序，顶生；

●**花：** 花白色，花冠辐射对称；花瓣5枚；萼片下部合生，上部5裂，不明显；雄蕊5枚，有时不明显；雌蕊不明显。

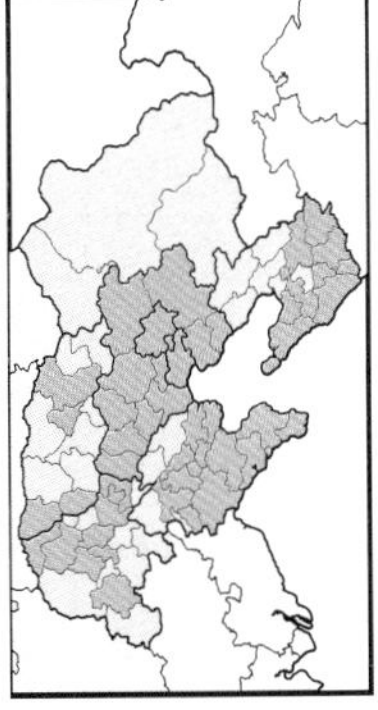

点地梅 *Androsace umbellata*

报春花科 点地梅属

	平	低	中	高
城市	✿			
湿地				
荒地	✿	✿		
草丛	✿	✿		
林地				
石缝				

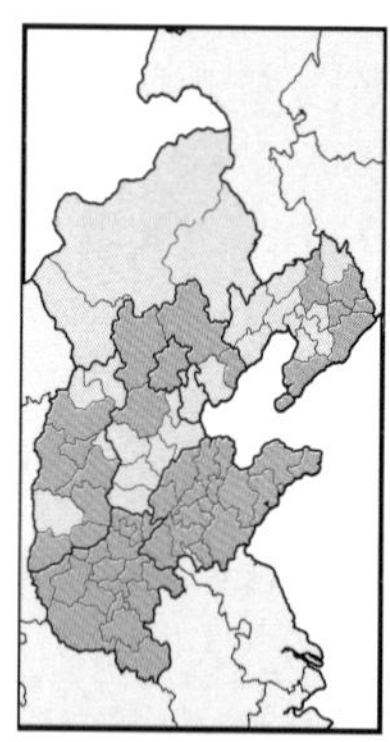

花期 1 2 3 4 5 6 7 8 9 10 11 12

别名：
喉咙草、铜钱草、佛顶珠、白花草

- **外观：**一年生或二年生草本，高5—15厘米；
- **根茎：**无明显地上茎；
- **叶：**仅具基生叶；宽卵形，边缘具齿，两面被毛，具叶柄；
- **花序：**伞形花序，基生；花序梗直立，常丛生，被毛；
- **花：**花白色，花冠辐射对称；花瓣5枚，基部合生，喉部黄色；萼片下部合生，上部5裂；雄蕊、雌蕊均内藏。

狼尾花

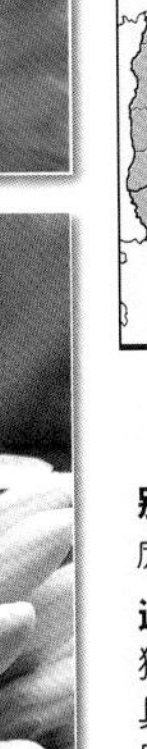

	平	低	中	高
城市				
湿地				
荒地				
草丛		✿	✿	
林地				
石缝				

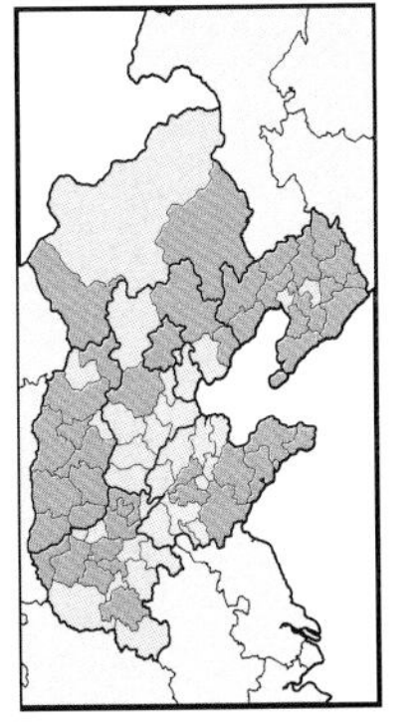

别名：
虎尾草、重穗排草

近似种：
狭叶珍珠菜，茎无毛、具腺体，叶线形、下面具腺体，总状花序直立。

- **外观：**多年生草本，高30－80厘米；
- **根茎：**茎直立，不分枝，密被毛；
- **叶：**叶互生，有时近对生；宽披针形，全缘，两面被毛，近无叶柄；
- **花序：**总状花序，顶生，常弯曲；
- **花：**花白色，花冠辐射对称；花瓣5枚，基部合生；萼片下部合生，上部5裂；雄蕊5枚；雌蕊1枚。

花期 6 7 8

鹅绒藤 *Cynanchum chinense*

萝藦科 鹅绒藤属

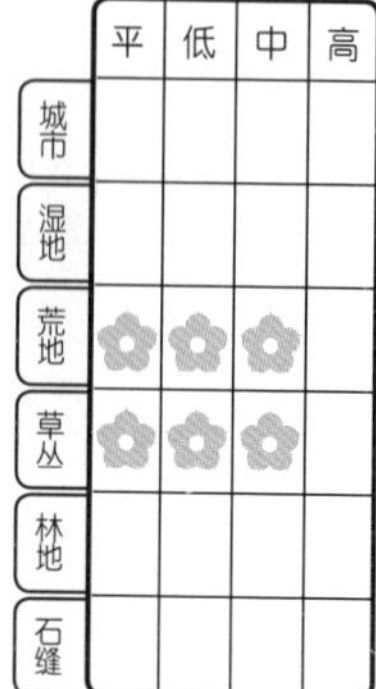

	平	低	中	高
城市				
湿地				
荒地	✿	✿	✿	
草丛	✿	✿	✿	
林地				
石缝				

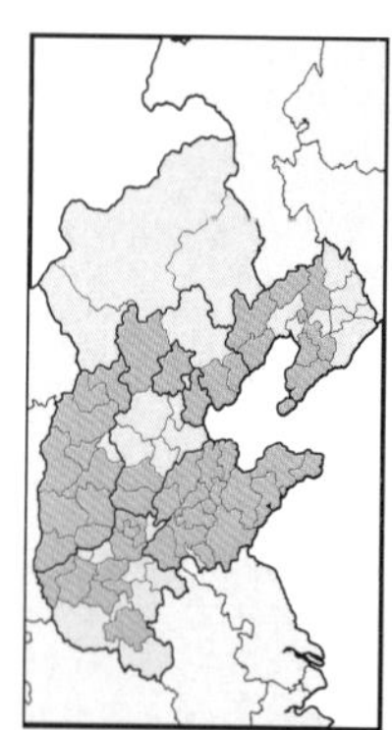

花期 1 2 3 4 5 6 7 8 9 10 11 12

别名：
祖子花、白前

- **外观：** 多年生草质藤本；
- **根茎：** 茎分枝，被短毛；植物体内具白色乳汁；
- **叶：** 叶对生；卵形，三角状，全缘，两面略被毛，具叶柄；
- **花序：** 聚伞花序，腋生；
- **花：** 花白色，花冠辐射对称；花瓣5枚，基部合生，喉部具丝状附属物；萼片下部合生，上部5裂，外面被毛；雄蕊、雌蕊合生。

日本菟丝子

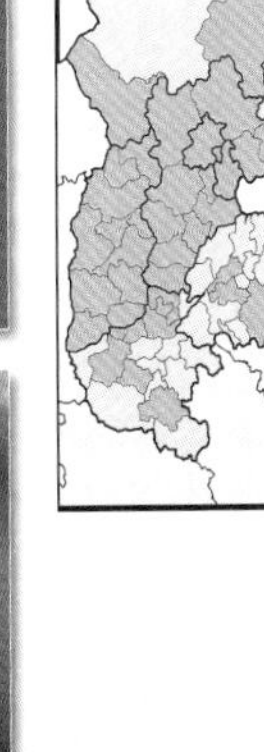

别名：
金灯藤、大菟丝子、金灯笼、无根草

●**外观：**一年生草质藤本，寄生；

●**根茎：**茎肉质，淡红色，具紫红色斑点，分枝；

●**叶：**无叶；

●**花序：**穗状花序；

●**花：**花白色，有时带淡红色，花冠辐射对称；花瓣下部合生，上部5裂；萼片下部合生，上部5深裂，淡紫红色斑点；雄蕊5枚；雌蕊内藏。

花期 7 8

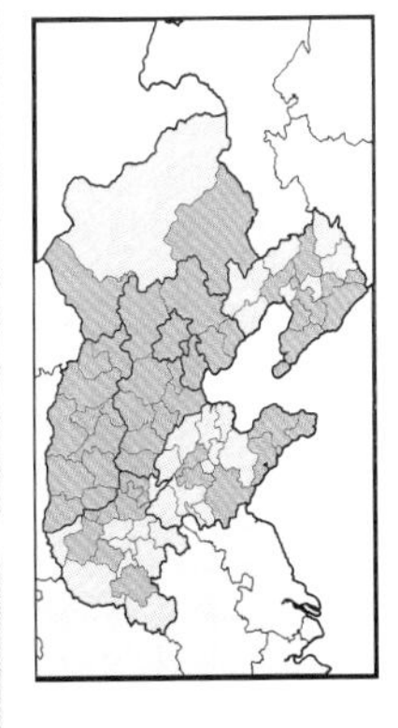

砂引草 *Messerschmidia sibirica*

紫草科 砂引草属

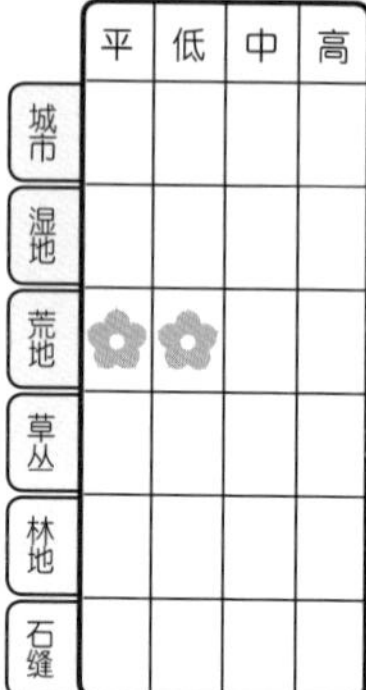

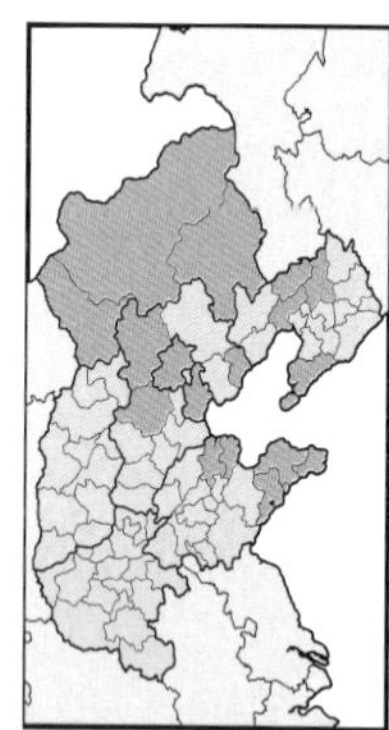

别名：
紫丹草、西伯利亚紫丹、挠挠糖

- **外观：** 多年生草本，高10—30厘米；
- **根茎：** 茎直立或斜生，分枝，密被毛；
- **叶：** 叶互生；披针形，全缘，两面被毛，近无叶柄；
- **花序：** 聚伞花序，顶生；
- **花：** 花白色，花冠辐射对称；花瓣下部合生，上部5裂，喉部黄绿色；萼片下部合生，上部5裂，密被毛；雄蕊、雌蕊均内藏。

酸浆

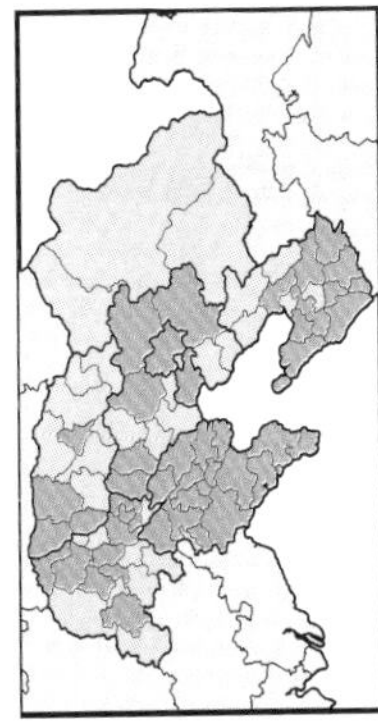

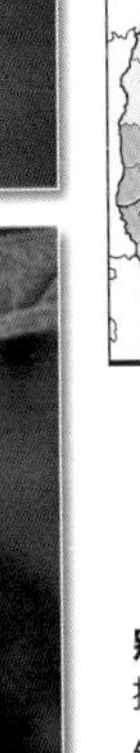

花期 6 7 8 9

别名：
挂金灯、红姑娘、锦灯笼、天泡

- **外观：**多年生草本，高30－60厘米；
- **根茎：**茎直立，不分枝，节部略膨大；
- **叶：**叶互生或近对生；宽卵形，边缘波状或具齿，具叶柄；
- **花序：**花单生，腋生；
- **花：**花白色，花冠辐射对称；花瓣5枚，下部合生，喉部黄绿色；萼片下部合生，上部5裂，被短毛；雄蕊5枚；雌蕊1枚，有时不明显。

龙葵 *Solanum nigrum*

茄科 茄属

花期

1 2 3 4 5 6 **7** **8** **9** **10** 11 12

	平	低	中	高
城市	✿			
湿地				
荒地	✿	✿	✿	
草丛	✿	✿	✿	
林地				
石缝				

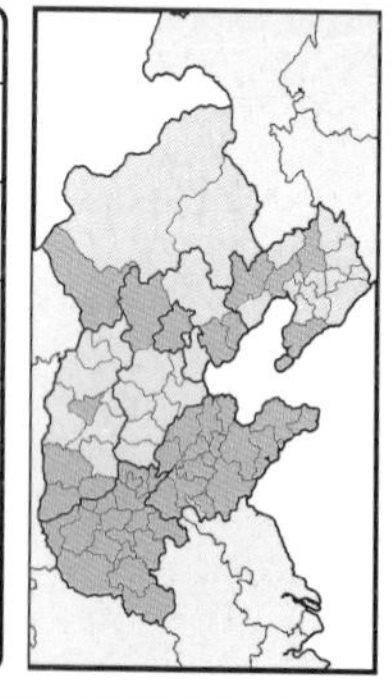

别名：

野葡萄、山辣椒、野茄秧、地泡子

- **外观：**一年生草本，高20－100厘米；
- **根茎：**茎直立，分枝；
- **叶：**叶互生；卵形，边缘具齿或近全缘，具叶柄；
- **花序：**聚伞花序，腋生；
- **花：**花白色，花冠辐射对称；花瓣5枚，下部合生；萼片下部合生，上部5裂；雄蕊5枚，靠拢；雌蕊1枚，有时不明显。

紫斑风铃草

Campanula punctata
桔梗科 风铃草属

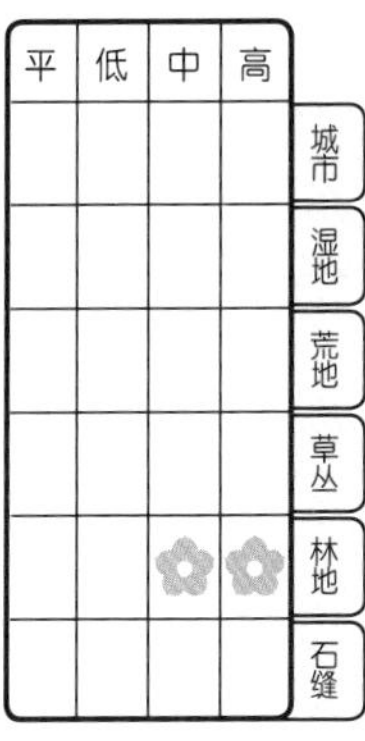

	平	低	中	高
城市				
湿地				
荒地				
草丛				
林地			✿	✿
石缝				

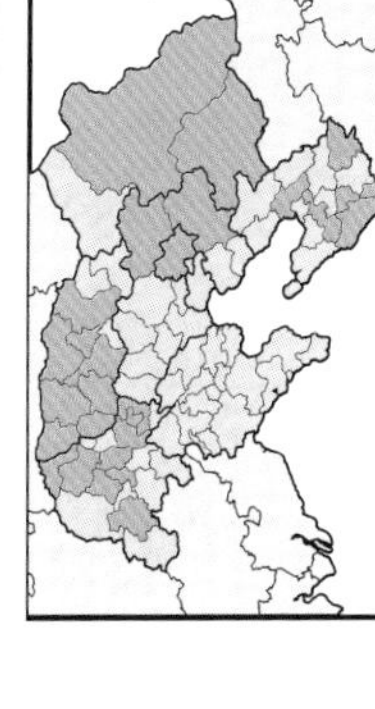

别名：
灯笼花、吊钟花

花期 7 8

●**外观：**多年生草本，高20—60厘米；

●**根茎：**茎直立，分枝，被毛；

●**叶：**具基生叶，茎上叶互生；卵形，边缘具齿，两面被毛，具长叶柄；
茎生叶同基生叶，具短叶柄或近无叶柄；

●**花序：**花单生，顶生或腋生；

●**花：**花白色，内侧具紫色斑点，花冠辐射对称；花瓣合生，顶部5裂，被毛；
萼片下部合生，上部5裂，被毛；雄蕊、雌蕊均内藏。

短尾铁线莲 *Clematis brevicaudata*

毛茛科 铁线莲属

	平	低	中	高
城市				
湿地				
荒地				
草丛				
林地			✿	
石缝				

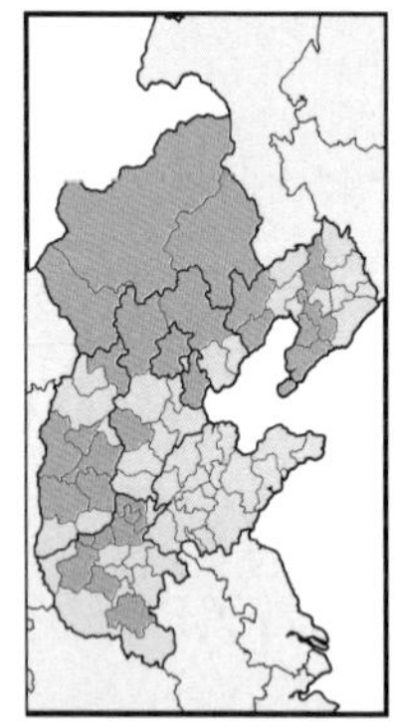

别名：
黑狗茎、
林地铁线莲、石通

花期
1
2
3
4
5
6
7
8
9
10
11
12

- **外观：** 多年生草质藤本；
- **根茎：** 茎有时近直立，多分枝；
- **叶：** 叶对生；奇数羽状复叶，小叶对生，长卵形，边缘具齿，具小叶柄；
- **花序：** 聚伞花序，圆锥状排列，顶生或腋生；
- **花：** 花白色，有时黄白色，花冠辐射对称；花被4枚，两面被短毛；
  雄蕊多枚；雌蕊多枚。

荠菜

	平	低	中	高
城市	✿			
湿地				
荒地	✿	✿	✿	
草丛	✿	✿	✿	
林地				
石缝				

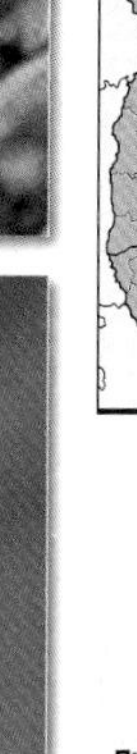

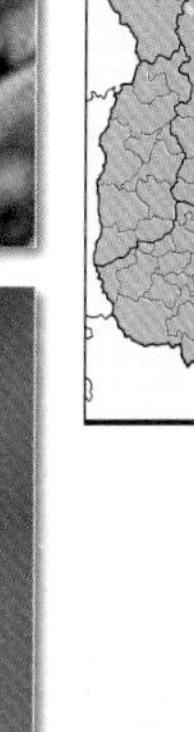

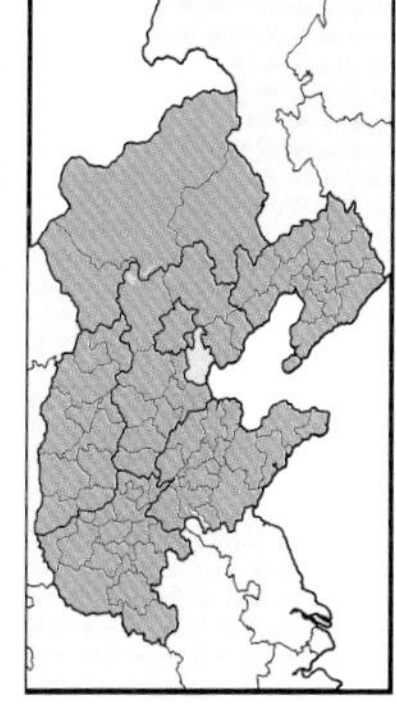

花期
1 2 3 4 5 6 7 8 9 10 11 12

别名：
荠、菱角菜

- **外观：**一年生或二年生草本，高10－40厘米；
- **根茎：**茎直立，有时分枝，被毛；
- **叶：**具基生叶，茎上叶互生；基生叶长卵形，大头羽状分裂，有时不裂，边缘不整齐，具叶柄；茎生叶披针形，近无叶柄，叶基部抱茎；
- **花序：**总状花序，顶生或腋生；
- **花：**花白色，花冠辐射对称；花瓣4枚；萼片4枚；雄蕊6枚；雌蕊1枚。

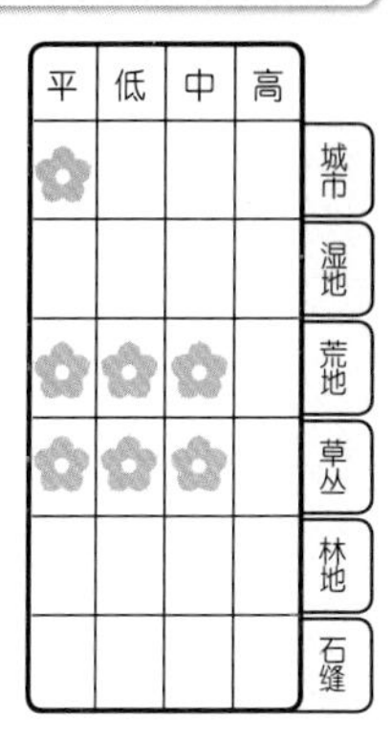

白花碎米荠 *Cardamine leucantha*

十字花科 碎米荠属

	平	低	中	高
城市				
湿地				
荒地				
草丛			✿	
林地			✿	
石缝				

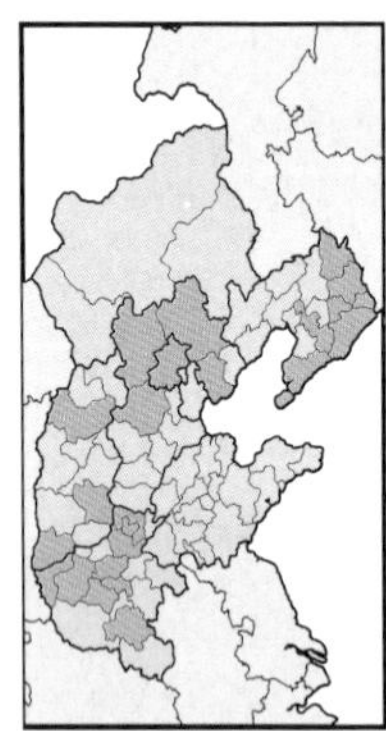

花期 1 2 3 4 5 6 7 8 9 10 11 12

别名：
山荠菜

●**外观：**多年生草本，高30－80厘米；

●**根茎：**具匍匐茎；茎直立，常不分枝，具沟棱，被毛；

●**叶：**具基生叶，茎上叶互生；基生叶为奇数羽状复叶，小叶对生，长卵形，边缘具齿，近无小叶柄；茎生叶同基生叶；

●**花序：**总状花序，顶生；

●**花：**花白色，花冠辐射对称；花瓣4枚；萼片4枚，外面被毛；雄蕊6枚；雌蕊1枚。

豆瓣菜

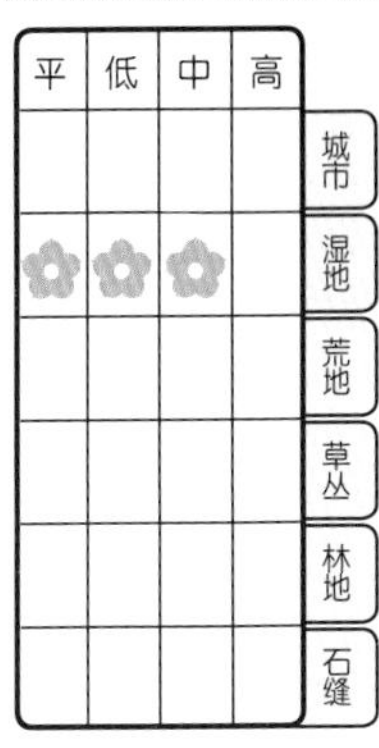

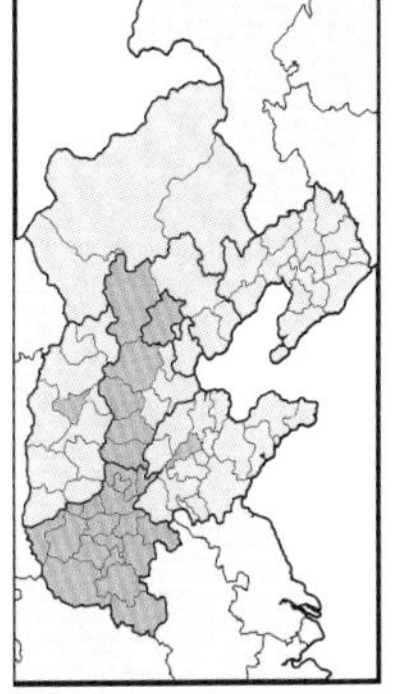

别名：
西洋菜、水田芥、水生菜、水菠菜

- **外观：** 多年生挺水草本，有时沉于水下，高20－40厘米；
- **根茎：** 茎匍匐或直立，分枝，节上具不定根；
- **叶：** 叶互生；奇数羽状复叶，小叶对生，宽卵形，全缘，具小叶柄或近无小叶柄；
- **花序：** 总状花序，顶生；
- **花：** 花白色，花冠辐射对称；花瓣4枚；萼片4枚；雄蕊6枚；雌蕊1枚。

光果猪殃殃 *Galium spurium*

茜草科 猪殃殃属

	平	低	中	高
城市				
湿地				
荒地				
草丛				
林地			✿	✿
石缝				

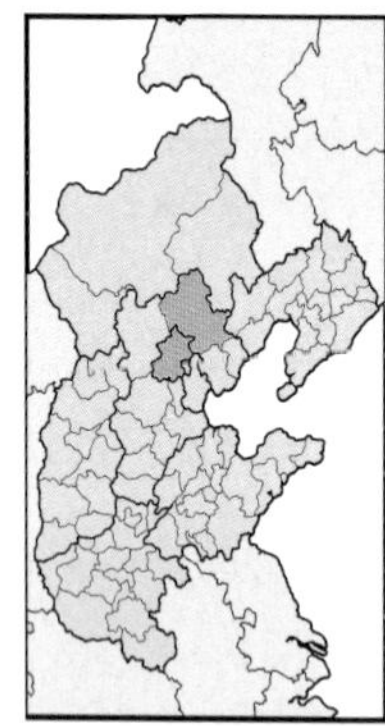

别名：
光果拉拉藤、锯锯藤

近似种：
林地猪殃殃，茎无刺，聚伞花序稀疏。

花期
1 2 3 4 5 6 7 8 9 10 11 12

●**外观：**一年生草本，高20－50厘米；

●**根茎：**茎斜生或攀援，有时分枝，具刺，四棱；

●**叶：**叶轮生；线形，全缘，近无叶柄；

●**花序：**圆锥花序，顶生或腋生；

●**花：**花白色，花冠辐射对称；花瓣下部合生，上部4裂（少有3裂）；萼片合生；雄蕊4枚；雌蕊2枚。

Maianthemum bifolium 舞鹤草

百合科 舞鹤草属

	平	低	中	高
城市				
湿地				
荒地				
草丛				
林地			✿	✿
石缝				

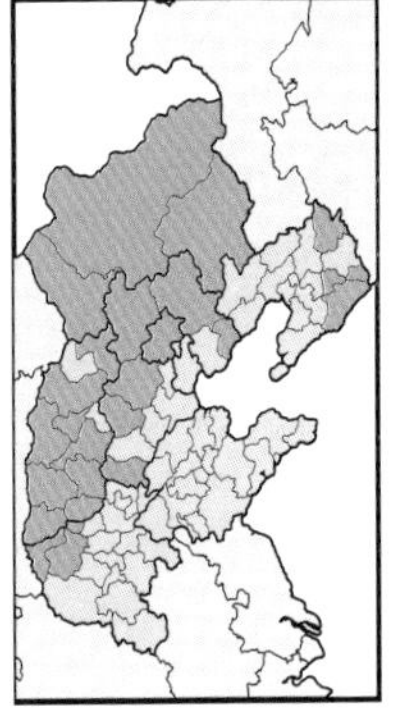

别名：
二叶舞鹤草

花期
1
2
3
4
5
6
7
8
9
10
11
12

●**外观：**多年生草本，高5–20厘米；

●**根茎：**茎直立，不分枝；

●**叶：**叶互生，常2枚；长卵形，边缘具极细齿、略具毛，具叶柄；

●**花序：**总状花序，顶生，略被毛；

●**花：**花白色，花冠辐射对称；花被4枚；雄蕊4枚；雌蕊1枚。

华北大黄 *Rheum franzenbachii*

蓼科 大黄属

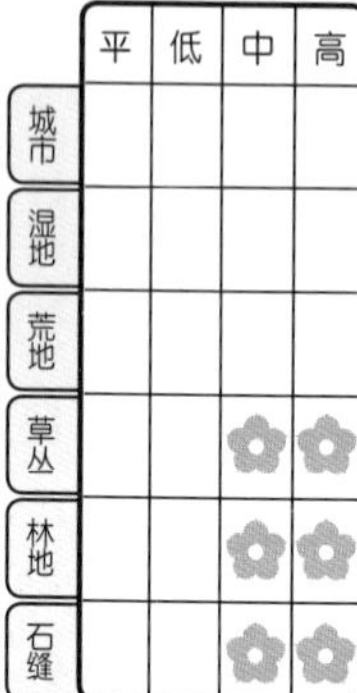

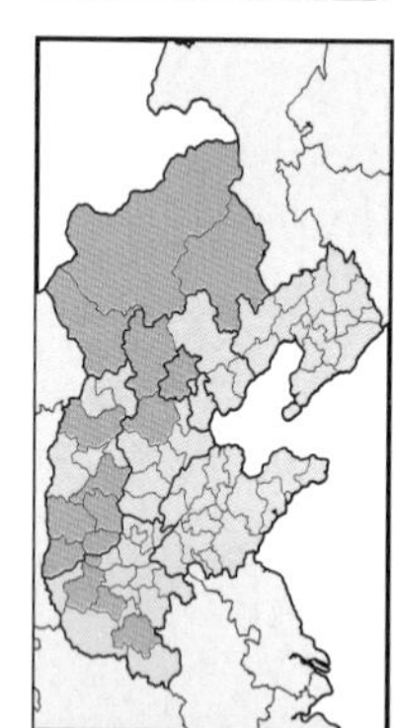

花期

1 2 3 4 5 6 7 8 9 10 11 12

别名：
河北大黄

●**外观：** 多年生草本，高50－100厘米；

●**根茎：** 根粗壮，内部土黄色；茎直立，粗壮，不分枝，具细棱沟；

●**叶：** 具基生叶，茎上叶互生；基生叶大，宽卵形，边缘呈波状，具叶柄；茎生叶卵形，三角状，边缘略呈波状，具短叶柄或近无叶柄，叶基部有膜质托叶鞘；

●**花序：** 圆锥花序，顶生或腋生；

●**花：** 花白色，未开放时呈红色，花冠辐射对称；花被下部合生，上部6深裂，2轮；雄蕊常9枚；雌蕊3枚。

棉团铁线莲

Clematis hexapetala
毛茛科 铁线莲属

	平	低	中	高
城市				
湿地				
荒地				
草丛		✿	✿	
林地				
石缝				

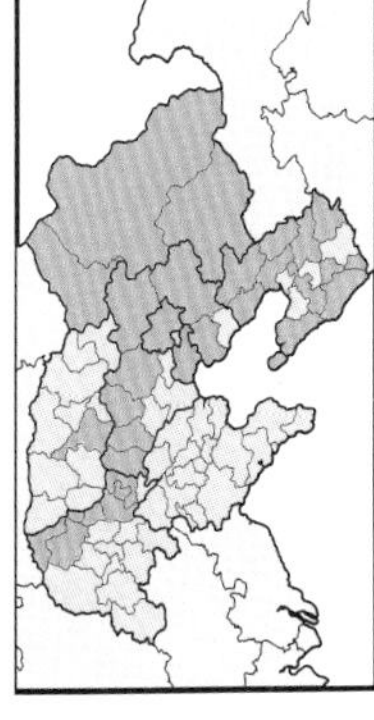

别名：
山蓼、棉花子花

花期 6 7 8

- **外观：**多年生草本，高40—100厘米；
- **根茎：**茎直立，有时分枝；
- **叶：**叶对生；奇数羽状复叶，有时为单叶，小叶对生，披针形，全缘，近无小叶柄；
- **花序：**聚伞花序、有时花单生，顶生；
- **花：**花白色，花冠辐射对称；花被通常6枚，有时4—8枚，外面密被毛；雄蕊多枚；雌蕊多枚。

野慈姑 *Sagittaria trifolia*

泽泻科 慈姑属

	平	低	中	高
城市				
湿地	✿	✿		
荒地				
草丛				
林地				
石缝				

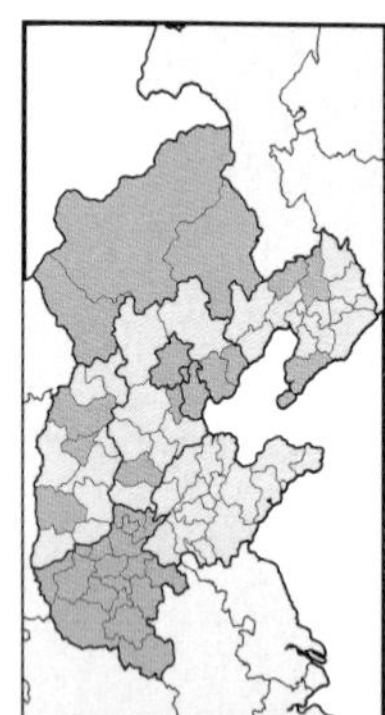

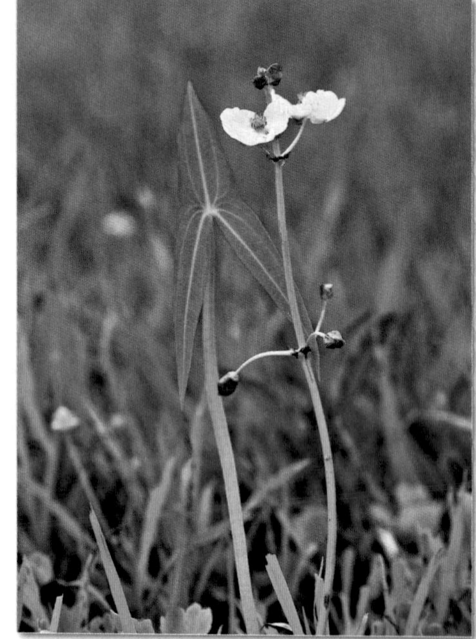

别名：
狭叶慈姑、剪刀草

花期
1
2
3
4
5
6
7
8
9
10
11
12

●**外观：**多年生草本，高20—80厘米；

●**根茎：**地下茎球形；无明显地上茎；

●**叶：**仅具基生叶；箭形，全缘，具长叶柄；

●**花序：**雌雄异花，同株；圆锥花序，基生；花序梗直立；

●**花：**花白色，花冠辐射对称；雄花位于花序上方，花瓣3枚，萼片3枚，雄蕊多枚；雌花位于花序下方，花瓣3枚，萼片3枚，雌蕊多枚。

花蔺

	平	低	中	高
城市				
湿地	✿	✿		
荒地				
草丛				
林地				
石缝				

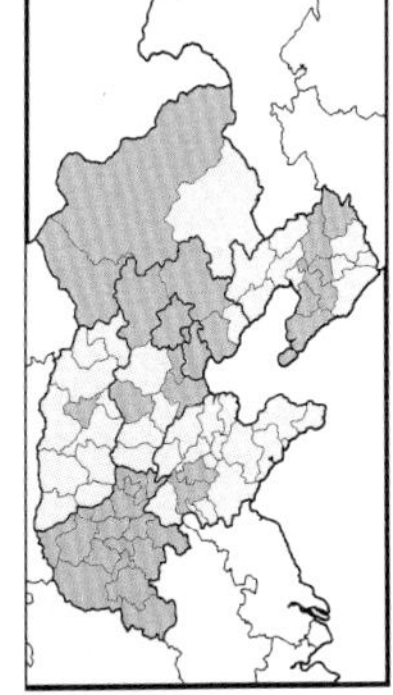

别名：
猪尾巴菜

花期：5 6 7

- **外观：**多年生草本，高30－120厘米；
- **根茎：**无明显地上茎；
- **叶：**仅具基生叶；条形，全缘，无叶柄；
- **花序：**伞形花序，基生；花序梗直立；
- **花：**花白色，有时带淡粉色，花冠辐射对称；
  花被6枚，2轮，外轮3枚带绿色，内轮3枚带淡粉色；雄蕊9枚；雌蕊6枚。

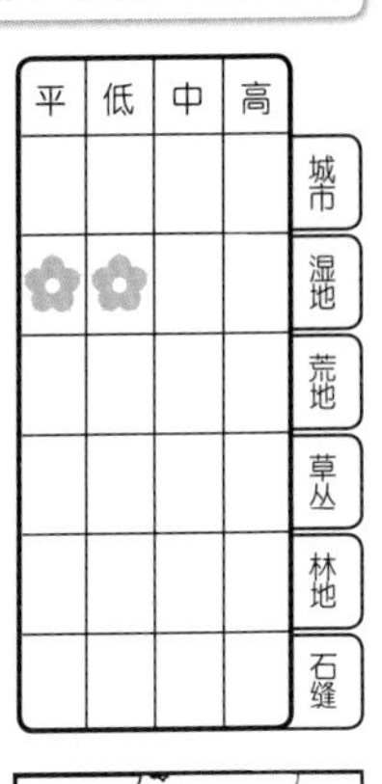

水鳖 *Hydrocharis dubia*

水鳖科 水鳖属

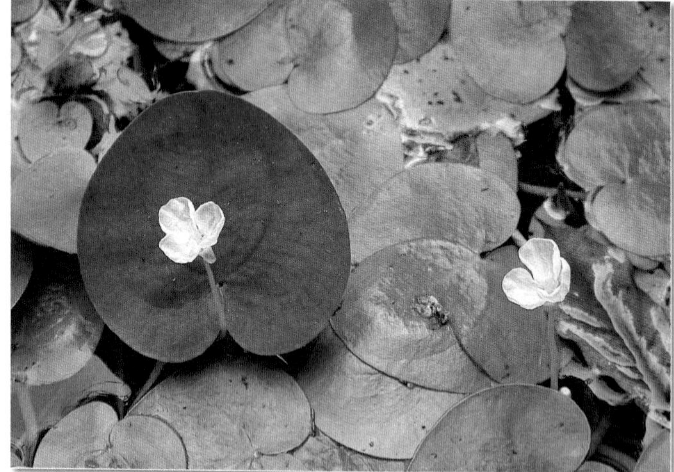

花期 1 2 3 4 5 6 7 8 9 10 11 12

	平	低	中	高
城市				
湿地	✿	✿		
荒地				
草丛				
林地				
石缝				

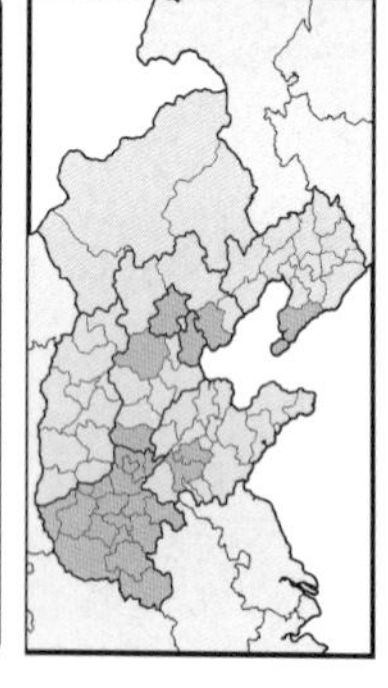

别名：
白萍、马尿花

●**外观：**多年生浮水草本；

●**根茎：**具匍匐茎，节上生不定根；

●**叶：**叶互生或基生；圆形，全缘，下面具气囊，具叶柄；

●**花序：**雌雄异株；花单生、有时2–3朵，基生；

●**花：**花白色，花冠辐射对称；雄花花瓣3枚，萼片3枚、常不明显，雄蕊多枚；
雌花花瓣3枚，萼片3枚、常不明显，雄蕊6枚、有时不明显，雌蕊6枚、柱头2裂。

平	低	中	高	
				城市
				湿地
				荒地
	✿	✿		草丛
				林地
				石缝

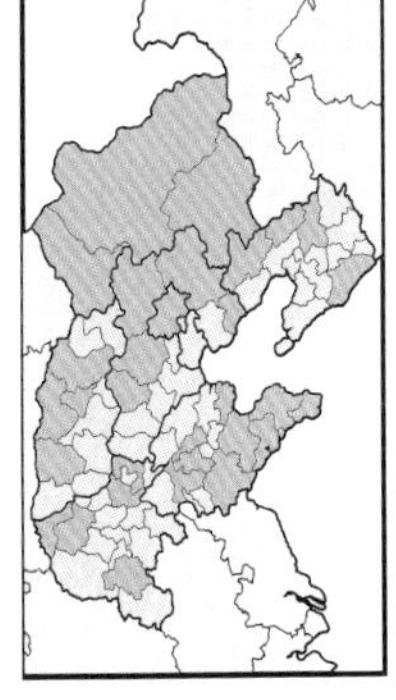

别名：
野葱、野韭菜

花期 6 7 8 9

- **外观：** 多年生草本，高20－50厘米；
- **根茎：** 鳞茎圆柱形；无明显地上茎；
- **叶：** 仅具基生叶；条形，全缘，无叶柄；
- **花序：** 伞形花序，半球状，基生；花序梗直立；
- **花：** 花白色，花冠辐射对称；花被6枚；雄蕊6枚；雌蕊1枚。

铃兰 *Convallaria majalis*

百合科 铃兰属

	平	低	中	高
城市				
湿地				
荒地				
草丛				
林地			✿	✿
石缝				

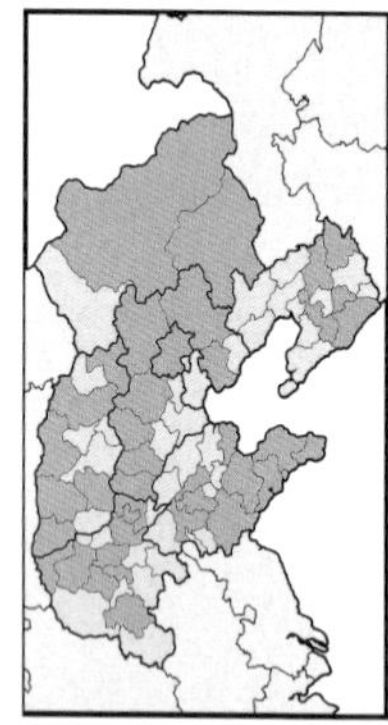

花期 1 2 3 4 5 6 7 8 9 10 11 12

别名：
君影草、草玉铃

●**外观：**多年生草本，高20－50厘米；

●**根茎：**根状茎匍匐；无明显地上茎；

●**叶：**仅具基生叶；长圆形，全缘，具长叶柄，叶柄下部鞘状；

●**花序：**总状花序，基生；花序梗直立，微弯，花常下垂；

●**花：**花白色，花冠辐射对称；花被下部合生，上部6裂；雄蕊、雌蕊均内藏。

玉竹

Polygonatum odoratum

百合科 黄精属

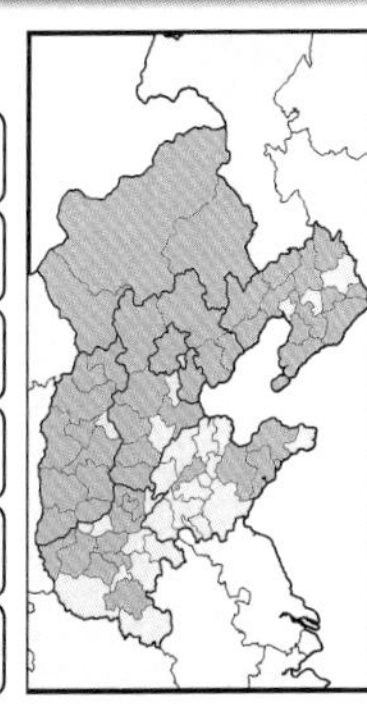

花期 5 6 7 8 9 10 11 12

别名： 萎蕤、地管子、尾参、铃铛菜

近似种： 小玉竹，叶下面被毛；热河黄精，伞房花序，多花。

●**外观：** 多年生草本，高10–40厘米；

●**根茎：** 根状茎圆柱形；茎直立或斜生，不分枝；

●**叶：** 叶互生；卵形，全缘，近无叶柄；

●**花序：** 花单生、有时2–4朵，腋生；

●**花：** 花白色，有时带绿色，花冠辐射对称；花被下部合生，上部6裂；雄蕊、雌蕊均内藏。

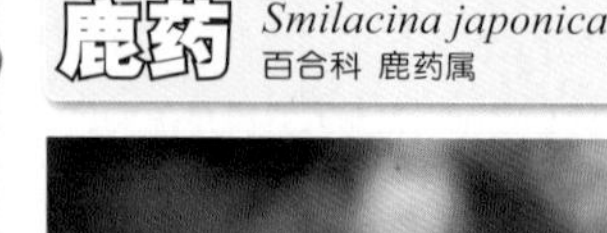

鹿药 *Smilacina japonica*

百合科 鹿药属

1 2 3 4 **5** **6** 7 8 9 10 11 12

	平	低	中	高
城市				
湿地				
荒地				
草丛				
林地			✿	
石缝				

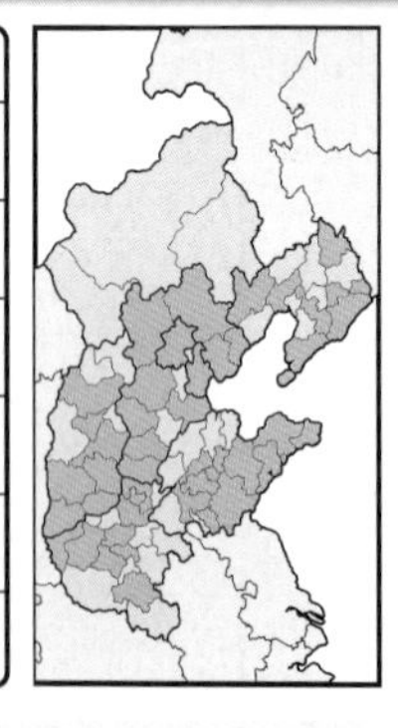

别名：
鞭杆七、铁梳子

- **外观：**多年生草本，高10－50厘米；
- **根茎：**茎直立，有时斜生，不分枝，略被毛；
- **叶：**叶互生；卵形，全缘，具短叶柄；
- **花序：**圆锥花序，顶生，密被毛；
- **花：**花白色，花冠辐射对称；花被6枚；雄蕊6枚；雌蕊3枚，下部合生。

野鸢尾

平	低	中	高	
				城市
				湿地
				荒地
		✿		草丛
				林地
		✿		石缝

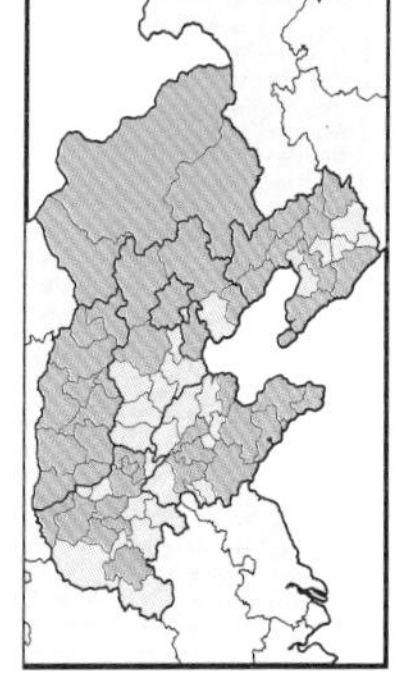

别名：
白花射干、二歧鸢尾、扇子草、射干鸢尾、芭蕉扇

花期 6 7 8

- **外观：** 多年生草本，高30—80厘米；
- **根茎：** 茎直立，分枝；
- **叶：** 叶互生；条形，两侧压扁为鞘状，全缘，无叶柄；
- **花序：** 圆锥花序，顶生；
- **花：** 花白色，花冠辐射对称；花被6枚，2轮，具紫色斑点或条纹，基部黄褐色；雄蕊内藏；雌蕊3枚，花瓣状，柱头2裂。

曼陀罗 *Datura stramonium*

茄科 曼陀罗属

	平	低	中	高
城市	✿			
湿地				
荒地	✿	✿	✿	
草丛	✿	✿	✿	
林地				
石缝				

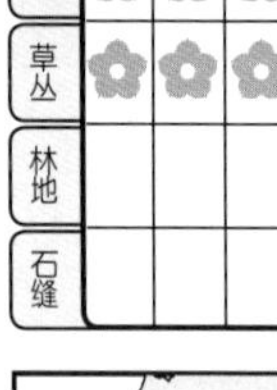

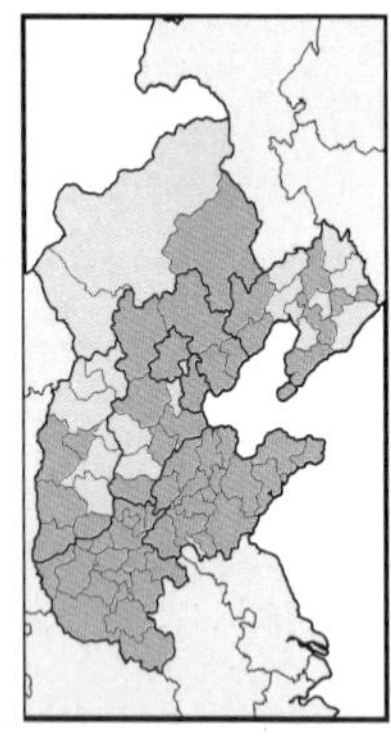

别名：
洋金花、醉心花、枫茄花、狗核桃

- **外观：**一年生草本，高50—150厘米；
- **根茎：**茎直立，多分枝；
- **叶：**叶互生；宽卵形，浅裂，边缘不整齐，具叶柄；
- **花序：**花单生，腋生；
- **花：**花白色，花冠辐射对称；花瓣合生，喇叭状，上部5浅裂；萼片下部合生，上部5裂；雄蕊、雌蕊均内藏。

高山蓍

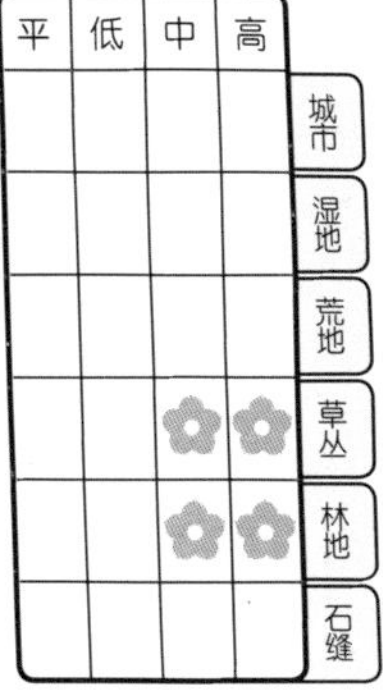

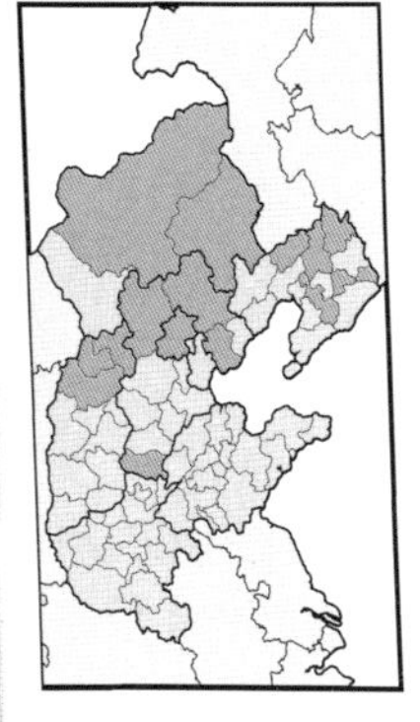

别名：
羽衣草、蚰蜒草、锯齿草、锯草

●**外观：** 多年生草本，高30—80厘米；

●**根茎：** 茎直立，有时分枝，被毛；

●**叶：** 叶互生；条形，羽状浅裂，边缘不整齐、具齿，两面略被毛，无叶柄；

●**花序：** 头状花序，伞房状排列，顶生；苞片长圆形，略被毛；

●**花：** 花白色，较小，聚集；边缘小花花瓣状。

铃铃香青 *Anaphalis hancockii*

菊科 香青属

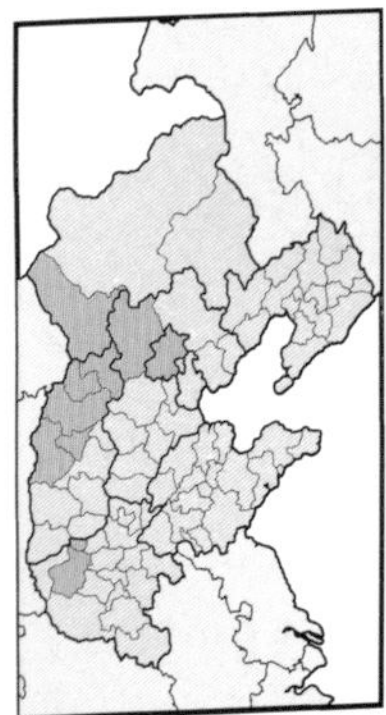

花期

1
2
3
4
5

9
10
11
12

别名：
铃铃香、韩氏香青、铜钱花

- **外观：** 多年生草本，高10－40厘米；
- **根茎：** 茎直立，不分枝，被毛；
- **叶：** 具基生叶，茎上叶互生；基生叶宽披针形，全缘，两面被毛，近无叶柄；茎生叶同基生叶，线形；
- **花序：** 头状花序，伞房状排列，顶生；苞片卵形；
- **花：** 花白色，较小，聚集；边缘小花花瓣状。

鳢肠

Eclipta prostrata

菊科 鳢肠属

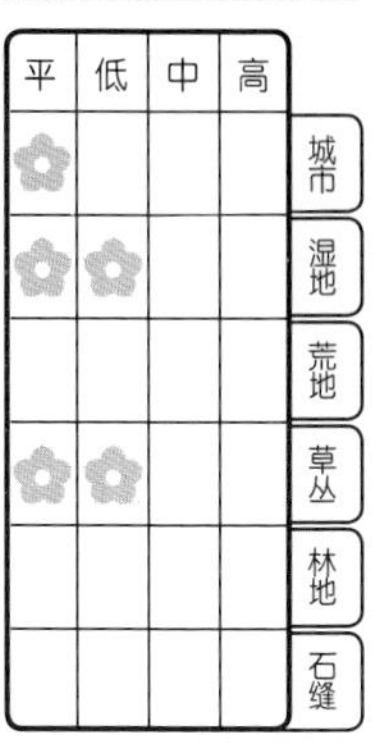

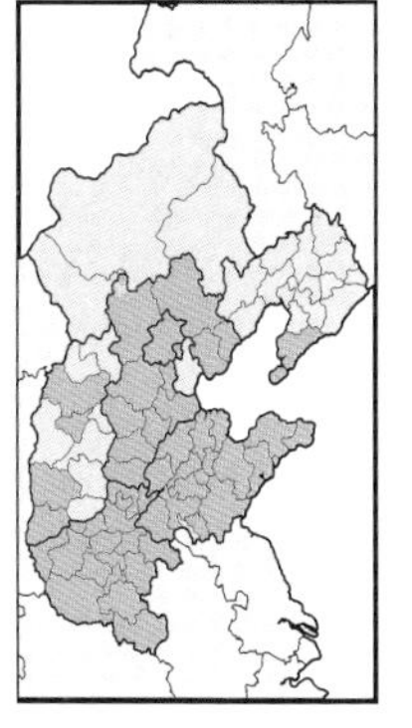

别名：
墨旱草、旱莲草、墨菜

● **外观：** 一年生草本，高20－60厘米；

● **根茎：** 茎直立或斜生，分枝，略被毛；

● **叶：** 叶对生；披针形，边缘具齿或近全缘，两面被毛，近无叶柄；

● **花序：** 头状花序，顶生；苞片长圆形，被毛；

● **花：** 花白色，较小，聚集；边缘小花花瓣状，白色，中央小花黄白色。

一年蓬 *Erigeron annuus*

菊科 飞蓬属

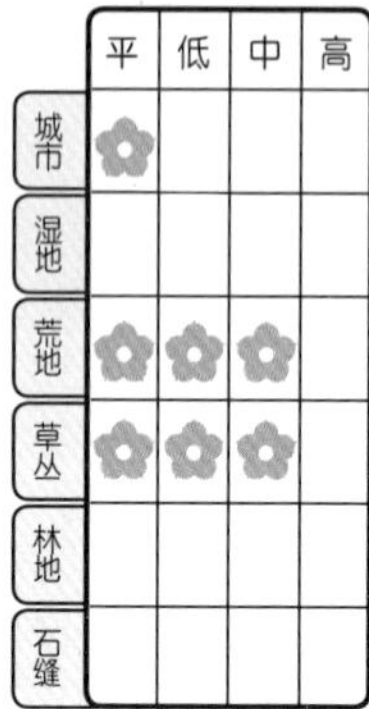

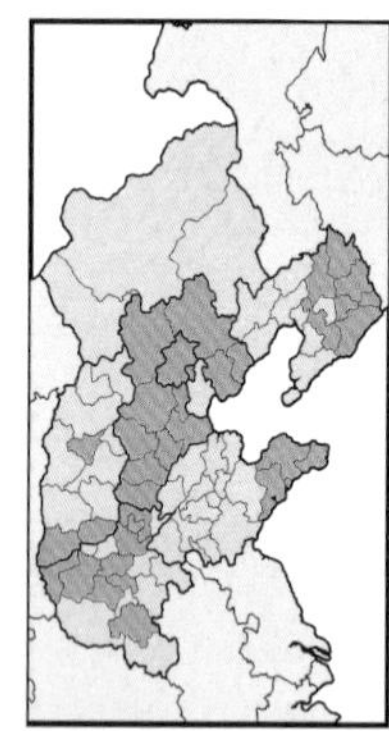

别名：

千层塔、治疟草、野蒿

●**外观：**一年生或二年生草本，高30—100厘米；

●**根茎：**茎直立，分枝，被毛；

●**叶：**叶互生；宽披针形，边缘具齿，两面略被毛，具短叶柄或近无叶柄；

●**花序：**头状花序，圆锥状排列，顶生；苞片披针形，被毛；

●**花：**花白色，较小，聚集；边缘小花花瓣状，白色，中央小花黄色。

Galinsoga parviflora 牛膝菊

菊科 牛膝菊属

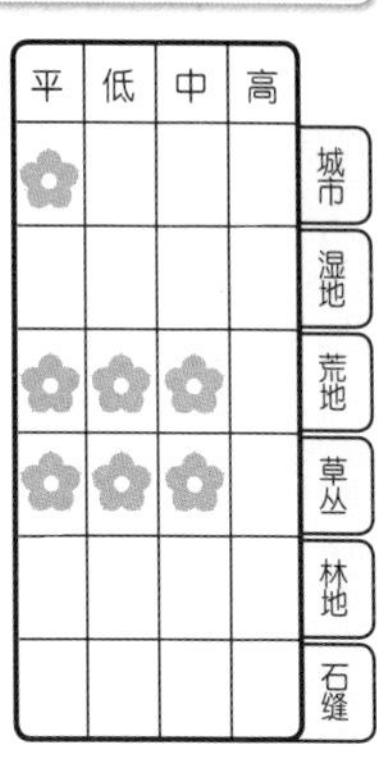

	平	低	中	高
城市	✿			
湿地				
荒地	✿	✿	✿	
草丛	✿	✿	✿	
林地				
石缝				

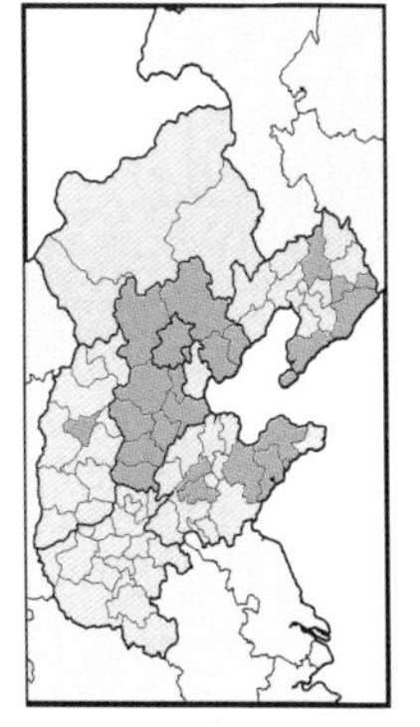

别名：
辣子草、向阳花、珍珠草、铜锤草

●**外观：**一年生草本，高10–50厘米；

●**根茎：**茎直立或斜生，有时分枝，被毛；

●**叶：**叶对生；卵形，边缘具齿，有时近全缘，两面被毛，具叶柄；

●**花序：**头状花序，伞房状排列，顶生；苞片长卵形；

●**花：**花白色，较小，聚集；边缘小花花瓣状，白色，中央小花黄色。

大丁草 *Gerbera anandria*

菊科 大丁草属

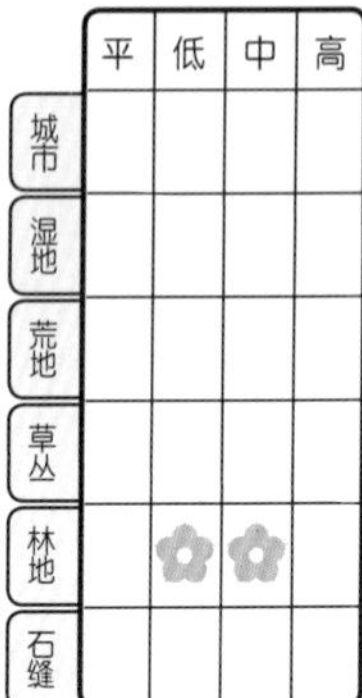

	平	低	中	高
城市				
湿地				
荒地				
草丛				
林地		✿	✿	
石缝				

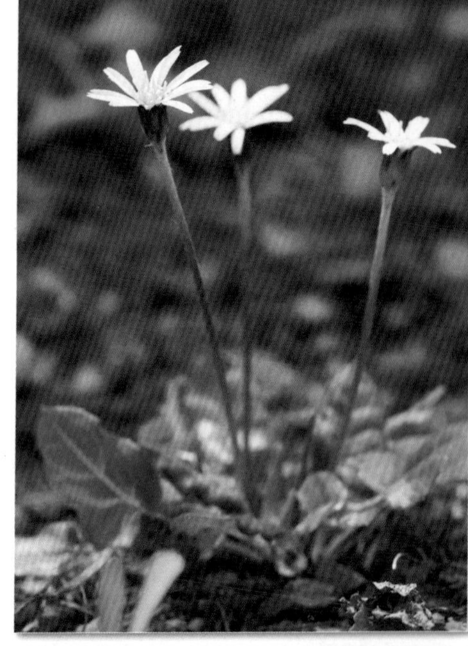

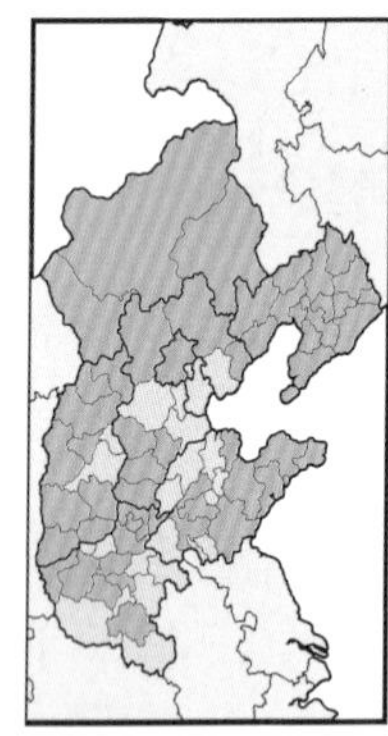

花期 1 2 3 4 5 6 7 8 9 10 11 12

别名：
小火草、臁草

●**外观：**多年生草本，高5—20厘米；

●**根茎：**无明显地上茎；

●**叶：**仅具基生叶；长卵形，羽状浅裂或深裂，有时不裂，边缘不整齐，下面被毛，具叶柄；

●**花序：**头状花序，基生；花序梗直立，被毛；苞片披针形，略被毛；

●**花：**花白色，较小，聚集；边缘小花花瓣状，白色，有时背面带粉色，中央小花黄白色。

火绒草

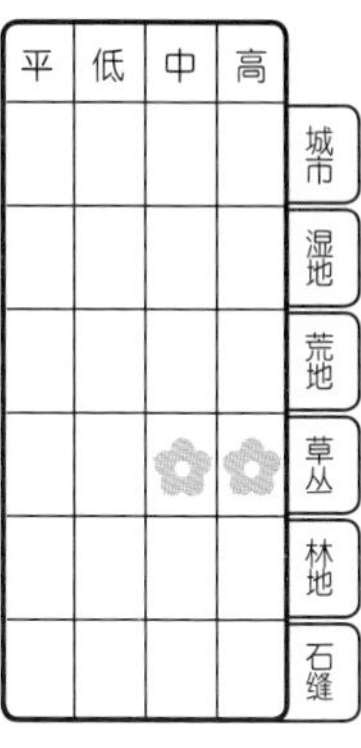

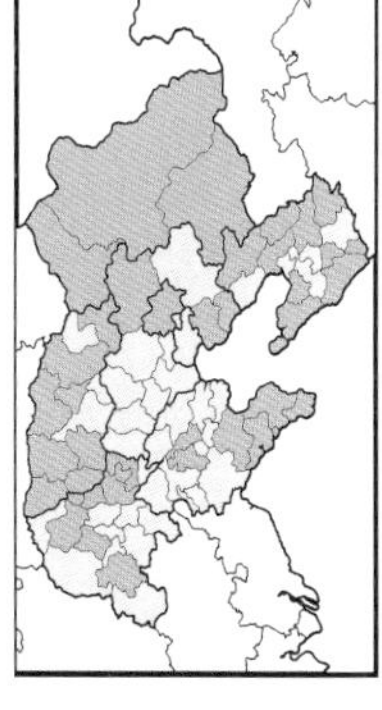

别名：
火绒蒿、老头艾、薄雪草、雪绒花

花期 5 6 7 8

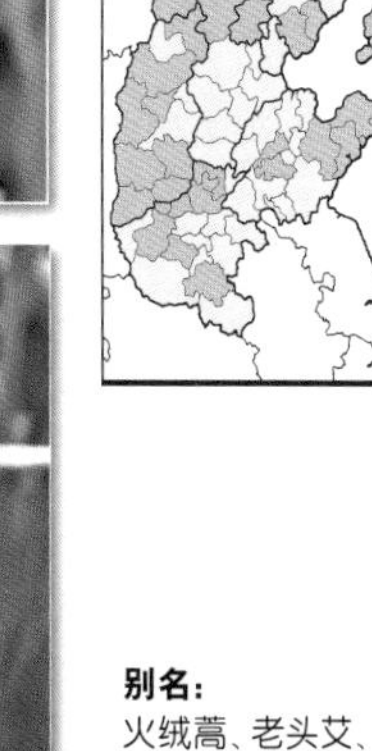

- **外观：** 多年生草本，高10—50厘米；
- **根茎：** 茎直立，常簇生，有时分枝，密被长毛；
- **叶：** 叶互生；线形，两面被长毛，全缘；
- **花序：** 头状花序，顶生；苞片线形，被长毛；
- **花：** 花白色，较小，聚集。

银线草 *Chloranthus japonicus*

金粟兰科 金粟兰属

	平	低	中	高
城市				
湿地				
荒地				
草丛				
林地				
石缝				

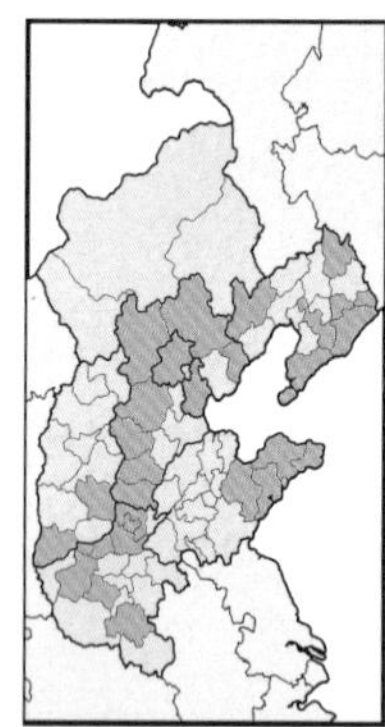

花期

1 2 3 4 5 6 7 8 9 10 11 12

别名：
四块瓦、四叶七、
白毛七、四大天王

- **外观：**多年生草本，高20－40厘米；
- **根茎：**根状茎横走；茎直立，不分枝；
- **叶：**叶对生，通常4片；卵形，边缘具齿，具短叶柄；
- **花序：**穗状花序，顶生；
- **花：**花白色，无花被；雄蕊3枚，线形；雌蕊不明显。

贝加尔唐松草

	平	低	中	高
城市				
湿地				
荒地				
草丛				
林地				
石缝				

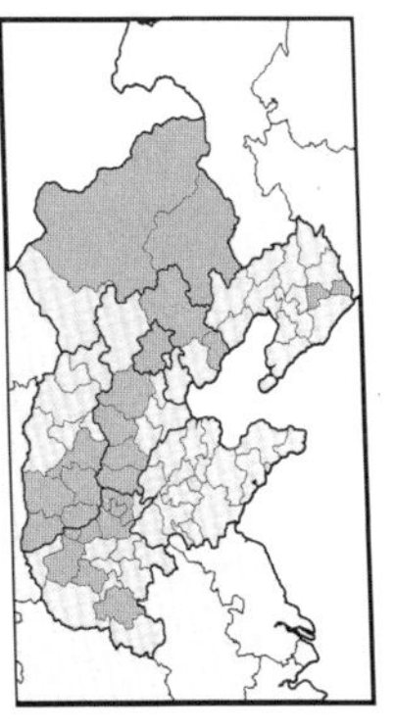

别名：
马尾黄连、球果白蓬草

近似种：
长柄唐松草，小叶背面有短毛，圆锥花序。

花期
5
6
7
8
9
10
11
12

●**外观：**多年生草本，高50－80厘米；

●**根茎：**茎直立，有时分枝；

●**叶：**叶互生；三出复叶，小叶宽卵形，先端浅裂、具齿，具小叶柄；

●**花序：**聚伞花序，圆锥状排列，顶生；

●**花：**花白色，花冠辐射对称；花被4枚，有时脱落，常如无花被状；雄蕊多枚；雌蕊3－7枚，不明显。

瓣蕊唐松草 *Thalictrum petaloideum*

毛茛科 唐松草属

	平	低	中	高
城市				
湿地				
荒地				
草丛			✿	✿
林地			✿	✿
石缝				

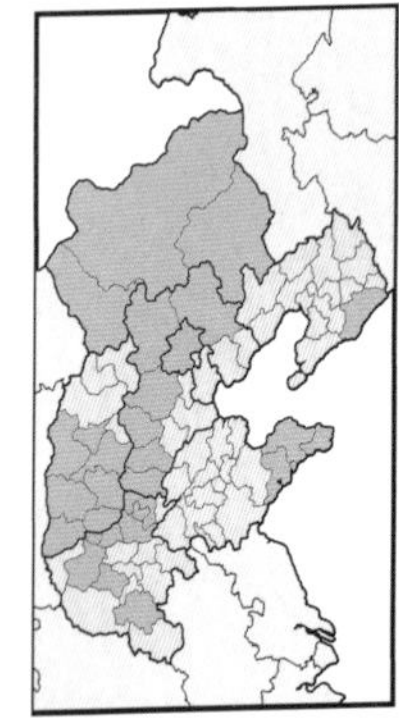

花期

1 2 3 4 5 6 7 8 9 10 11 12

别名：
花唐松草、肾叶白蓬草、马尾黄连

● **外观：** 多年生草本，高20—80厘米；

● **根茎：** 茎直立，分枝；

● **叶：** 具基生叶，茎上叶互生；基生叶为奇数羽状复叶，小叶对生，卵形，先端3裂或全缘，具小叶柄；茎生叶同基生叶；

● **花序：** 聚伞花序，伞房状排列，顶生；

● **花：** 花白色，花冠辐射对称；无花被；雄蕊多枚，膨大，明显；雌蕊4—10枚，不明显。

鸡腿堇菜

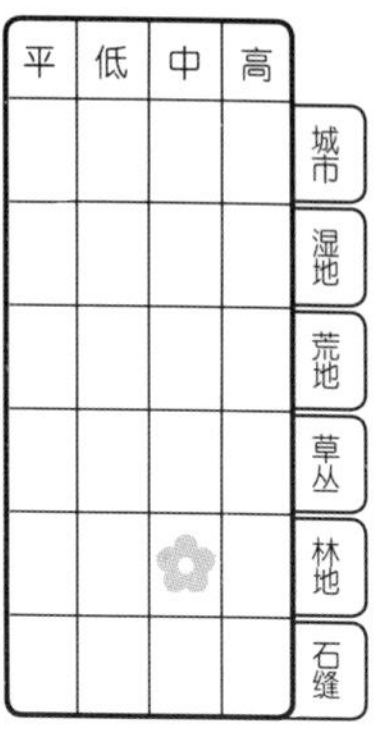

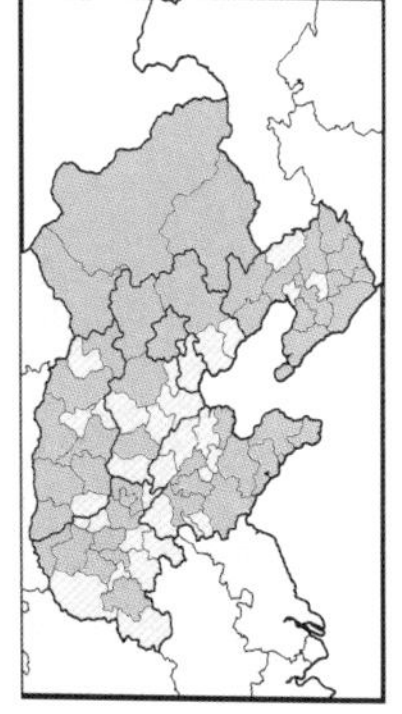

别名：
鸡腿菜、红铧头草、胡森堇菜

●**外观：**多年生草本，高10—40厘米；

●**根茎：**茎直立，不分枝；

●**叶：**叶互生；心形，边缘具齿，具长叶柄；

●**花序：**花单生，腋生；

●**花：**花白色，有时淡蓝紫色，花冠两侧对称；花瓣5枚，下面1枚具蓝色条纹，侧面2枚基部具毛；萼片5枚；雄蕊不明显；雌蕊1枚，略伸出。

蒙古堇菜 *Viola mongolica*

堇菜科 堇菜属

	平	低	中	高
城市				
湿地				
荒地				
草丛			✿	
林地			✿	
石缝				

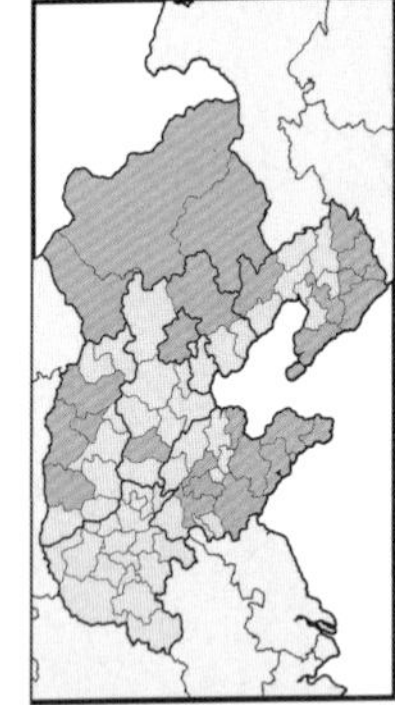

别名：
白花堇菜

近似种：
北京堇菜，花淡粉色。

花期 1 2 3 4 5 6 7 8 9 10 11 12

- **外观：**多年生草本，高5—15厘米；
- **根茎：**无明显地上茎；
- **叶：**仅具基生叶；心形，边缘具齿，具长叶柄；
- **花序：**花单生，基生；
- **花：**花白色，花冠两侧对称；花瓣5枚，侧面2枚基部具毛；萼片5枚；雄蕊不明显；雌蕊1枚，略伸出。

露珠草

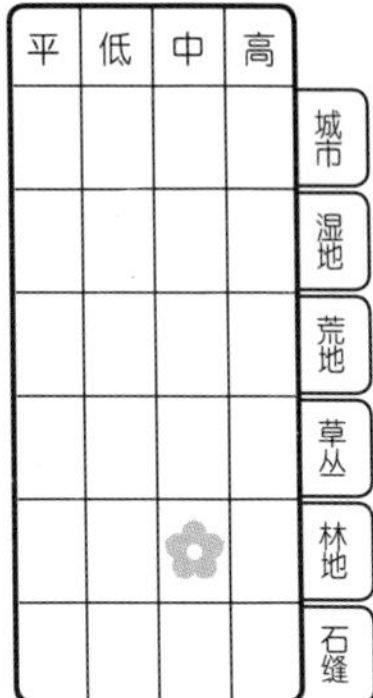

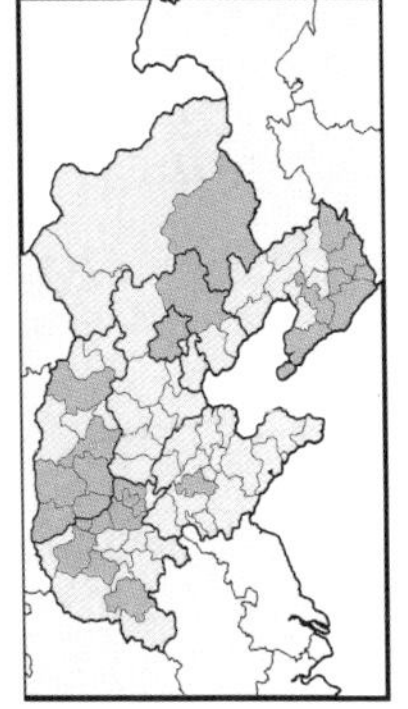

别名：
水珠草

近似种：
心叶露珠草，茎被毛，叶心形，萼片绿色。

●**外观：**多年生草本，高20–70厘米；

●**根茎：**茎直立，有时分枝；

●**叶：**叶对生；长卵形，边缘略具齿，具叶柄；

●**花序：**总状花序，顶生或腋生，被毛；

●**花：**花白色，花冠两侧对称；花瓣2枚，2裂；萼片下部合生，上部2裂，裂片常为红色，被毛；雄蕊2枚；雌蕊1枚。

鹿蹄草 *Pyrola calliantha*

鹿蹄草科 鹿蹄草属

	平	低	中	高
城市				
湿地				
荒地				
草丛				
林地			✿	
石缝				

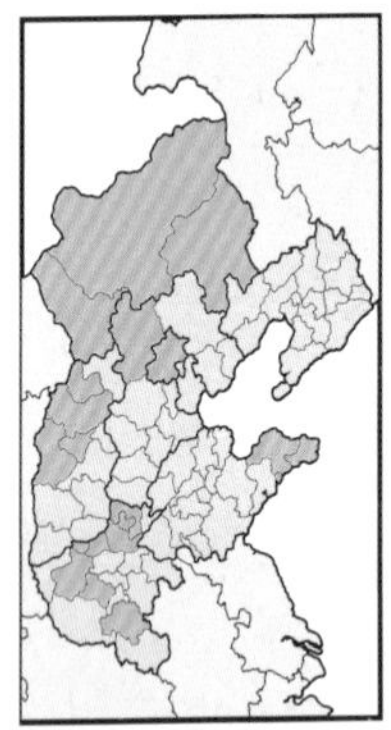

花期 1 2 3 4 5 6 7 8 9 10 11 12

别名：
河北鹿蹄草、
鹿含草、鹿安茶、
鹿衔草、常绿茶

近似种：
日本鹿蹄草，
叶常全缘，下面绿色。

●**外观：**多年生草本，常绿，高15–30厘米；

●**根茎：**无明显地上茎；

●**叶：**仅具基生叶；圆形，全缘，下面带白霜、常为紫色，具叶柄；

●**花序：**总状花序，基生；花序梗直立，具1–2枚鳞片状叶；

●**花：**花白色，花冠两侧对称；花瓣5枚；萼片5枚，基部合生；雄蕊10枚；雌蕊1枚，弯曲。

糙叶黄芪

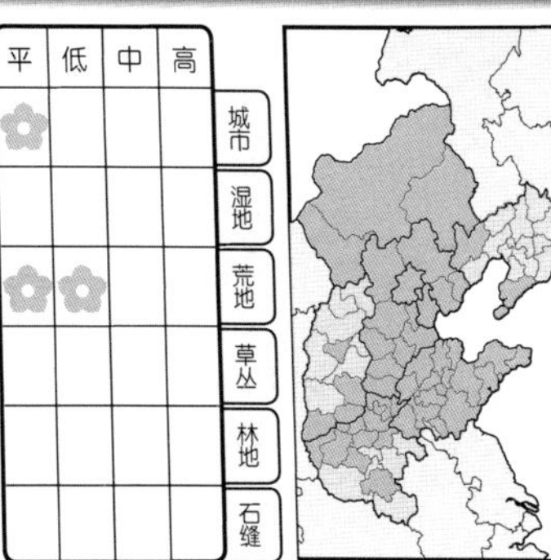

别名：
粗糙紫云英、春黄芪

●**外观：**多年生草本，高5—15厘米；

●**根茎：**茎匍匐，有时不明显，密被毛；

●**叶：**叶互生，有时于基部簇生；奇数羽状复叶，叶柄密被毛，
小叶对生，卵形，全缘，密被毛，无小叶柄；

●**花序：**总状花序，腋生；

●**花：**花白色，有时黄白色或蓝白色，花冠两侧对称，蝶形；花瓣5枚；
萼片下部合生，上部5裂，密被毛；雄蕊、雌蕊均内藏。

苦参 *Sophora flavescens*

豆科 槐属

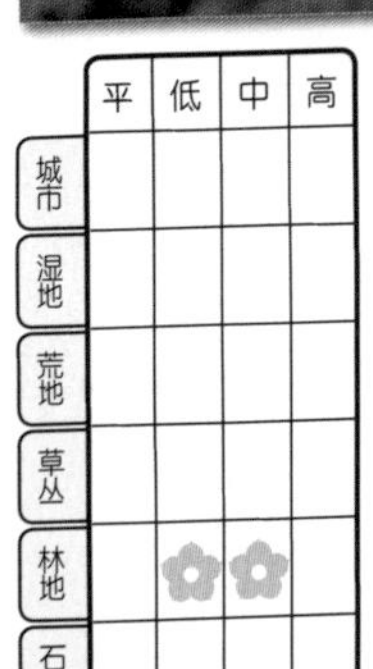

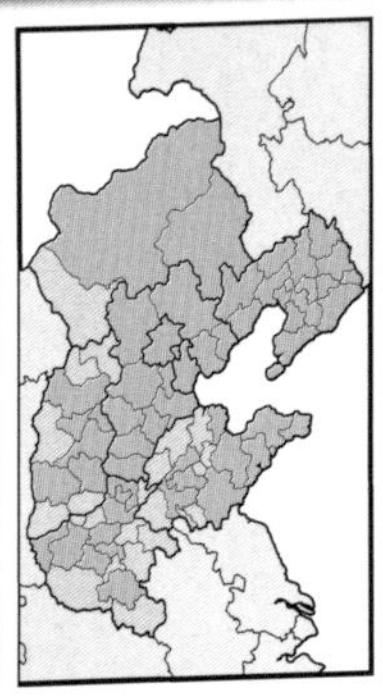

花期 1 2 3 4 5 6 7 8 9 10 11 12

别名：
地槐、白茎地骨、山槐、野槐

●**外观：**多年生草本，高60—150厘米；

●**根茎：**茎直立，分枝，具棱，有时被毛；

●**叶：**叶互生；奇数羽状复叶，小叶互生或近对生，披针形，全缘，具短小叶柄；

●**花序：**总状花序，顶生；

●**花：**花白色，有时黄白色，花冠两侧对称，蝶形；花瓣5枚；
萼片下部合生，上部5浅裂，略被短毛；雄蕊、雌蕊均内藏。

白苞筋骨草

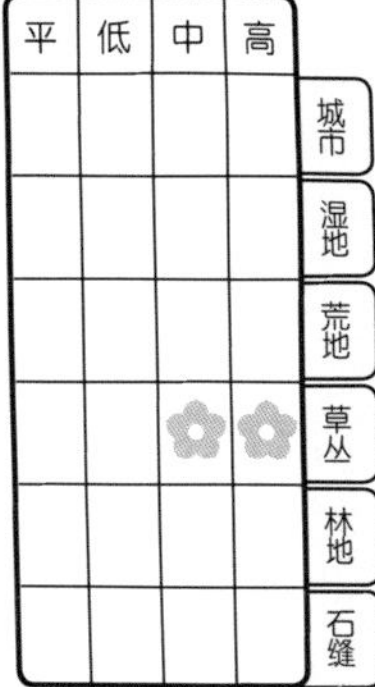

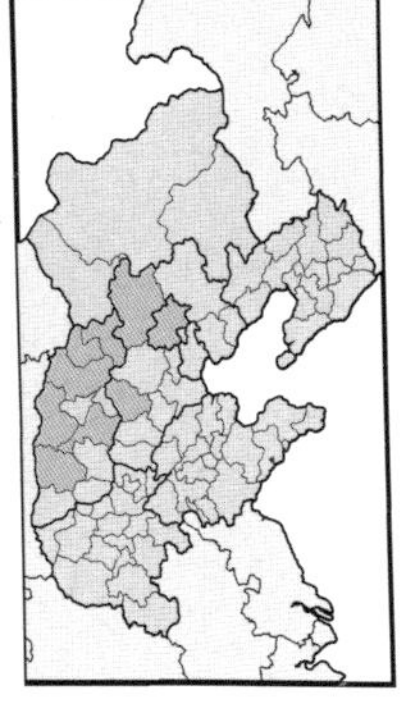

别名：
甜格缩缩草

花期
1 2 3 4 5 6 7 8 9 10 11 12

●**外观：**多年生草本，高15－30厘米；

●**根茎：**茎直立，不分枝，被毛，四棱；

●**叶：**叶对生；长卵形，边缘具齿或近全缘，具短叶柄或近无叶柄；

●**花序：**轮伞花序，穗状排列，顶生，具多枚苞片，黄绿色，叶状，被毛；

●**花：**花白色，花冠两侧对称，二唇形；花瓣合生，具蓝色条纹，被毛，上唇2裂，下唇3裂；萼片下部合生，上部5裂，被毛；雄蕊4枚；雌蕊1枚，柱头2裂。

夏至草 *Lagopsis supina*

唇形科 夏至草属

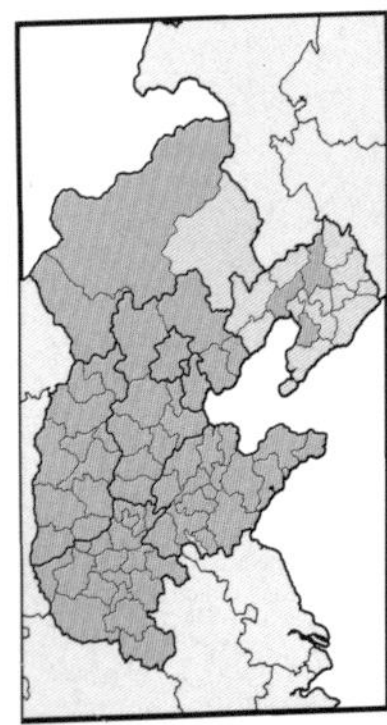

别名：
灯笼棵、白花夏枯、白花益母、夏枯草

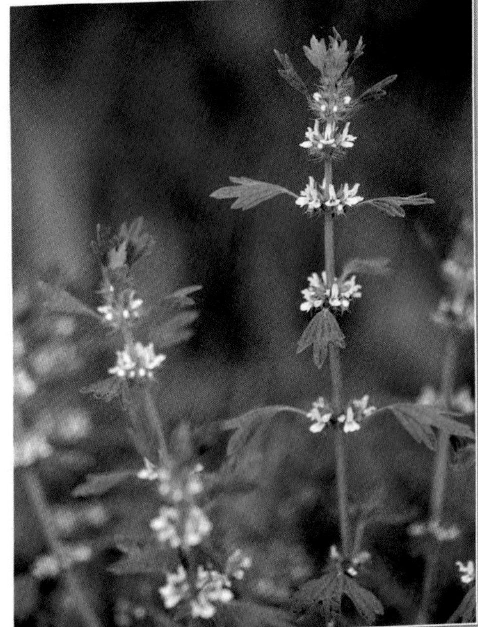

花期

1
2

6
7
8
9
10
11
12

●**外观：**多年生草本，高10—30厘米；

●**根茎：**茎直立或斜生，有时分枝，被毛，四棱；

●**叶：**叶对生；宽卵形，深裂，掌状，边缘不整齐，两面密被毛，具叶柄；

●**花序：**轮伞花序，腋生；

●**花：**花白色，花冠两侧对称，二唇形；花瓣合生，被毛，上唇不裂，下唇3裂；萼片2轮，外轮下部合生，上部具长刺，被毛，内轮下部合生，上部5裂，被毛；雄蕊、雌蕊均内藏。

薄荷

Mentha haplocalyx

唇形科 薄荷属

平	低	中	高	
				城市
	✿	✿		湿地
				荒地
				草丛
				林地
				石缝

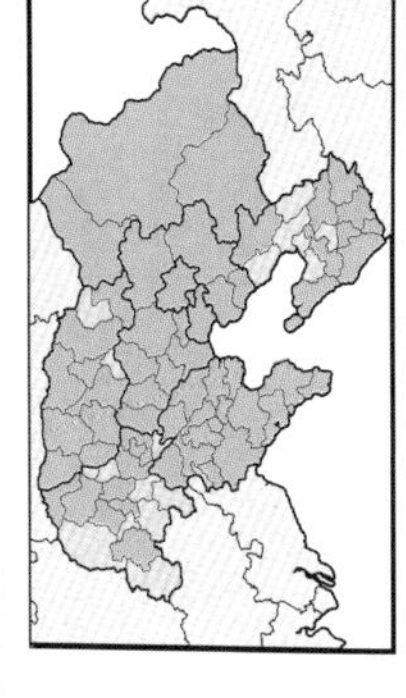

花期 1 2 3 4 5 6 **7 8 9** 10 11 12

别名：
野薄荷、南薄荷、水薄荷、鱼香草、夜息香

- **外观：** 多年生草本，高30—80厘米；
- **根茎：** 茎直立，分枝，四棱；
- **叶：** 叶对生；长卵形，边缘具齿，两面略被毛，具短叶柄；
- **花序：** 轮伞花序，腋生；
- **花：** 花淡紫色，花冠两侧对称，二唇形；花瓣合生，上唇2浅裂，下唇3裂，喉部具毛；萼片下部合生，上部5裂，略被毛；雄蕊4枚；雌蕊1枚，柱头2裂。

蓝色的花

紫花耧斗菜 *Aquilegia viridiflora* f. *atropurpurea*

毛茛科 耧斗菜属

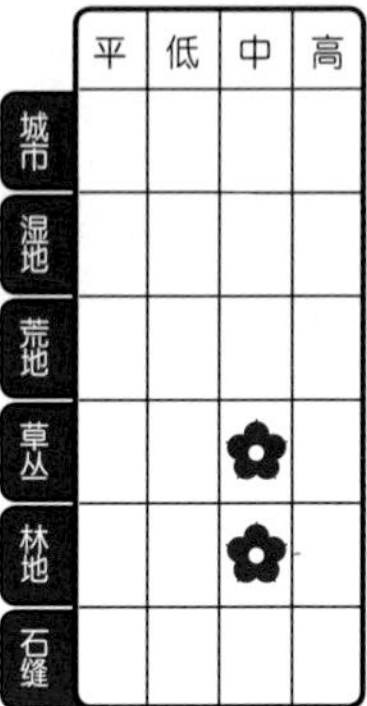

	平	低	中	高
城市				
湿地				
荒地				
草丛			✿	
林地			✿	
石缝				

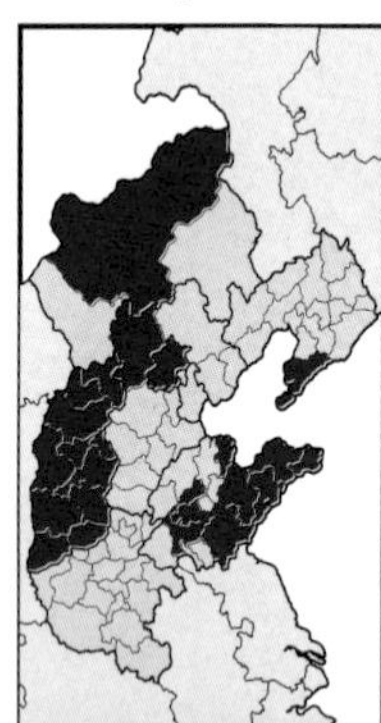

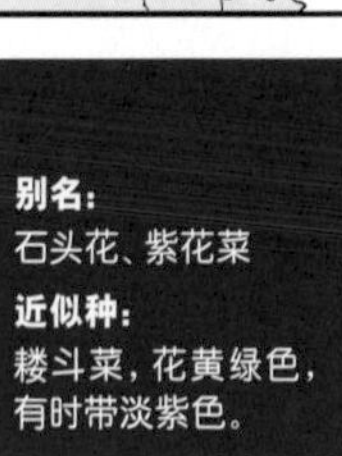

别名：
石头花、紫花菜

近似种：
耧斗菜，花黄绿色，有时带淡紫色。

花期
1
2
3
4
5
6
7
8
9
10
11
12

- **外观：**多年生草本，高15—50厘米；
- **根茎：**根肥大，圆柱形；茎直立，分枝，被毛；
- **叶：**具基生叶，茎上叶互生；基生叶为三出复叶，小叶倒卵形，先端浅裂、具齿，无小叶柄；茎生叶同基生叶；
- **花序：**聚伞花序，顶生，常下垂；
- **花：**花淡紫色，花冠辐射对称；萼片5枚、花瓣状；花瓣5枚，基部呈细管状；雄蕊多枚，伸出花冠；雌蕊不明显。

毛蕊老鹳草

Geranium platyanthum

牻牛儿苗科 老鹳草属

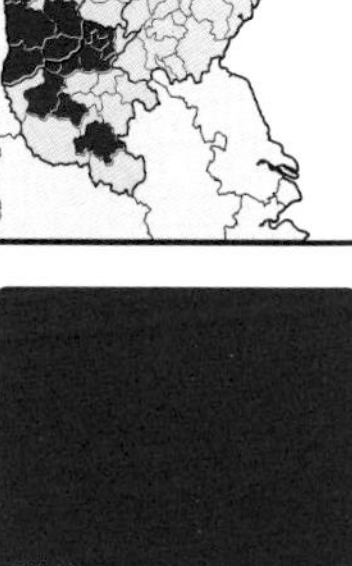

别名：
宽花老鹳草

- **外观：** 多年生草本，高30－80厘米；
- **根茎：** 茎直立，分枝，被毛；
- **叶：** 具基生叶，茎上叶互生；基生叶五角形，中裂至深裂，掌状，边缘具齿，两面略被毛，具长叶柄，叶柄密被毛；茎生叶同基生叶，具短叶柄或近无叶柄；
- **花序：** 聚伞花序，顶生，被毛；
- **花：** 花淡紫色，花冠辐射对称；花瓣5枚；萼片5枚，外面被毛；雄蕊10枚，基部有长毛，常靠拢；雌蕊1枚，柱头5裂。

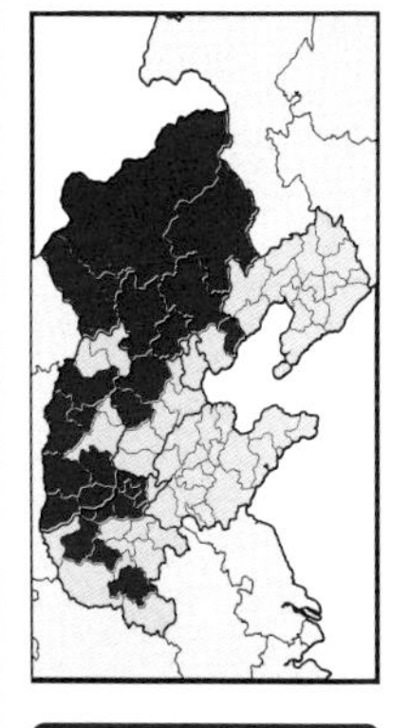

宿根亚麻 *Linum perenne*

亚麻科 亚麻属

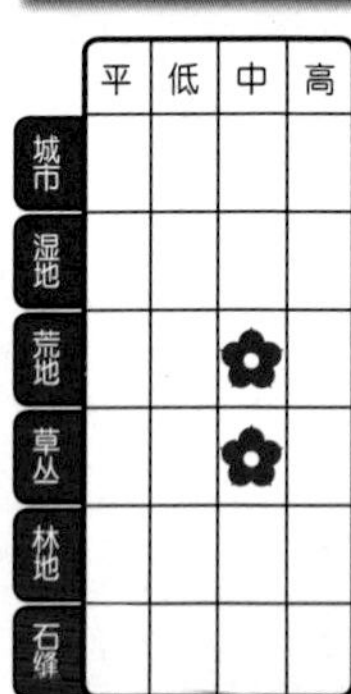

	平	低	中	高
城市				
湿地				
荒地			✿	
草丛			✿	
林地				
石缝				

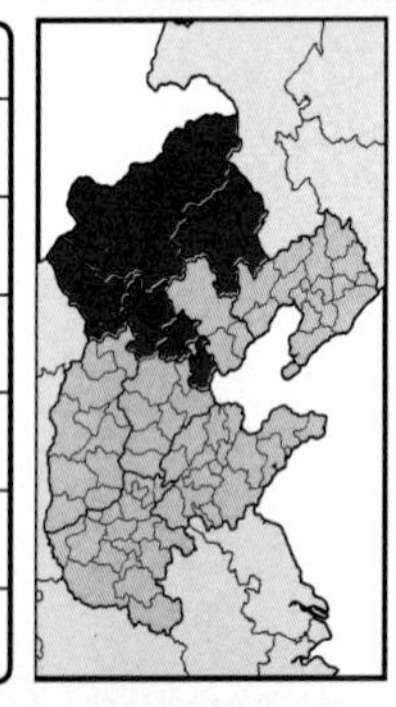

别名：豆麻、多年生亚麻

近似种：亚麻，一年生草本，花淡蓝紫色、较小。

- **外观：**多年生草本，高30–70厘米；
- **根茎：**茎直立或斜生，分枝；
- **叶：**叶互生；披针形，全缘，无叶柄；
- **花序：**聚伞花序，顶生或腋生；
- **花：**花蓝色，花冠辐射对称；花瓣5枚；萼片5枚；雄蕊5枚；雌蕊5枚。

大叶龙胆

Gentiana macrophylla
龙胆科 龙胆属

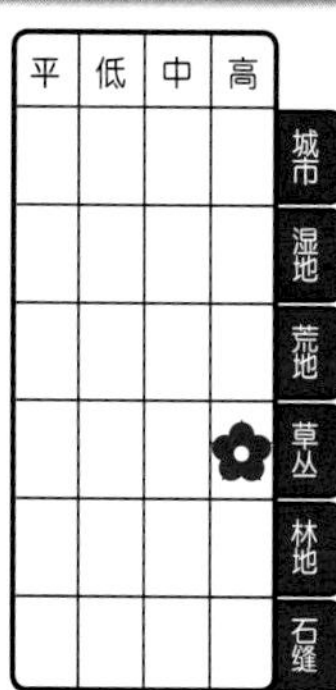

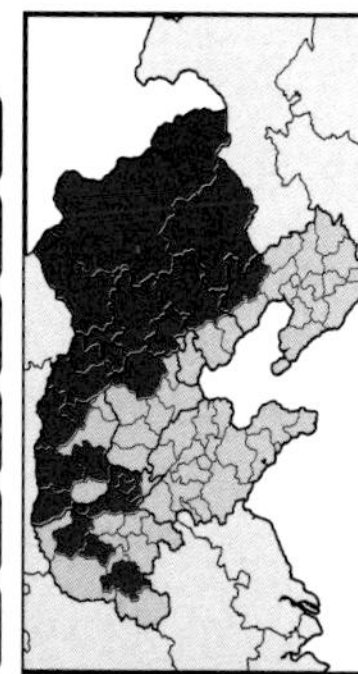

别名：秦艽、秦爪、秦胶、萝卜艽

近似种：达乌里龙胆，高10－25厘米，聚伞花序、顶生或腋生、具1－3朵花。

- **外观：**多年生草本，高30－60厘米；
- **根茎：**茎直立或斜生，不分枝；
- **叶：**具基生叶，茎上叶对生；基生叶宽披针形，全缘，具叶柄；茎生叶同基生叶，有时近无叶柄；
- **花序：**头状花序，顶生，或轮伞花序腋生；
- **花：**花蓝色，花冠辐射对称；花瓣下部合生，上部5裂；萼片下部合生，上部5裂；雄蕊、雌蕊均内藏。

花期
1 2 3 4 5 6 **7** **8** 9 10 11 12

鳞叶龙胆 *Gentiana squarrosa*

龙胆科 龙胆属

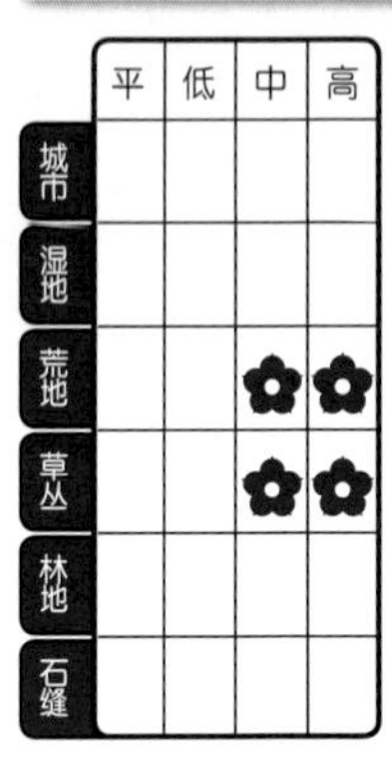

	平	低	中	高
城市				
湿地				
荒地			✿	✿
草丛			✿	✿
林地				
石缝				

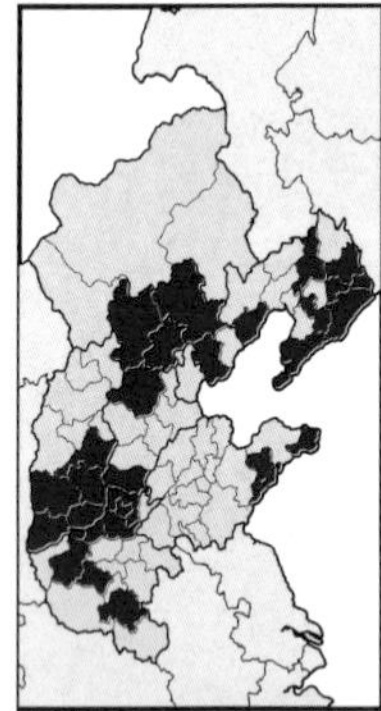

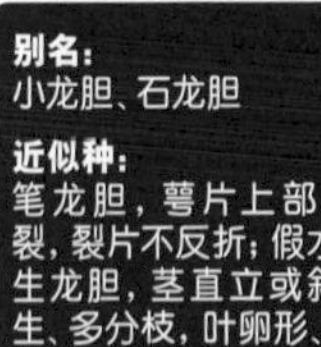

别名：
小龙胆、石龙胆

近似种：
笔龙胆，萼片上部5裂，裂片不反折；假水生龙胆，茎直立或斜生、多分枝，叶卵形、边缘反卷。

花期 1 2 3 4 **5** **6** **7** 8 9 10 11 12

- **外观：**一年生或二年生草本，高3－6厘米；
- **根茎：**茎直立，有时分枝；
- **叶：**具基生叶，茎上叶对生；基生叶卵形，全缘，具短叶柄；茎生叶同基生叶，有时近无叶柄；
- **花序：**花单生，有时伞房状排列，顶生；
- **花：**花淡蓝色，花冠辐射对称；花瓣下部合生，上部5裂，各裂片又具2浅裂；萼片下部合生，上部5裂，裂片反折；雄蕊5枚；雌蕊1枚，柱头2裂，有时内藏。

肋柱花

Lomatogonium carinthiacum

龙胆科 肋柱花属

	平	低	中	高
城市				
湿地				
荒地				
草丛				✿
林地				
石缝				

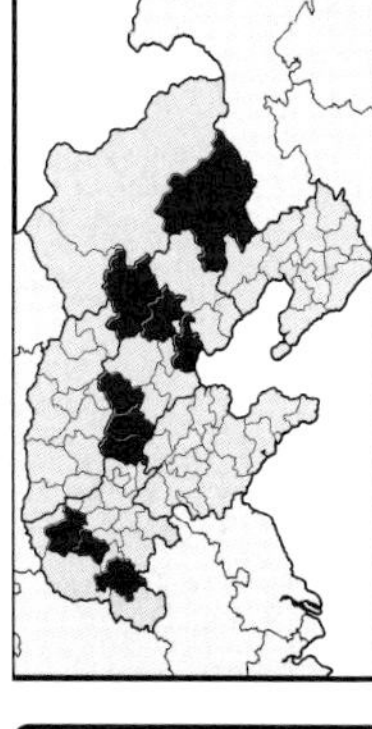

别名：
加地侧蕊、辐花侧蕊

近似种：
轮花肋柱花，萼片与花瓣近等长。

- **外观：**一年生草本，高20—50厘米；
- **根茎：**茎直立，有时分枝；
- **叶：**叶对生；宽披针形，全缘，无叶柄；
- **花序：**聚伞花序，顶生；
- **花：**花淡蓝色，花冠辐射对称；花瓣5枚，基部合生；萼片下部合生，上部5裂；雄蕊5枚；雌蕊1枚，圆柱形。

花荵 *Polemonium coeruleum*

花荵科 花荵属

	平	低	中	高
城市				
湿地				
荒地				
草丛			✿	✿
林地			✿	✿
石缝				

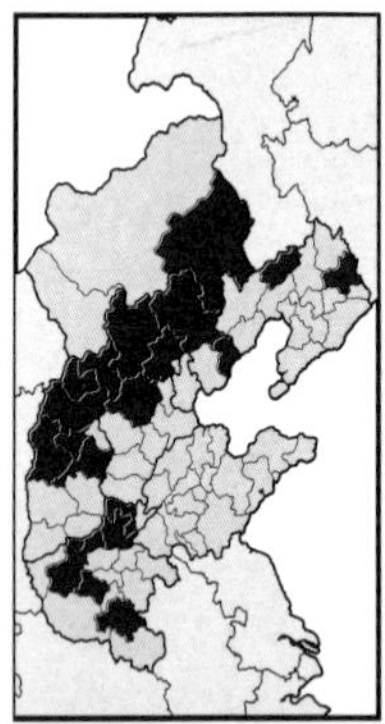

别名：
鱼翅菜、穴菜、
电灯花

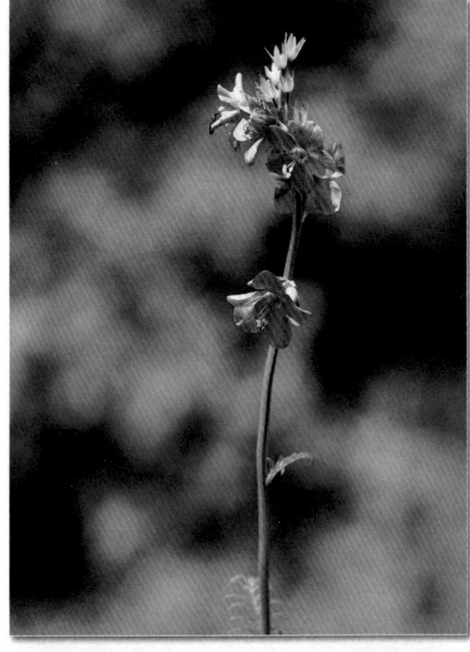

花期 1 2 3 4 5 **6** **7** 8 9 10 11 12

- **外观：**多年生草本，高30—80厘米；
- **根茎：**茎直立，有时分枝；
- **叶：**叶互生；奇数羽状复叶，小叶对生，披针形，全缘，无小叶柄；
- **花序：**圆锥花序，顶生或腋生，被毛；
- **花：**花蓝色或蓝紫色，花冠辐射对称；花瓣5枚，基部合生；萼片下部合生，上部5裂；雄蕊5枚；雌蕊1枚，柱头3裂。

斑种草

Bothriospermum chinense

紫草科 斑种草属

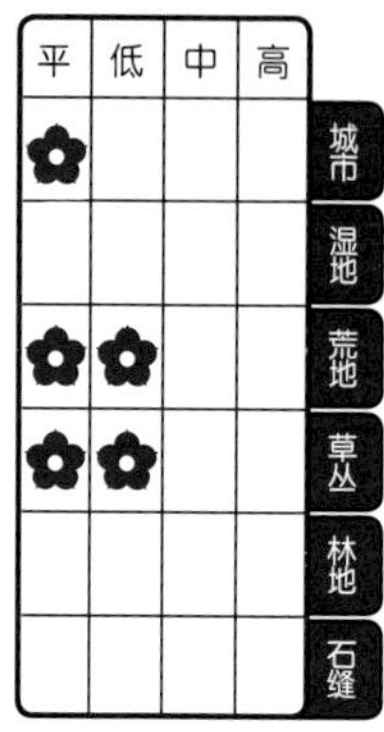

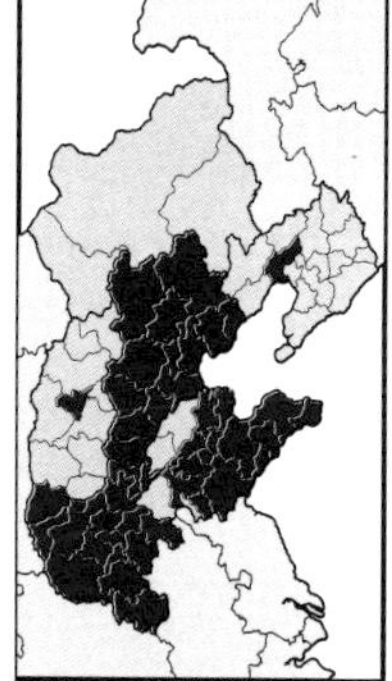

别名：
细叠子草、中国斑种草

花期
1
2
3
4
5
6
7
8
9
10
11
12

- **外观：** 一年生草本，高10－40厘米；
- **根茎：** 茎斜生，有时分枝，密被毛；
- **叶：** 具基生叶，茎上叶互生；基生叶长卵形，边缘波状，两面被毛，具叶柄；茎生叶同基生叶，具短叶柄或无叶柄；
- **花序：** 总状花序，顶生，被毛；
- **花：** 花淡蓝色，花冠辐射对称；花瓣5枚，下部合生，喉部具5枚附属物、2深裂；萼片下部合生，上部5裂，密被毛；雄蕊、雌蕊均内藏。

狭苞斑种草 *Bothriospermum kusnezowii*

紫草科 斑种草属

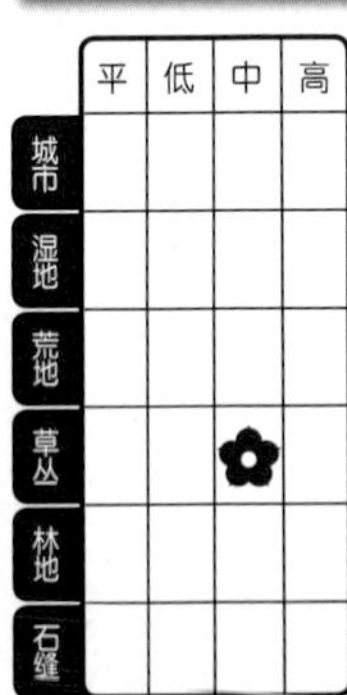

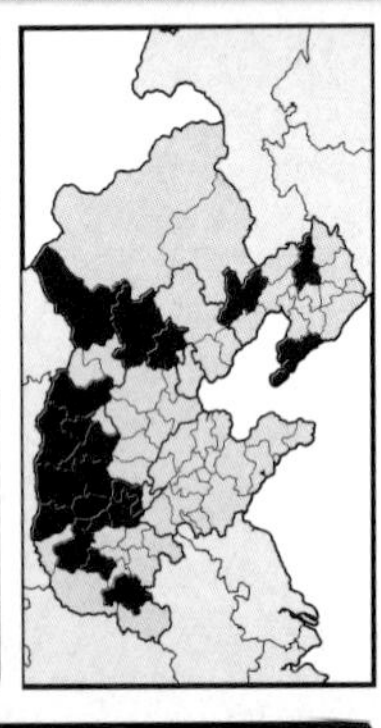

别名：
毛萝菜、细叠子草

● **外观：** 一年生草本，高10－30厘米；

● **根茎：** 茎直立或斜生，分枝，被毛；

● **叶：** 具基生叶，茎上叶互生；基生叶披针形，边缘具细齿，两面被毛，具叶柄；茎生叶同基生叶，无叶柄；

● **花序：** 总状花序，顶生，被毛；

● **花：** 花蓝色，花冠辐射对称；花瓣5枚，下部合生，喉部具5枚附属物、2深裂；萼片下部合生，上部5裂，被毛；雄蕊、雌蕊均内藏。

鹤虱

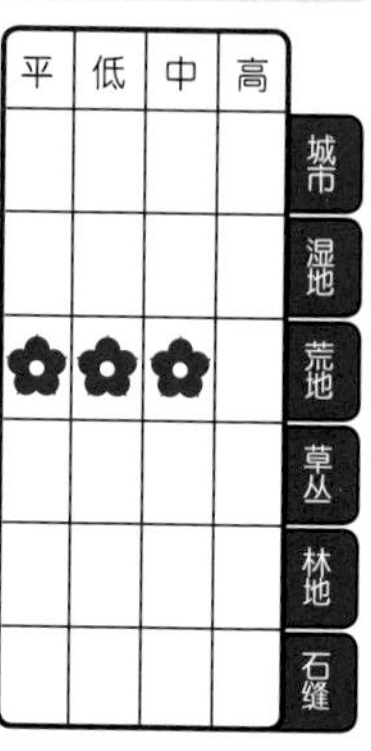

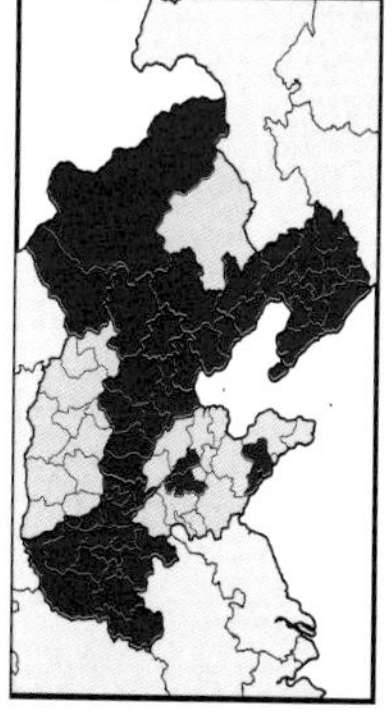

别名：
小粘染子

- **外观：**一年生或二年生草本，高20－60厘米；
- **根茎：**茎直立，多分枝，密被毛；
- **叶：**叶互生；披针形，全缘，两面密被毛，近无叶柄；
- **花序：**总状花序，顶生；
- **花：**花淡蓝色，花冠辐射对称；花瓣5枚，下部合生，喉部具5枚白色梯形附属物；萼片下部合生，上部5裂，被毛；雄蕊、雌蕊均内藏。

滨紫草 *Mertensia davurica*

紫草科 滨紫草属

	平	低	中	高
城市				
湿地				
荒地				
草丛				✿
林地				
石缝				

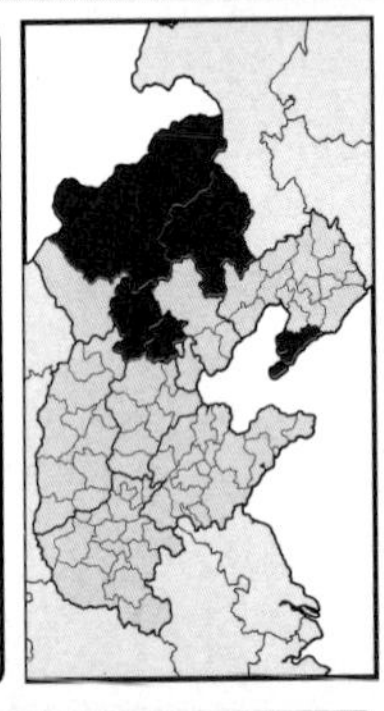

花期 1 2 3 4 5 6 7 8 9 10 11 12

别名：
长筒滨紫草

- **外观：**多年生草本，高20－50厘米；
- **根茎：**茎直立，分枝，略被毛；
- **叶：**叶互生；宽披针形，全缘，上面被毛，具叶柄，叶柄被毛；
- **花序：**聚伞花序，顶生；
- **花：**花蓝色，花冠辐射对称；花瓣合生呈管状，顶端5浅裂；萼片下部合生，上部5裂，被毛；雄蕊、雌蕊均内藏。

勿忘草

Myosotis sylvatica
紫草科 勿忘草属

	平	低	中	高
城市				
湿地				
荒地				
草丛				✿
林地				
石缝				

别名：
林勿忘草

花期
1
2
3
4
5
6
7
8
9
10
11
12

●**外观：**多年生草本，高10－40厘米；

●**根茎：**茎直立，分枝，略被毛；

●**叶：**具基生叶，茎上叶互生；基生叶披针形，全缘，两面被毛，具叶柄；茎生叶同基生叶，具短叶柄或近无叶柄；

●**花序：**聚伞花序，顶生，被毛；

●**花：**花蓝色，花冠辐射对称；花瓣5枚，下部合生，喉部具5枚黄色附属物、2裂；萼片下部合生，上部5裂，被毛；雄蕊、雌蕊均内藏。

紫筒草 *Stenosolenium saxatile*

紫草科 紫筒草属

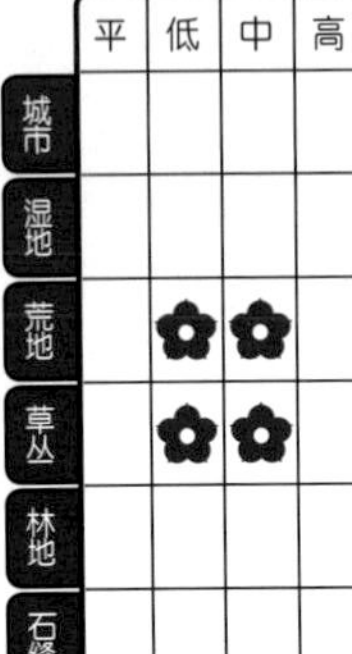

	平	低	中	高
城市				
湿地				
荒地		✿	✿	
草丛		✿	✿	
林地				
石缝				

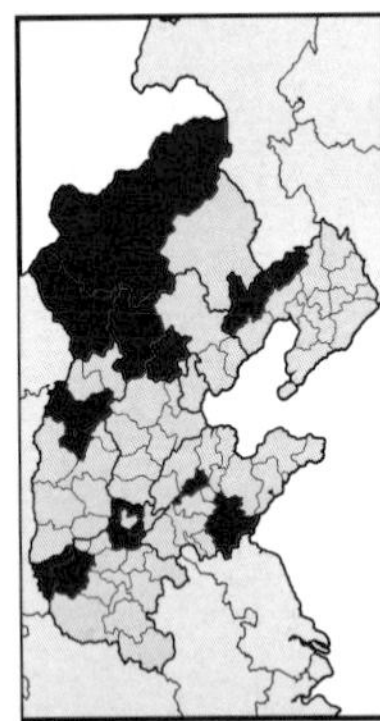

花期 1 2 3 **4 5 6** 7 8 9 10 11 12

●**外观:** 多年生草本，高10–25厘米；

●**根茎:** 茎直立，有时分枝，密被毛；

●**叶:** 具基生叶，茎上叶互生；基生叶披针形，全缘，两面密被毛，无叶柄；茎生叶同基生叶；

●**花序:** 总状花序，顶生，被毛；

●**花:** 花蓝紫色，花冠辐射对称；花瓣下部合生，上部5裂，喉部黄色；萼片下部合生，上部5深裂，被毛；雄蕊、雌蕊均内藏。

Trigonotis amblyosepala 钝萼附地菜

紫草科 附地菜属

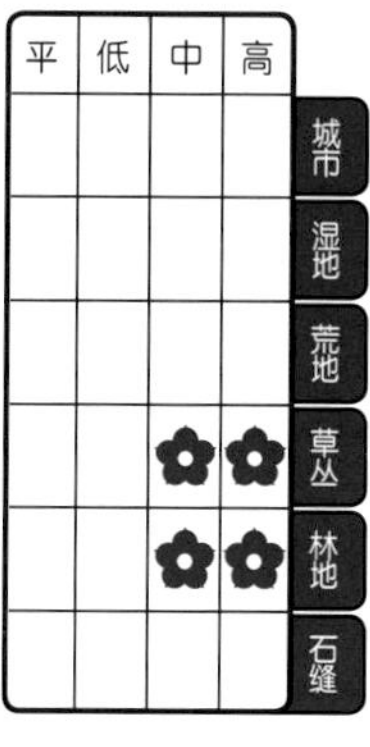

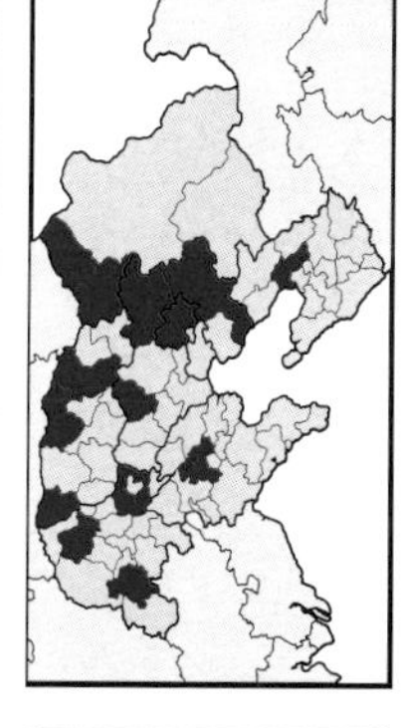

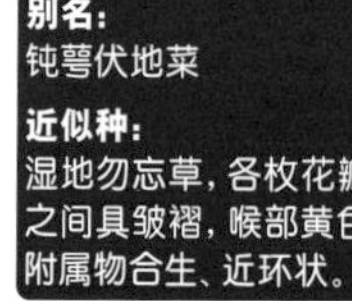

别名:
钝萼伏地菜
近似种:
湿地勿忘草，各枚花瓣之间具皱褶，喉部黄色附属物合生、近环状。

花期
1
2
3
4
5
6
7
8
9
10
11
12

- **外观：**一年生或二年生草本，高10–30厘米；
- **根茎：**茎直立或斜生，分枝，被毛；
- **叶：**具基生叶，茎上叶互生；基生叶卵形，全缘，两面略被毛，具叶柄；茎生叶同基生叶，具短叶柄或近无叶柄；
- **花序：**聚伞花序，顶生；
- **花：**花淡蓝色，花冠辐射对称；花瓣5枚，下部合生，喉部具5枚黄色附属物、2浅裂；萼片下部合生，上部5裂，被毛；雄蕊、雌蕊均内藏。

附地菜 *Trigonotis peduncularis*

紫草科 附地菜属

	平	低	中	高
城市	✿			
湿地				
荒地	✿	✿		
草丛	✿	✿		
林地				
石缝				

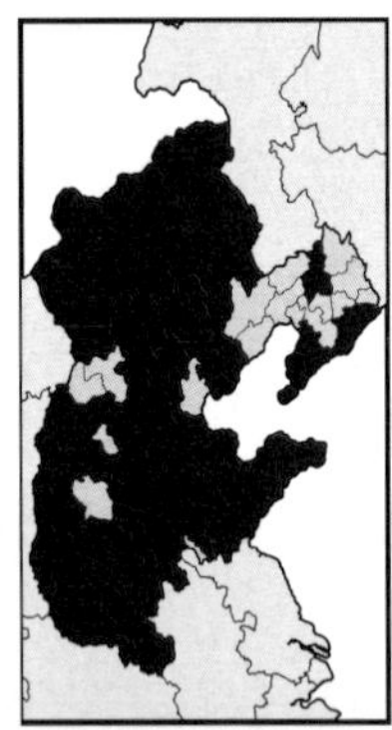

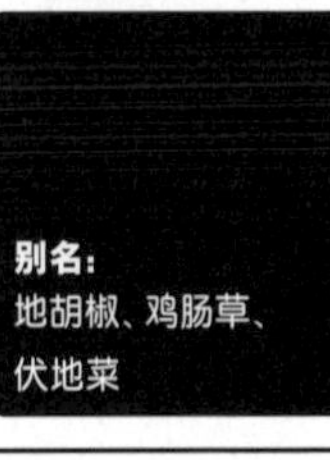

别名：
地胡椒、鸡肠草、伏地菜

- **外观：**一年生草本，高5–20厘米；
- **根茎：**茎斜生或匍匐，常丛生，分枝，被毛；
- **叶：**具基生叶，茎上叶互生；基生叶卵形，全缘，两面略被毛，具叶柄；茎生叶同基生叶，近无叶柄；
- **花序：**聚伞花序，有时卷曲状，顶生；
- **花：**花淡蓝色，花冠辐射对称；花瓣5枚，下部合生，喉部具5枚黄色梯形附属物；萼片下部合生，上部5裂，略被毛；雄蕊、雌蕊均内藏。

展枝沙参

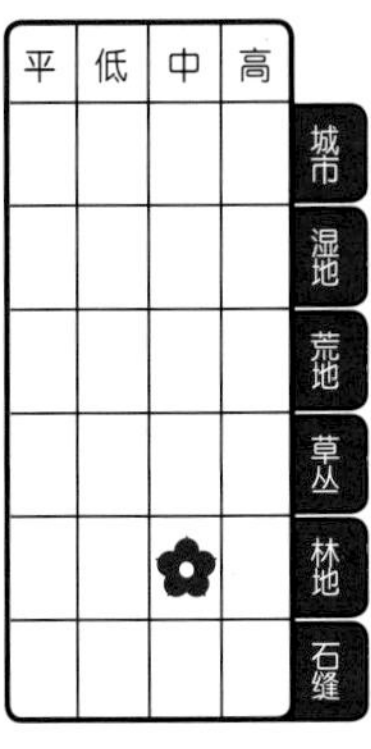

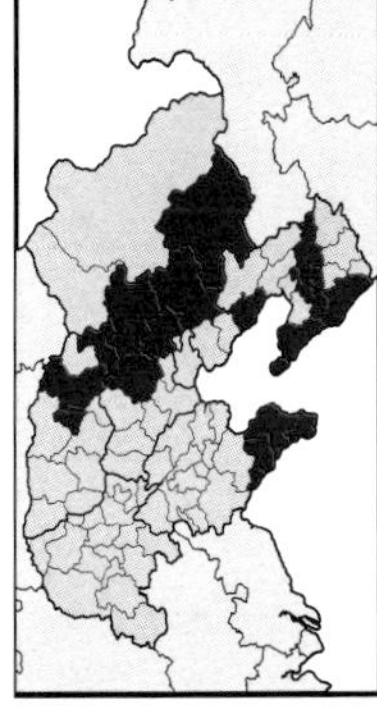

●**外观：**多年生草本，高30–100厘米；

●**根茎：**根圆锥形；茎直立，多分枝；植物体内具白色乳汁；

●**叶：**叶轮生；长卵形，边缘具齿，近无叶柄；

●**花序：**圆锥花序，顶生；

●**花：**花淡蓝紫色，花冠辐射对称；花瓣下部合生，上部5裂；萼片下部合生，上部5深裂；雄蕊内藏；雌蕊1枚。

多歧沙参 *Adenophora wawreana*

桔梗科 沙参属

	平	低	中	高
城市				
湿地				
荒地				
草丛				
林地			✿	
石缝				

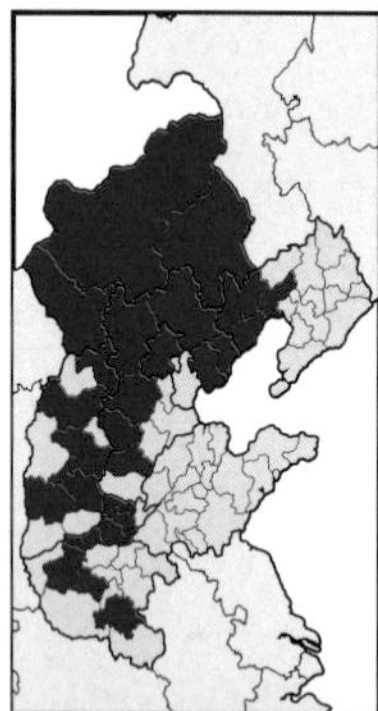

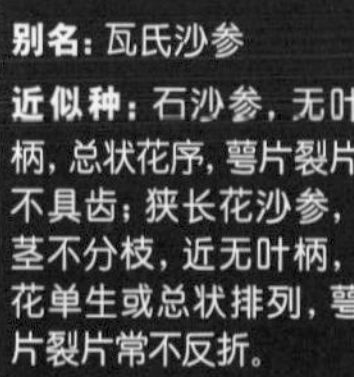

别名：瓦氏沙参

近似种：石沙参，无叶柄，总状花序，萼片裂片不具齿；狭长花沙参，茎不分枝，近无叶柄，花单生或总状排列，萼片裂片常不反折。

- **外观：**多年生草本，高30－100厘米；
- **根茎：**根圆锥形；茎直立，多分枝；植物体内具白色乳汁；
- **叶：**叶互生；长卵形，边缘具齿，具短叶柄；
- **花序：**圆锥花序，顶生；
- **花：**花淡蓝紫色，花冠辐射对称；花瓣下部合生，上部5裂；萼片下部合生，上部5深裂，裂片反折、具齿；雄蕊内藏；雌蕊1枚。

桔梗

Platycodon grandiflorus

桔梗科 桔梗属

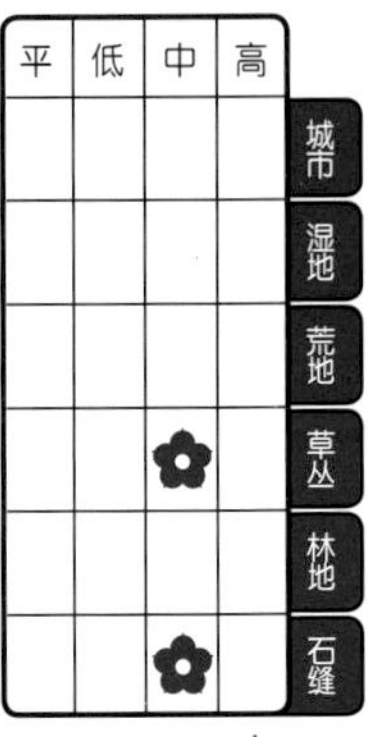

	平	低	中	高
城市				
湿地				
荒地				
草丛			✿	
林地				
石缝			✿	

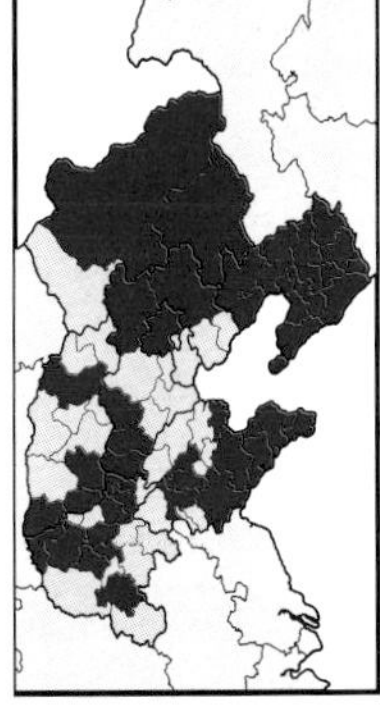

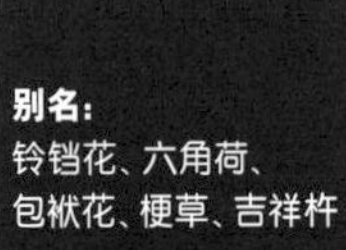

别名：
铃铛花、六角荷、包袱花、梗草、吉祥杵

●**外观：**多年生草本，高20—120厘米；

●**根茎：**根粗壮，圆柱形；茎直立，有时分枝；植物体内具白色乳汁；

●**叶：**叶轮生，有时互生或对生；长卵形，边缘具齿，近无叶柄；

●**花序：**花单生，顶生；

●**花：**花深蓝色，花冠辐射对称；花瓣下部合生，上部5裂；萼片下部合生，上部5裂；雄蕊5枚；雌蕊1枚，柱头5裂。

大叶铁线莲 *Clematis heracleifolia*

毛茛科 铁线莲属

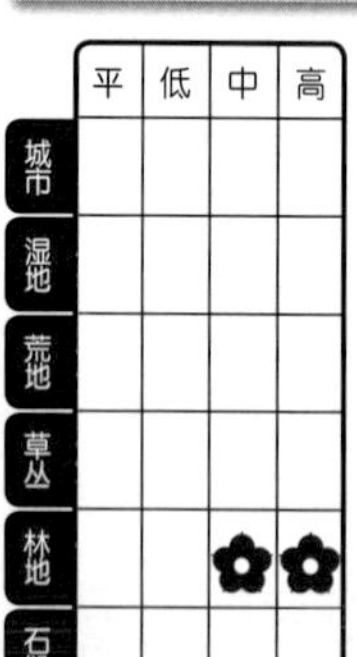

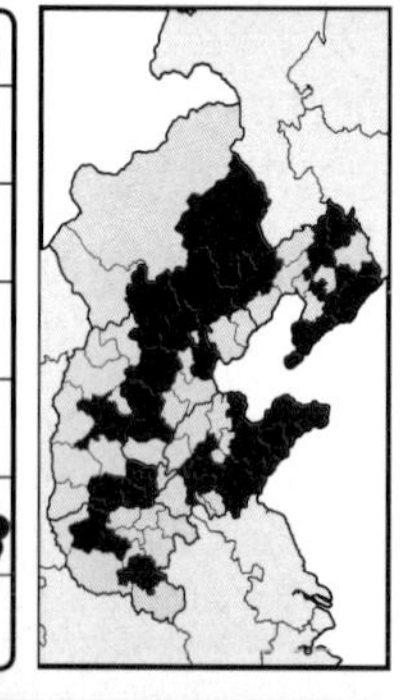

别名：

草本女萎、木通花、草牡丹

- **外观：** 多年生草本，高50－100厘米；
- **根茎：** 根粗大，木质化；茎直立，有时分枝，具纵条纹，密被毛；
- **叶：** 叶对生；三出复叶，小叶卵圆形，边缘具齿，具小叶柄；
- **花序：** 聚伞花序，顶生或腋生；花序梗被毛；
- **花：** 花蓝紫色，花冠辐射对称；花被4枚，顶端反卷，外面被毛；雄蕊多枚；雌蕊多枚。

扁蕾

Gentianopsis barbata

龙胆科 扁蕾属

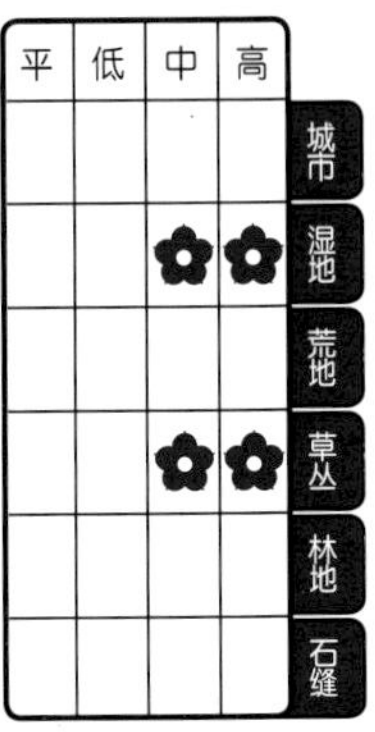

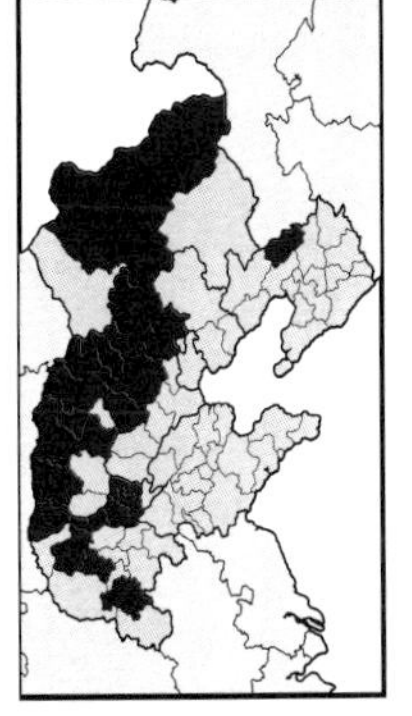

别名：
中国扁蕾、剪帮龙胆

- **外观：**一年生或二年生草本，高10－40厘米；
- **根茎：**茎直立，分枝；
- **叶：**叶对生；披针形，全缘，无叶柄；
- **花序：**花单生，顶生；
- **花：**花蓝紫色，花冠辐射对称；花瓣下部合生，上部4裂；萼片下部合生，上部4裂；雄蕊、雌蕊均内藏。

水蔓菁 *Veronica linariifolia ssp. dilatata*

玄参科 婆婆纳属

	平	低	中	高
城市				
湿地				
荒地				
草丛			✿	
林地			✿	
石缝				

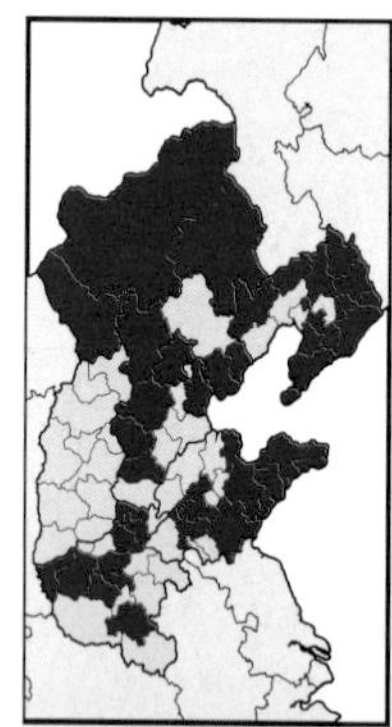

别名：
细叶婆婆纳、追风草

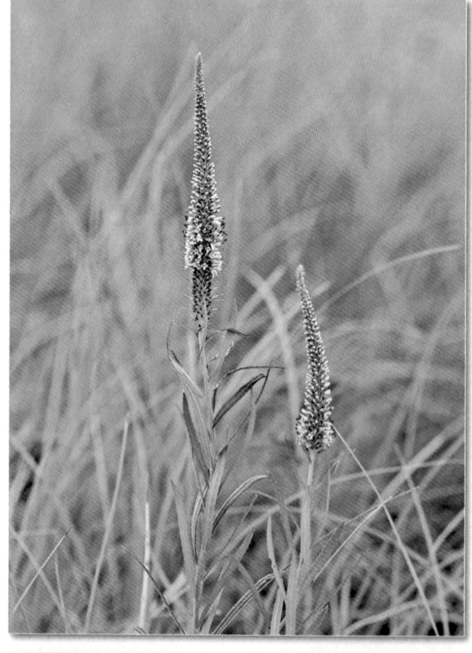

花期 1 2 3 4 5 6 7 8 9 10 11 12

●**外观：**多年生草本，高30—80厘米；

●**根茎：**茎直立，不分枝，被毛；

●**叶：**叶对生；披针形，边缘具齿，近无叶柄；

●**花序：**总状花序，顶生；

●**花：**花蓝紫色，花冠辐射对称；花瓣4枚，基部合生，喉部略被毛；萼片下部合生，上部5深裂；雄蕊2枚；雌蕊1枚。

Veronicastrum sibiricum 草本威灵仙

玄参科 腹水草属

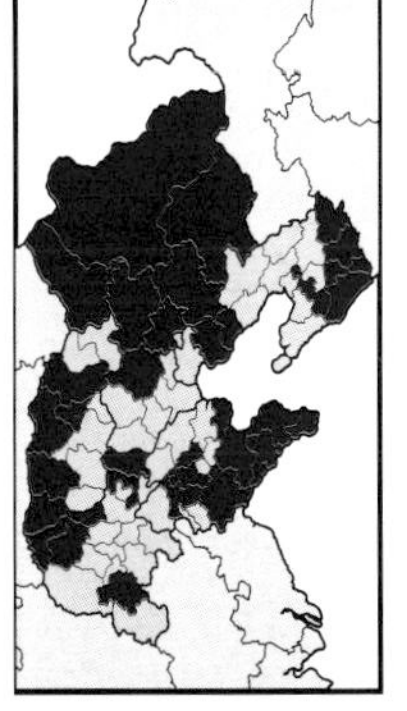

●**外观：**多年生草本，高40—100厘米；

●**根茎：**茎直立，不分枝；

●**叶：**叶轮生；宽披针形，边缘具齿，无叶柄；

●**花序：**穗状花序，顶生；

●**花：**花蓝紫色，花冠辐射对称；花瓣4枚，下部合生；萼片下部合生，上部5深裂；雄蕊2枚；雌蕊1枚。

白头翁 *Pulsatilla chinensis*

毛茛科 白头翁属

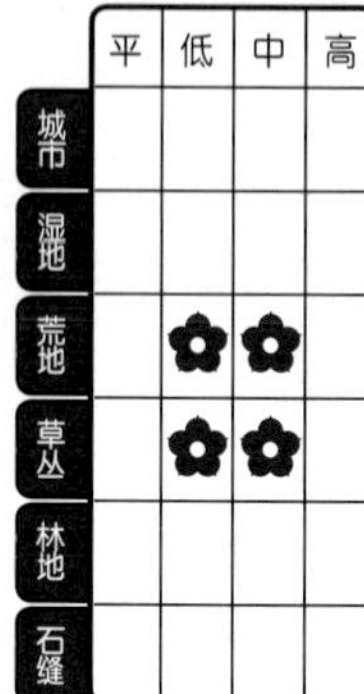

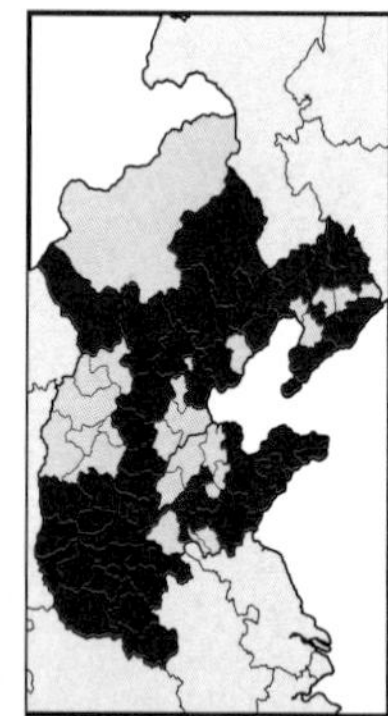

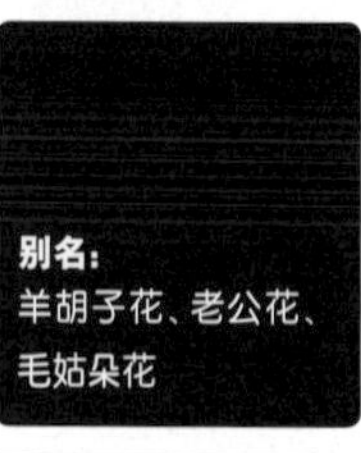

别名：
羊胡子花、老公花、毛姑朵花

花期
1 2 3 **4** **5** 6 7 8 9 10 11 12

- **外观：**多年生草本，高15–35厘米；
- **根茎：**根状茎粗大；无明显地上茎；
- **叶：**仅具基生叶；三出复叶，小叶宽卵形，深裂，边缘不整齐，先端具齿，两面被长毛，具小叶柄或近无小叶柄，小叶柄被毛；
- **花序：**花单生，基生；花梗直立，密被毛，具总苞片，叶状；
- **花：**花紫色，花冠辐射对称；花冠6枚，外面密被毛；雄蕊多枚；雌蕊多枚。

雨久花
Monochoria korsakowii
雨久花科 雨久花属

	平	低	中	高
城市				
湿地	✿	✿		
荒地				
草丛				
林地				
石缝				

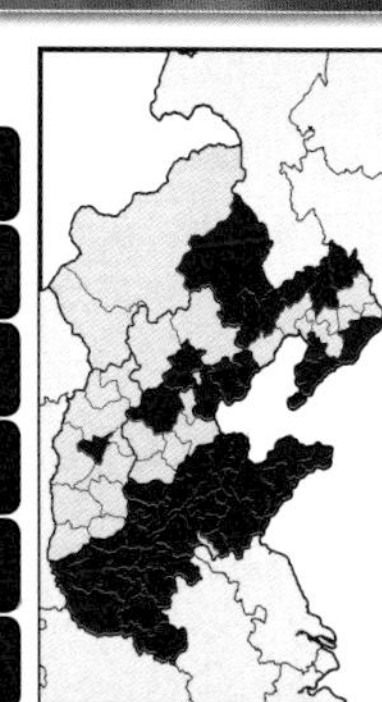

别名： 猪耳草

近似种： 鸭舌草，叶长卵形，花蓝紫色、常带紫红色。

- **外观：** 多年生草本，高20–70厘米；
- **根茎：** 茎直立，不分枝；
- **叶：** 具基生叶，茎上叶互生；基生叶心形，全缘，具长叶柄，叶柄基部膨大；茎生叶同基生叶，具短叶柄；
- **花序：** 总状花序，顶生；
- **花：** 花蓝色，花冠辐射对称；花被6枚，基部略合生；雄蕊6枚；雌蕊1枚。

雾灵韭 *Allium plurifoliatum* var. *stenodon*

百合科 葱属

	平	低	中	高
城市				
湿地				
荒地				
草丛				✿
林地				
石缝				✿

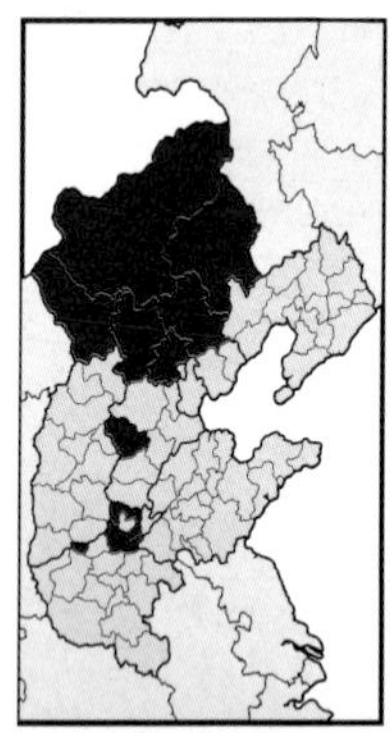

别名：
雾灵葱

花期
1 2 3 4 5 6 7 8 9 10 11 12

- **外观：**多年生草本，高20－50厘米；
- **根茎：**鳞茎圆柱形；无明显地上茎；
- **叶：**仅具基生叶；条形，全缘，无叶柄；
- **花序：**伞形花序，半球状，基生；花序梗直立；
- **花：**花蓝色，有时蓝紫色，花冠辐射对称；花被6枚；雄蕊6枚；雌蕊1枚。

马蔺

Iris lactea var. *chinensis*

鸢尾科 鸢尾属

	平	低	中	高
城市				
湿地				
荒地	✿	✿	✿	
草丛	✿	✿	✿	
林地				
石缝				

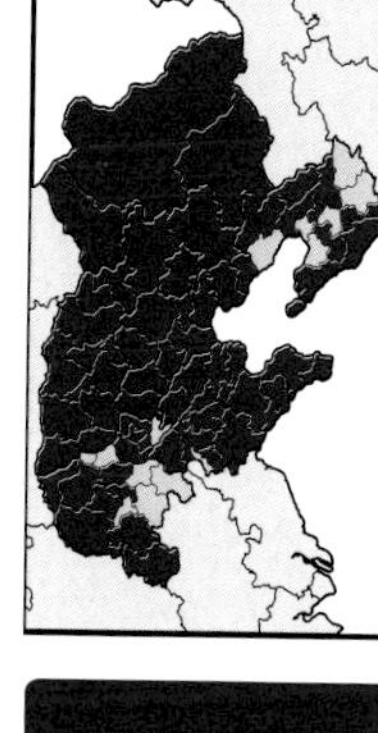

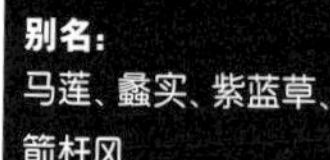

别名：
马莲、蠡实、紫蓝草、箭杆风

花期 1 2 3 **4** **5** **6** 7 8 9 10 11 12

- **外观：**多年生草本，高20－50厘米；
- **根茎：**无明显地上茎；
- **叶：**仅具基生叶；线形，全缘，无叶柄；
- **花序：**花单生，基生；花梗直立，苞片披针形；
- **花：**花淡蓝紫色，花冠辐射对称；花被6枚，2轮，具白色条纹；雄蕊内藏；雌蕊3枚，花瓣状，柱头2裂。

矮紫苞鸢尾 *Iris ruthenica* var. *nana*

鸢尾科 鸢尾属

	平	低	中	高
城市				
湿地				
荒地				
草丛			✿	✿
林地				
石缝				

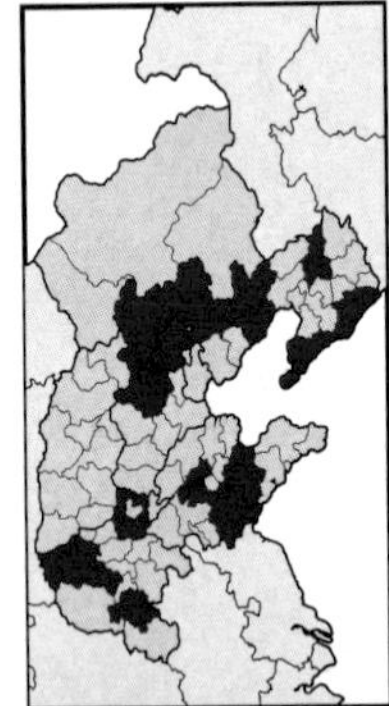

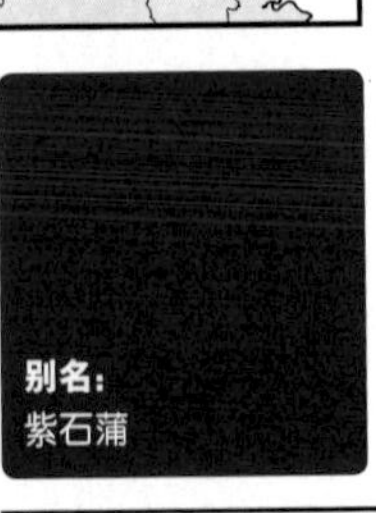

别名：
紫石蒲

- **外观：** 多年生草本，高10—30厘米；
- **根茎：** 无明显地上茎；
- **叶：** 仅具基生叶；线形，全缘，无叶柄；
- **花序：** 花单生，基生；花梗短；
- **花：** 花蓝紫色，花冠辐射对称；花被6枚，2轮，具白色条纹；雄蕊内藏；雌蕊3枚，花瓣状。

圆叶牵牛

Pharbitis purpurea
旋花科 牵牛属

	平	低	中	高
城市	✿			
湿地				
荒地	✿	✿	✿	
草丛	✿	✿	✿	
林地				
石缝				

别名： 喇叭花、紫花牵牛、连簪簪

近似种： 裂叶牵牛，叶心形、3裂、被毛，花淡蓝色。

- **外观：** 一年生草质藤本；
- **根茎：** 茎分枝，被毛；
- **叶：** 叶互生；心形，全缘，具长叶柄，叶柄被毛；
- **花序：** 花单生、有时聚伞花序，腋生，被毛；
- **花：** 花蓝紫色，有时紫红色或白色，花冠辐射对称；花瓣合生，喇叭状，常具5条深色条纹；萼片5枚，基部合生，被毛；雄蕊、雌蕊均内藏。

华北蓝盆花 *Scabiosa tschiliensis*

川续断科 蓝盆花属

	平	低	中	高
城市				
湿地				
荒地				
草丛			✿	✿
林地				
石缝				

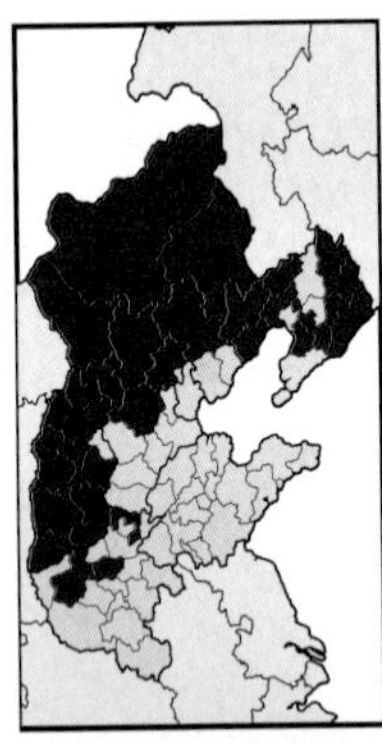

别名：
山萝卜、蓝盆花

花期
1
2
3
4
5
6
7
8
9
10
11
12

● **外观：** 多年生草本，高20－60厘米；

● **根茎：** 茎直立，分枝，被毛；

● **叶：** 具基生叶，茎上叶对生；基生叶宽披针形，边缘具齿或浅裂，两面略被毛，具叶柄；茎生叶卵形，羽状深裂，裂片线形，下面略被毛，近无叶柄；

● **花序：** 头状花序，顶生；花序梗被毛；苞片披针形，被毛；

● **花：** 花蓝紫色，较小，聚集；边缘小花花瓣状，外面被毛；雄蕊4枚；雌蕊1枚。

三褶脉紫菀

Aster ageratoides

菊科 紫菀属

	平	低	中	高
城市				
湿地				
荒地				
草丛				
林地			✿	
石缝				

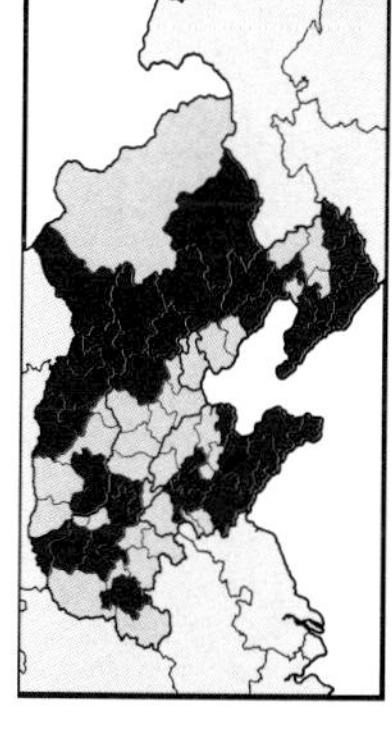

别名：三脉紫菀、鸡儿肠、野白菊花、山雪花、三脉叶马兰

近似种：紫菀，下部叶长卵形，上部叶披针形、全缘、无叶柄。

●**外观：**多年生草本，高40—100厘米；

●**根茎：**茎直立，分枝，被毛；

●**叶：**叶互生；宽披针形，边缘具齿或近全缘，两面略被毛，具短叶柄；

●**花序：**头状花序，伞房状排列，顶生；苞片线形，略被毛；

●**花：**花淡蓝紫色，较小，聚集；边缘小花花瓣状，淡蓝紫色，中央小花黄色。

花期 1 2 3 4 5 6 7 **8** **9** 10 11 12

高山紫菀 *Aster alpinus*

菊科 紫菀属

	平	低	中	高
城市				
湿地				
荒地				
草丛				✿
林地				
石缝				✿

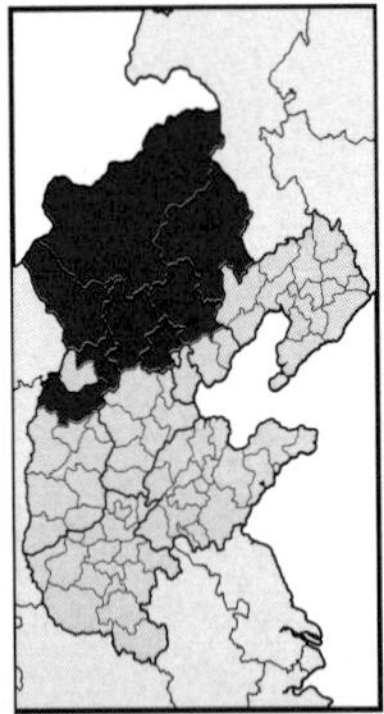

别名:
高岭紫菀

花期 1 2 3 4 5 6 7 8 9 10 11 12

●**外观:** 多年生草本，高10—40厘米；

●**根茎:** 茎直立，不分枝，被毛；

●**叶:** 具基生叶，茎上叶互生；基生叶宽披针形，全缘，两面略被毛，具叶柄；茎生叶同基生叶，有时线形，近无叶柄；

●**花序:** 头状花序，顶生；

●**花:** 花蓝紫色，有时紫红色，较小，聚集；边缘小花花瓣状，蓝紫色，中央小花黄色。

翠菊

Callistephus chinensis

菊科 翠菊属

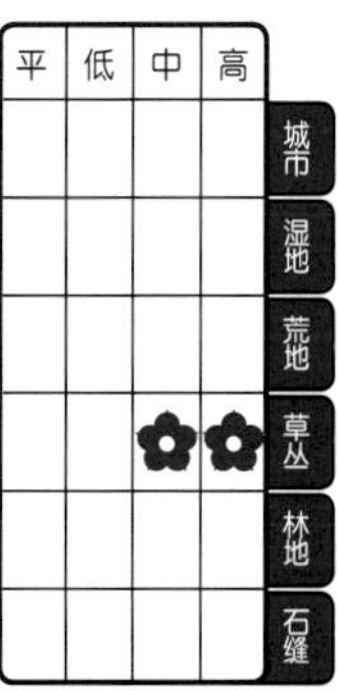

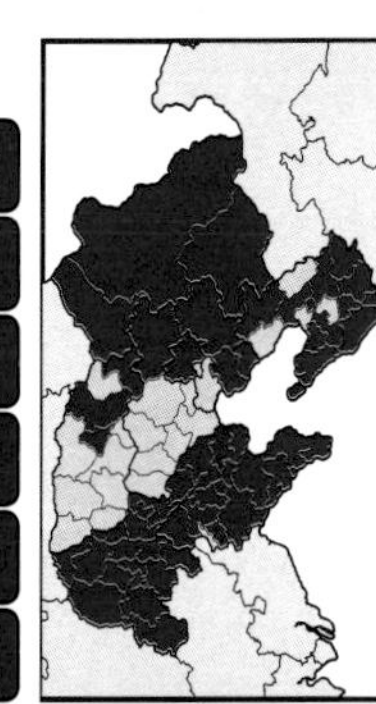

别名：
江西腊、五月菊

●**外观：**一年生或二年生草本，高30−100厘米；

●**根茎：**茎直立，有时分枝，被毛，具棱；

●**叶：**叶互生；长卵形，边缘具齿，两面略被毛，近无叶柄；

●**花序：**头状花序，顶生；苞片披针形，叶状；

●**花：**花淡蓝紫色，有时紫红色，较小，聚集；
边缘小花花瓣状，淡蓝紫色，中央小花黄色。

蓝刺头 *Echinops latifolius*

菊科 蓝刺头属

	平	低	中	高
城市				
湿地				
荒地				
草丛			✿	
林地				
石缝				

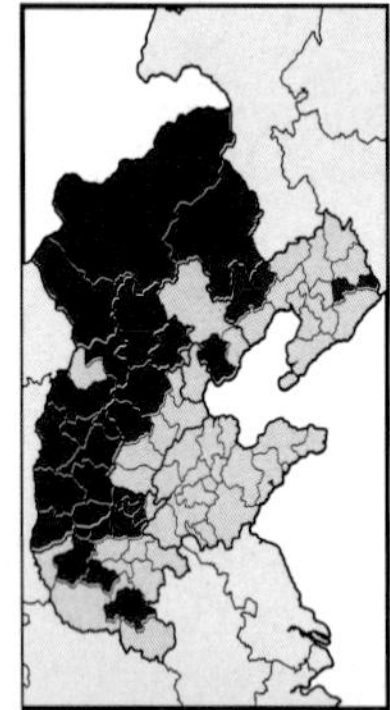

花期 1 2 3 4 5 6 7 8 9 10 11 12

- **外观：** 多年生草本，高30—80厘米；
- **根茎：** 茎直立，不分枝，略被毛；
- **叶：** 叶互生；长卵形，羽状浅裂，有时不裂，边缘不整齐、具刺，下面密被毛，近无叶柄；
- **花序：** 头状花序，球形，顶生；苞片披针形，略被毛，具刺；
- **花：** 花蓝色或蓝紫色，较小，聚集。

狗哇花

Heteropappus hispidus
菊科 狗哇花

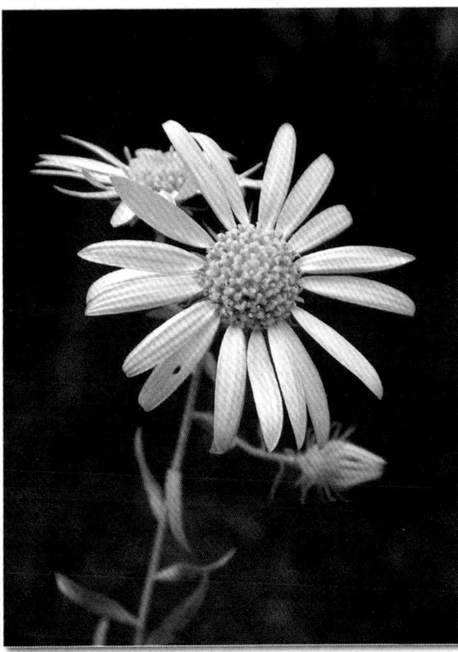

	平	低	中	高
城市	✿			
湿地				
荒地	✿	✿	✿	
草丛	✿	✿	✿	
林地				
石缝				

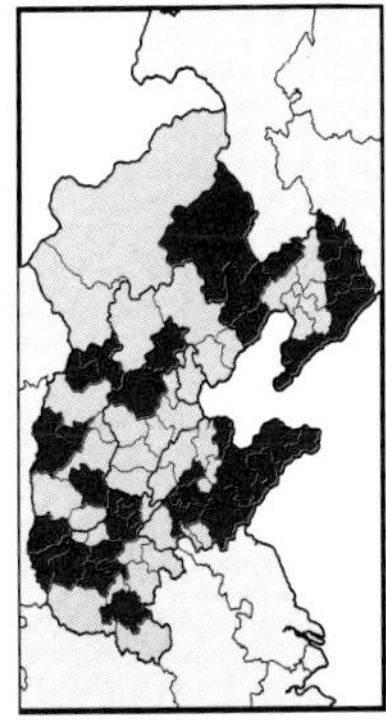

别名： 狗娃花

近似种： 全叶马兰，茎下部光滑无毛，叶两面密被粉状毛；阿尔泰狗哇花，茎、叶具腺体，叶边缘无明显毛。

花期 1 2 3 4 5 6 7 8 9 10 11 12

● **外观：** 一年生或二年生草本，高30－60厘米；

● **根茎：** 茎直立，分枝，被毛；

● **叶：** 叶互生；披针形，全缘，边缘具毛，两面略被毛，无叶柄；

● **花序：** 头状花序，顶生；苞片披针形，略被毛；

● **花：** 花淡蓝紫色，有时近白色，较小，聚集；边缘小花花瓣状，淡蓝紫色，中央小花黄色。

北山莴苣 *Lactuca sibirica*

菊科 莴苣属

	平	低	中	高
城市				
湿地				
荒地				
草丛		✿	✿	
林地				
石缝				

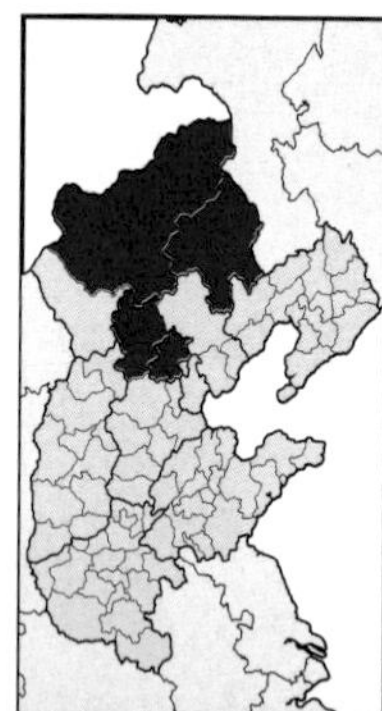

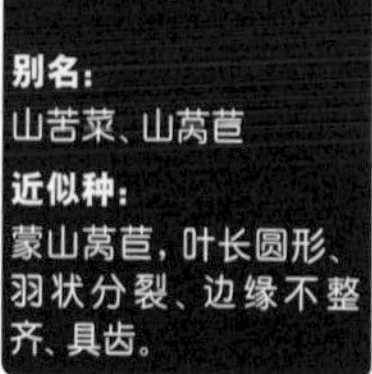

别名：
山苦菜、山莴苣

近似种：
蒙山莴苣，叶长圆形、羽状分裂、边缘不整齐、具齿。

花期
1
2
3
4
5
6
7
8
9
10
11
12

- **外观：**多年生草本，高20－70厘米；
- **根茎：**茎直立，有时分枝；植物体内具白色乳汁；
- **叶：**叶互生；披针形，全缘，有时边缘具齿，无叶柄，叶基部略抱茎；
- **花序：**头状花序，伞房状或圆锥状排列，顶生；苞片披针形；
- **花：**花淡蓝紫色，较小，聚集；小花花瓣状。

草乌

Aconitum kusnezoffii
毛茛科 乌头属

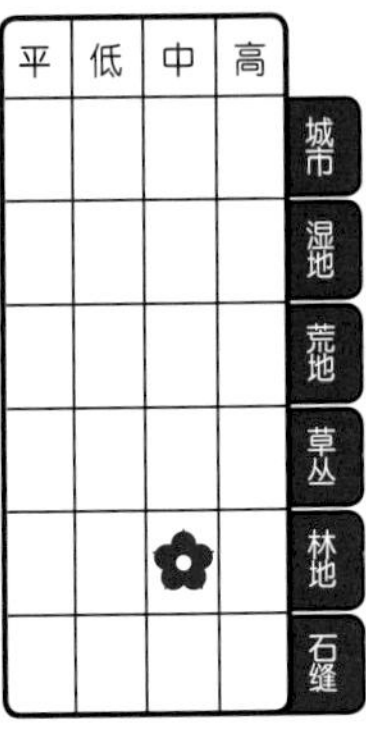

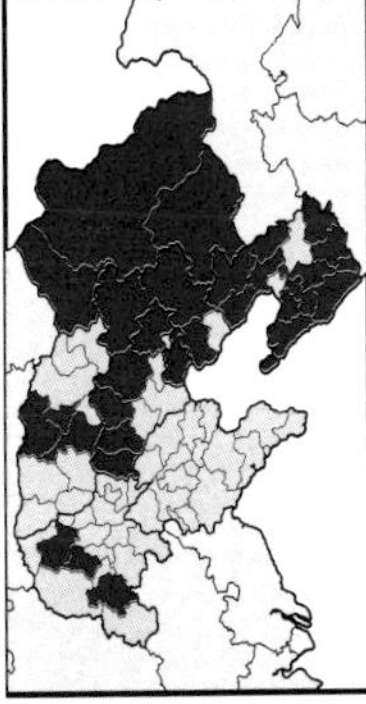

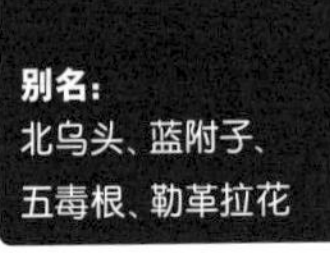

别名：
北乌头、蓝附子、
五毒根、勒革拉花

●**外观：**多年生草本，高80－150厘米；

●**根茎：**根粗壮，胡萝卜状；茎直立或斜生，分枝；

●**叶：**叶互生；五角形，深裂至基部，掌状，边缘不整齐，正面被短毛，具叶柄或近无叶柄；

●**花序：**总状花序，顶生；

●**花：**花蓝紫色，花冠两侧对称，头盔状；萼片5枚、花瓣状；花瓣不明显；雄蕊多枚；雌蕊3枚，不明显。

华北乌头 *Aconitum soongaricum* var. *angustius*

毛茛科 乌头属

	平	低	中	高
城市				
湿地				
荒地				
草丛				✿
林地				
石缝				

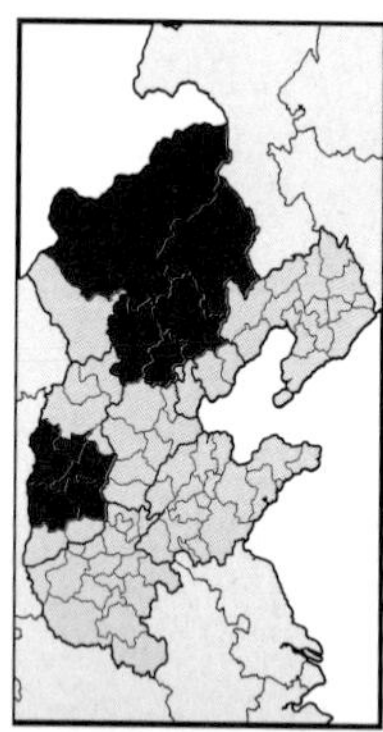

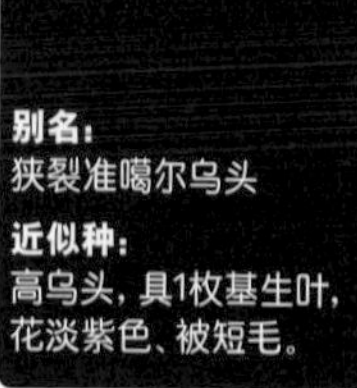

别名：
狭裂准噶尔乌头

近似种：
高乌头，具1枚基生叶，花淡紫色、被短毛。

花期
1 2 3 4 5 6 7 **8** **9** 10 11 12

●**外观：**多年生草本，高70－120厘米；

●**根茎：**根圆锥形，2块；茎直立，有时分枝；

●**叶：**叶互生；五角形，深裂至基部，掌状，裂片细，边缘不整齐，正面略被毛，具叶柄或近无叶柄；

●**花序：**总状花序，顶生；

●**花：**花蓝紫色，花冠两侧对称，头盔状；萼片5枚、花瓣状；花瓣不明显；雄蕊多枚；雌蕊3枚，不明显。

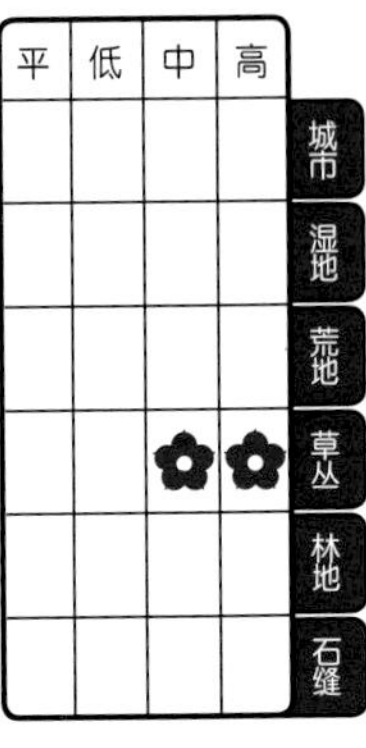

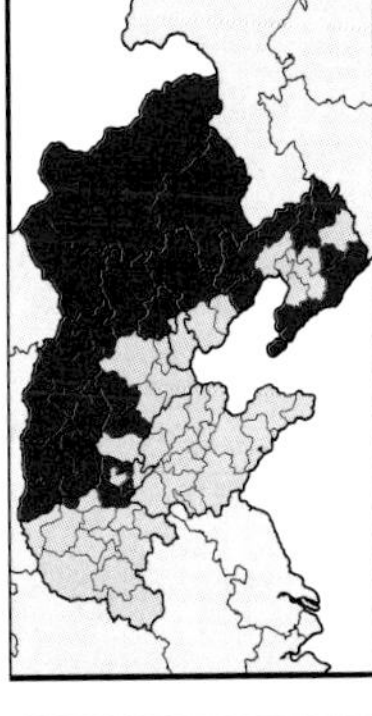

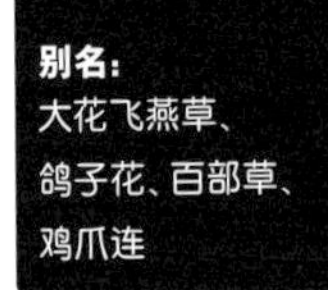

别名：
大花飞燕草、鸽子花、百部草、鸡爪连

花期 1 2 3 4 5 6 7 8 9 10 11 12

●**外观：**一年生草本，高30-50厘米；

●**根茎：**茎直立，分枝，略被毛；

●**叶：**具基生叶，茎上叶互生；基生叶圆五角形，深裂，掌状，边缘不整齐，具长叶柄；茎生叶同基生叶，具短叶柄；

●**花序：**总状花序，顶生；

●**花：**花深蓝色或蓝紫色，花冠两侧对称；萼片5枚、花瓣状；花瓣2枚，具黄色斑点；雄蕊、雌蕊均内藏。

小药八旦子 *Corydalis caudata*

罂粟科 紫堇属

	平	低	中	高
城市				
湿地				
荒地				
草丛				
林地		✿	✿	
石缝				

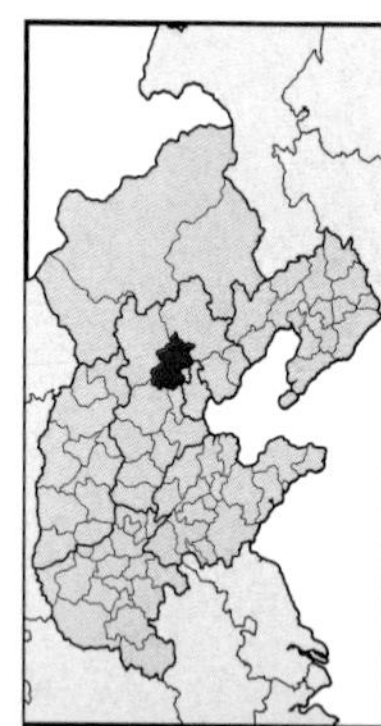

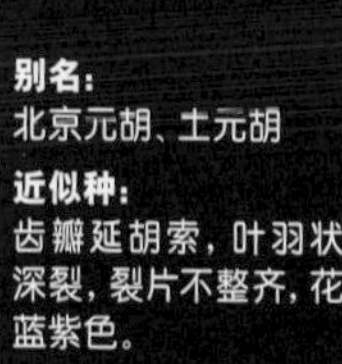

别名：
北京元胡、土元胡

近似种：
齿瓣延胡索，叶羽状深裂，裂片不整齐，花蓝紫色。

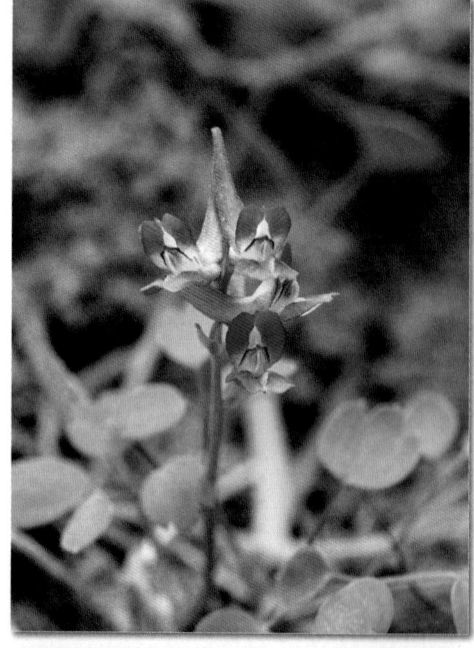

- **外观：** 多年生草本，高10—20厘米；
- **根茎：** 具块茎，圆球形；茎直立或斜生，分枝；
- **叶：** 叶互生；三出复叶，叶柄细长，小叶椭圆形，全缘，或有时先端浅裂至深裂，具小叶柄；
- **花序：** 总状花序，顶生或腋生；
- **花：** 花蓝色，花冠两侧对称；花瓣4枚，外侧2枚较大，内侧2枚较小；萼片2枚，不明显；雄蕊、雌蕊均内藏。

西伯利亚远志 *Polygala sibirica*

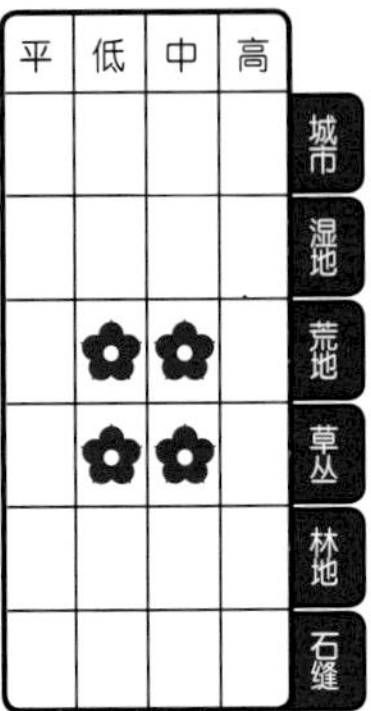

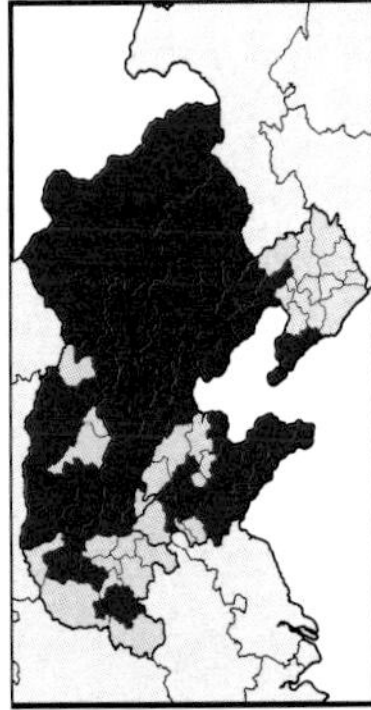

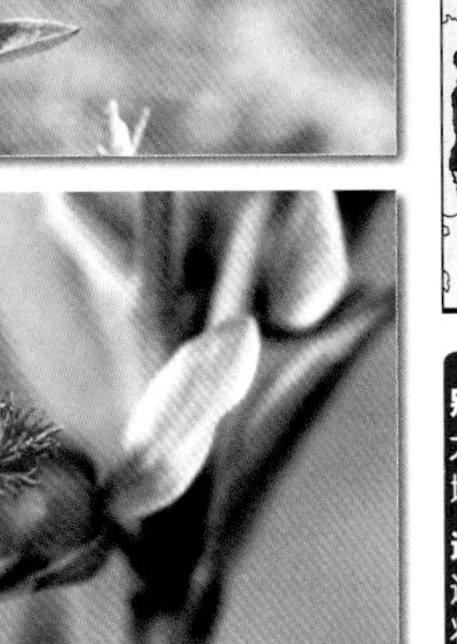

别名：
大远志、辰砂草、蓝花地丁、青玉丹草

近似种：
远志，叶线形、无毛，总状花序顶生；瓜子金，最上部花序低于茎顶端。

- **外观：**多年生草本，高10－30厘米；
- **根茎：**茎直立，丛生，不分枝，被毛；
- **叶：**叶互生；长卵形，全缘，两面被毛，具短叶柄；
- **花序：**总状花序，腋生；
- **花：**花蓝紫色，花冠两侧对称；花瓣3枚，中间1枚先端丝裂呈流苏状；萼片5枚，2轮，外轮3枚外面被毛，内轮2枚花瓣状；雄蕊、雌蕊均内藏。

早开堇菜 *Viola prionantha*

堇菜科 堇菜属

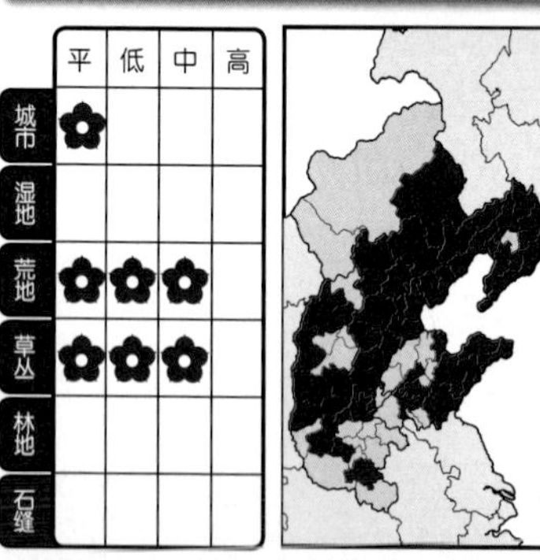

	平	低	中	高
城市	✿			
湿地				
荒地	✿	✿	✿	
草丛	✿	✿	✿	
林地				
石缝				

别名：尖瓣堇菜、早花地丁

近似种：紫花地丁，叶披针形，叶柄近无翅。

- **外观：**多年生草本，高5-15厘米；
- **根茎：**无明显地上茎；
- **叶：**仅具基生叶；长卵形，边缘具齿，具长叶柄，叶柄略具翅；
- **花序：**花单生，基生；
- **花：**花紫色，花冠两侧对称；花瓣5枚；萼片5枚；雄蕊、雌蕊均内藏。

Viola variegata 堇菜科 堇菜属 斑叶堇菜

花期 1 2 3 4 5 6 7 8 9 10 11 12

	平	低	中	高
城市				
湿地				
荒地				
草丛		✿	✿	
林地		✿	✿	
石缝				

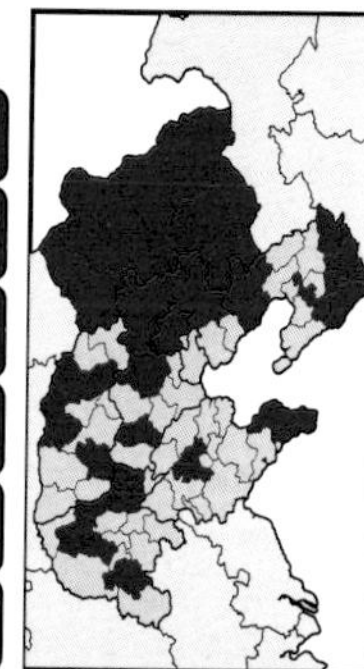

别名：斑堇菜、杂色堇菜

近似种：细距堇菜，叶无白色条纹、近无毛，侧面2枚花瓣基部近无毛；球果堇菜，叶圆肾形，无白色条纹，下面绿色，两面密被毛。

- **外观：**多年生草本，高5–15厘米；
- **根茎：**无明显地上茎；
- **叶：**仅具基生叶；卵形或心形，边缘具齿，上面沿叶脉具白色宽条纹，下面紫红色，两面略被毛，具长叶柄；
- **花序：**花单生，基生；
- **花：**花紫色或蓝紫色，花冠两侧对称；花瓣5枚，侧面2枚基部略具毛；萼片5枚，边缘被毛；雄蕊、雌蕊不明显。

鸭跖草 *Commelina communis*

鸭跖草科 鸭跖草属

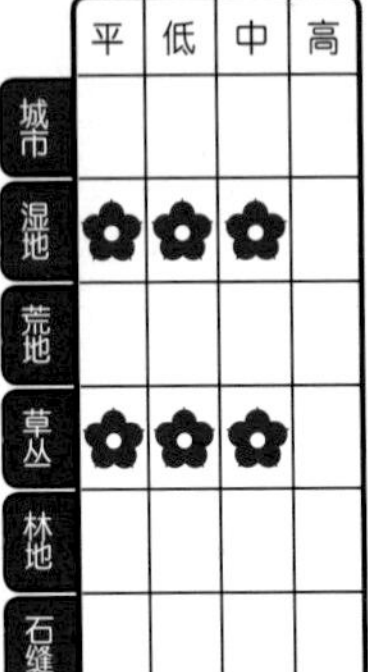

	平	低	中	高
城市				
湿地	✿	✿	✿	
荒地				
草丛	✿	✿	✿	
林地				
石缝				

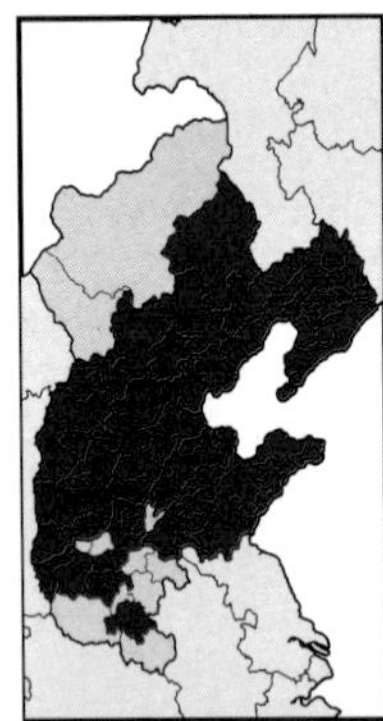

别名：
竹叶菜、兰花竹叶

花期 1 2 3 4 5 6 7 8 9 10 11 12

- **外观：**一年生草本，高10—50厘米；
- **根茎：**茎斜生或匍匐，分枝；
- **叶：**叶互生；宽披针形，全缘，近无叶柄，叶基部具鞘；
- **花序：**花2朵或单生，顶生或与叶对生；苞片卵形，叶状，略被毛；
- **花：**花蓝色，花冠两侧对称；花瓣3枚，上面2枚较大，下面1枚较小；萼片3枚，常不明显；雄蕊5—6枚，3枚较长，2—3枚较短、先端4裂；雌蕊1枚。

直立黄芪

Astragalus adsurgens
豆科 黄芪属

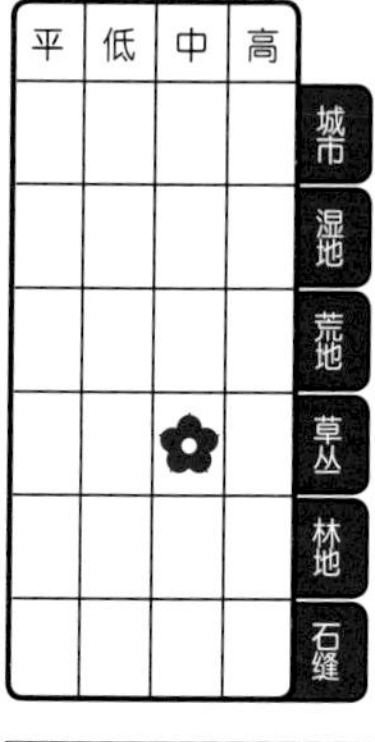

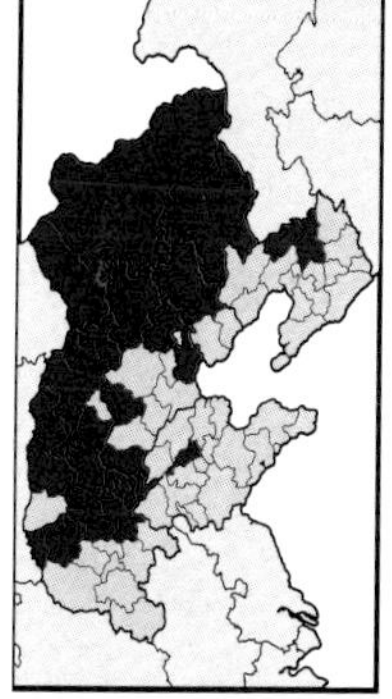

别名：
沙打旺、斜茎黄芪

●**外观：**多年生草本，高20–80厘米；

●**根茎：**茎直立或斜生，分枝，略被毛；

●**叶：**叶互生；奇数羽状复叶，小叶对生，长圆形，全缘，略被毛，无小叶柄；

●**花序：**总状花序，腋生；

●**花：**花蓝紫色，花冠两侧对称，蝶形；花瓣5枚；萼片下部合生，上部5裂；雄蕊、雌蕊均内藏。

刺果甘草 *Glycyrrhiza pallidiflora*

豆科 甘草属

	平	低	中	高
城市				
湿地				
荒地		✿	✿	
草丛		✿	✿	
林地				
石缝				

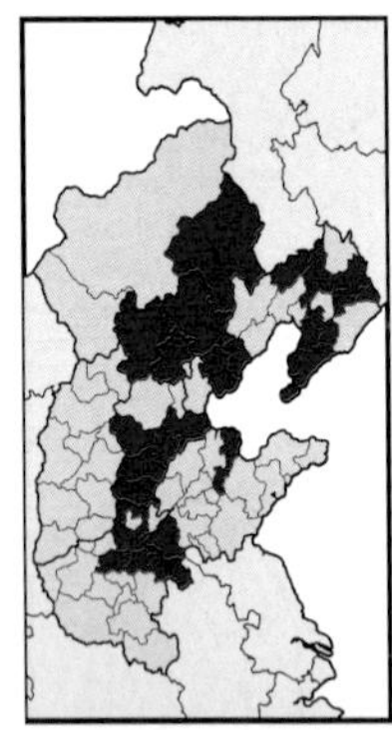

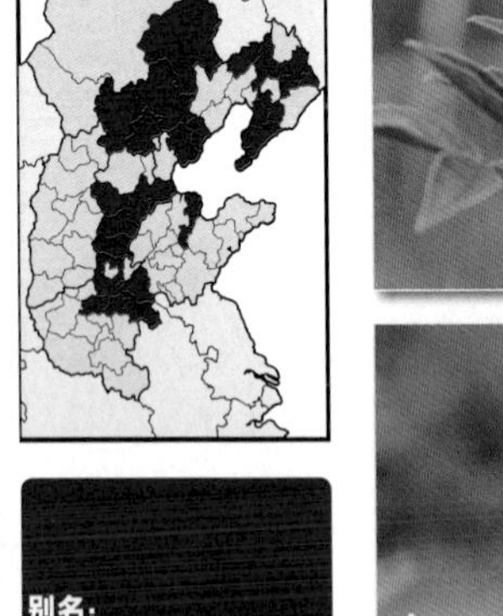

花期

1 2 3 4 5 **6** **7** 8 9 10 11 12

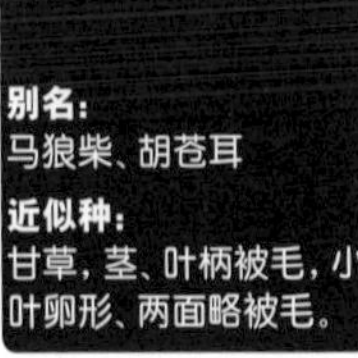

别名：
马狼柴、胡苍耳

近似种：
甘草，茎、叶柄被毛，小叶卵形、两面略被毛。

- **外观：**多年生草本，高60－150厘米；
- **根茎：**茎直立，多分枝，具棱，具鳞片状腺体；
- **叶：**叶互生；奇数羽状复叶，叶柄具腺体，小叶对生，宽披针形，边缘具细齿，两面具鳞片状腺体，近无小叶柄；
- **花序：**总状花序，腋生；花序梗被毛，具鳞片状腺体；
- **花：**花淡蓝紫色，花冠两侧对称，蝶形；花瓣5枚；萼片下部合生，上部5裂，具腺体；雄蕊、雌蕊均内藏。

Gueldenstaedtia multiflora 米口袋

豆科 米口袋属

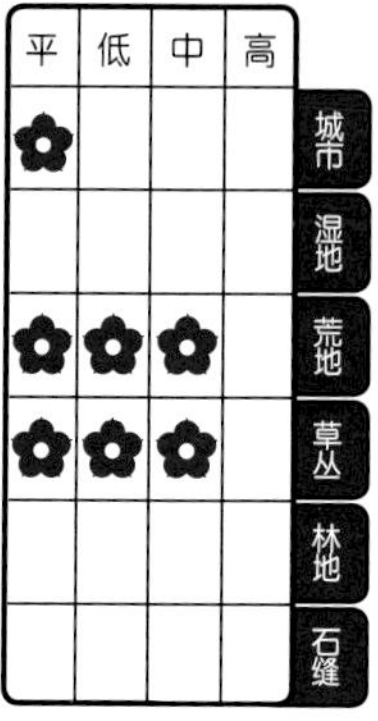

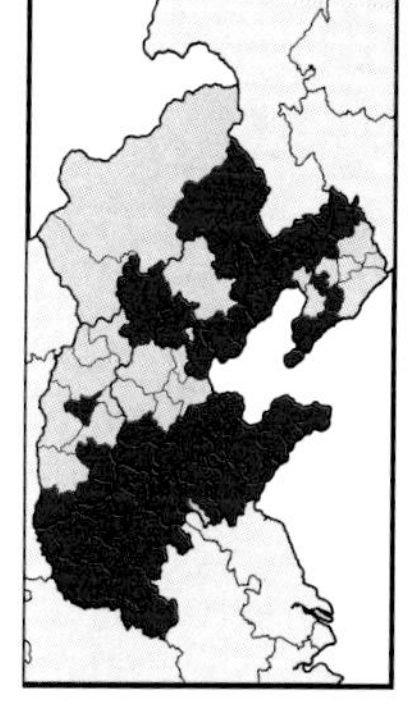

别名：
米布袋、地丁

近似种：
狭叶米口袋，小叶线形、两面略被毛，伞形花序，花较少，常2–5朵。

- **外观：** 多年生草本，高5–15厘米；
- **根茎：** 根粗壮，圆锥形；茎缩短，无明显地上茎；
- **叶：** 仅具基生叶；奇数羽状复叶，叶柄被毛，小叶对生，卵形，全缘，两面密被毛，无小叶柄；
- **花序：** 伞形花序，基生；花序梗斜生，密被毛；
- **花：** 花淡紫色，花冠两侧对称，蝶形；花瓣5枚；萼片下部合生，上部5裂，密被毛；雄蕊、雌蕊均内藏。

紫苜蓿 *Medicago sativa*

豆科 苜蓿属

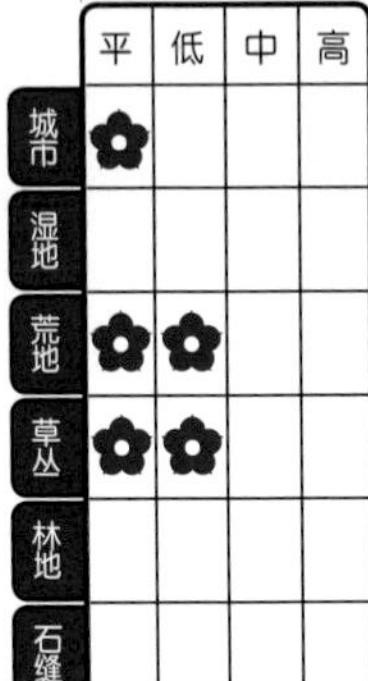

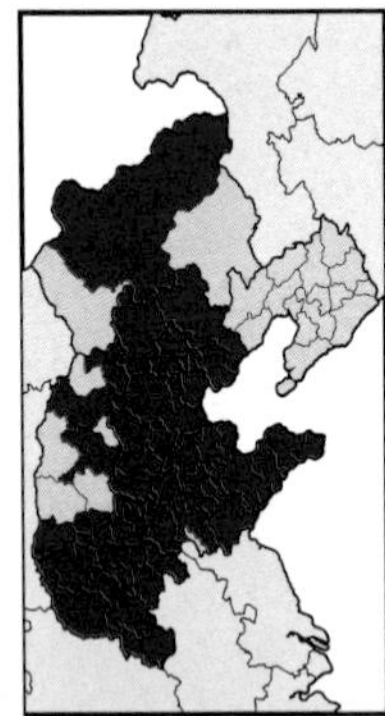

花期 1 2 3 4 5 6 7 8 9 10 11 12

●**外观**：多年生草本，高30—100厘米；

●**根茎**：茎直立，有时斜生，分枝，具四棱；

●**叶**：叶互生；三出复叶，具短叶柄，小叶长卵形，上部边缘具齿、下部全缘，背面被毛，具短小叶柄；

●**花序**：总状花序，腋生；花序梗长；

●**花**：花紫色，有时蓝紫色，花冠两侧对称，蝶形；花瓣5枚；萼片下部合生，上部5裂，被毛；雄蕊、雌蕊均内藏。

三齿萼野豌豆

Vicia bungei

豆科 野豌豆属

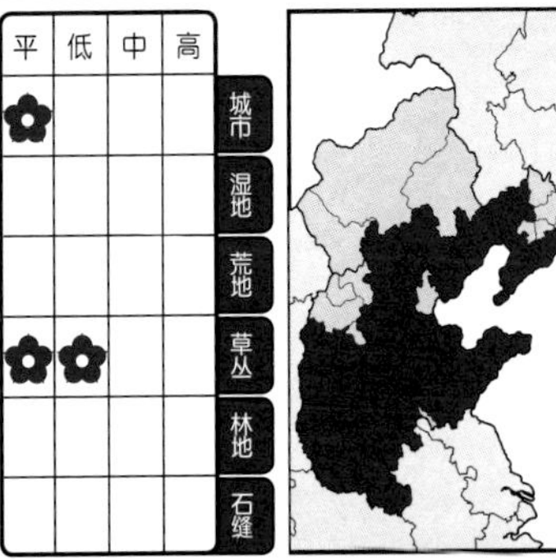

别名：

大花野豌豆、山豌豆

- **外观：** 一年生或二年生草本，高10－40厘米；
- **根茎：** 茎匍匐或斜生，多分枝，具棱；
- **叶：** 叶互生；偶数羽状复叶，顶端具卷须、有时分枝，小叶对生，长圆形，全缘，背面被毛，近无小叶柄；
- **花序：** 总状花序，腋生，被毛；
- **花：** 花紫红色，有时蓝紫色，花冠两侧对称，蝶形；花瓣5枚；萼片下部合生，上部5裂，略被毛；雄蕊、雌蕊均内藏。

广布野豌豆 *Vicia cracca*

豆科 野豌豆属

	平	低	中	高
城市				
湿地				
荒地				
草丛		✿	✿	
林地		✿	✿	
石缝				

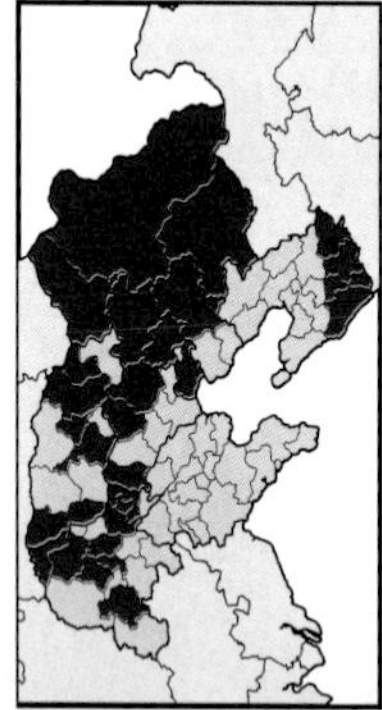

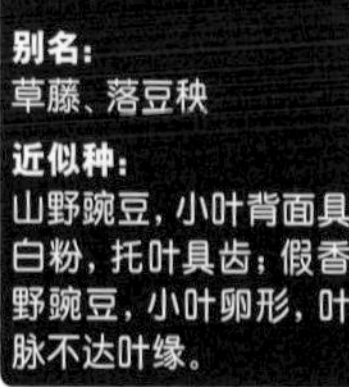

别名：
草藤、落豆秧

近似种：
山野豌豆，小叶背面具白粉，托叶具齿；假香野豌豆，小叶卵形，叶脉不达叶缘。

花期 1 2 3 4 5 **6** **7** **8** 9 10 11 12

●**外观：**多年生草质藤本；

●**根茎：**茎有时匍匐或攀援，分枝；

●**叶：**叶互生；偶数羽状复叶，顶端具卷须、分枝，小叶对生，披针形，全缘，近无小叶柄；

●**花序：**总状花序，腋生；

●**花：**花紫红色，有时蓝紫色，花冠两侧对称，蝶形；花瓣5枚；萼片下部合生，上部5裂；雄蕊、雌蕊均内藏。

歪头菜

Vicia unijuga
豆科 野豌豆属

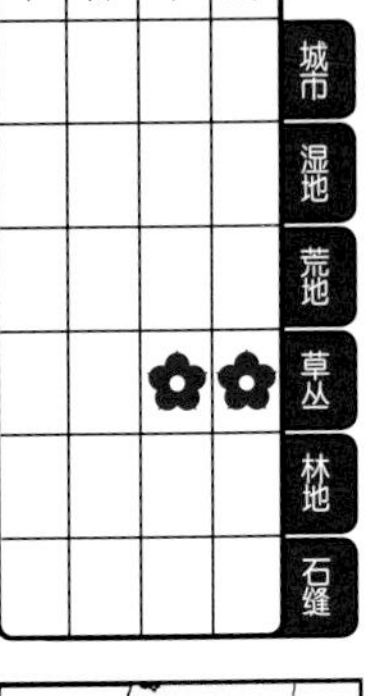

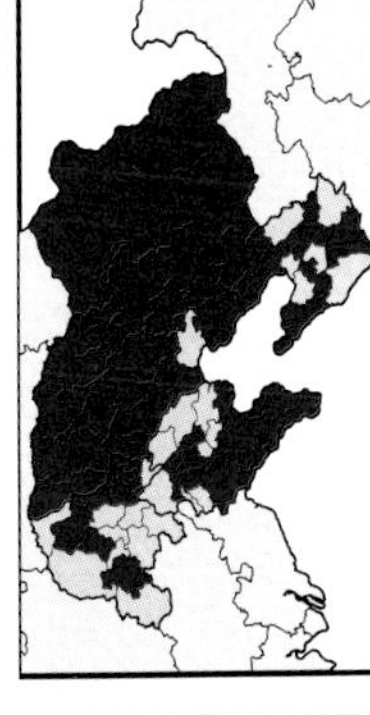

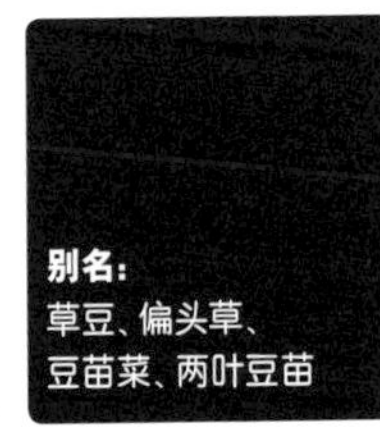

别名：
草豆、偏头草、
豆苗菜、两叶豆苗

花期
1
2
3
4
5
6
7
8
9
10
11
12

- **外观：**多年生草本，高20－80厘米；
- **根茎：**根茎粗壮，近木质；茎直立，常丛生，分枝，具棱；
- **叶：**叶互生；偶数羽状复叶，仅具2枚小叶，小叶长卵形，边缘具细齿，近无小叶柄；
- **花序：**总状花序，腋生；
- **花：**花蓝紫色，花冠两侧对称，蝶形；花瓣5枚；萼片下部合生，上部5裂，被毛；雄蕊、雌蕊均内藏。

藿香 *Agastache rugosa*

唇形科 藿香属

	平	低	中	高
城市				
湿地				
荒地				
草丛				
林地			✿	
石缝				

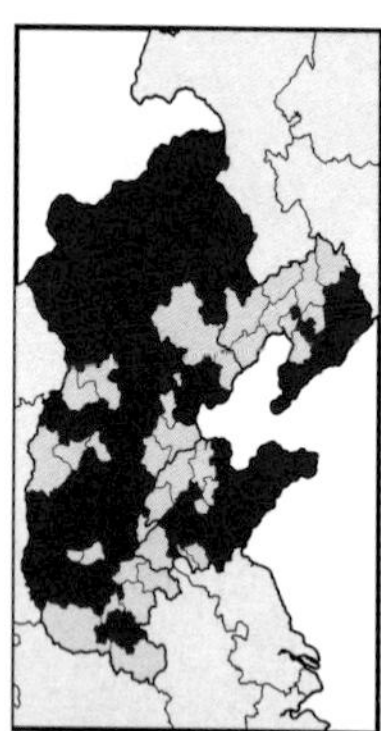

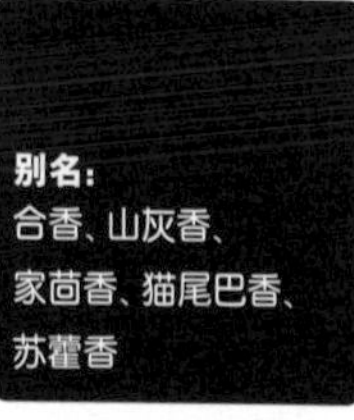

别名：
合香、山灰香、
家茴香、猫尾巴香、
苏藿香

花期
1 2 3 4 5 **6 7 8 9** 10 11 12

- **外观：**多年生草本，高50—150厘米；
- **根茎：**茎直立，分枝，略被毛，四棱；
- **叶：**叶对生；卵形，边缘具齿，两面略被毛，具叶柄；
- **花序：**轮伞花序，穗状排列，顶生；
- **花：**花淡蓝紫色，花冠两侧对称，二唇形；花瓣合生，上唇不裂，下唇3裂；萼片下部合生，上部5裂，被毛；雄蕊4枚；雌蕊内藏。

香青兰

Dracocephalum moldavica

唇形科 青兰属

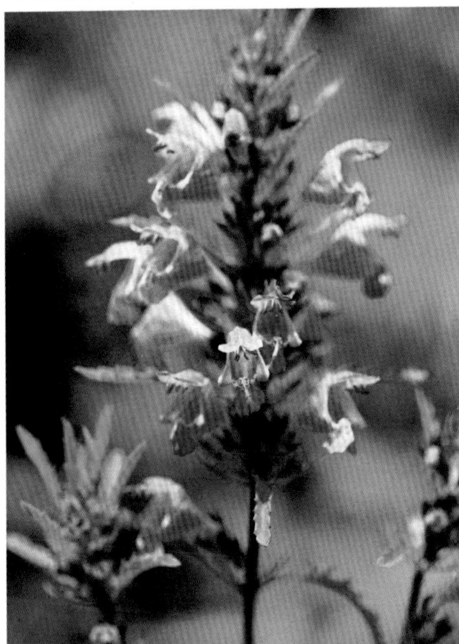

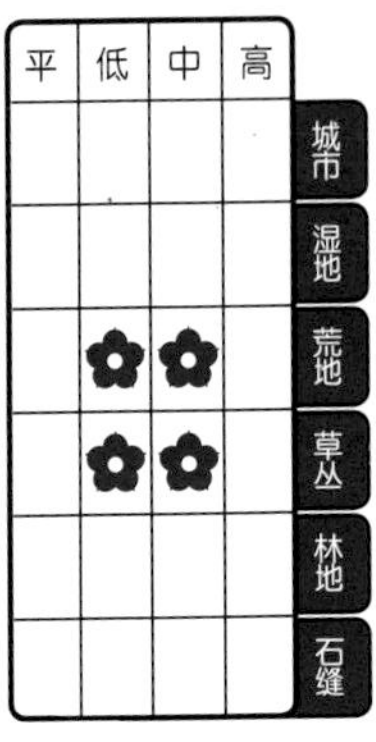

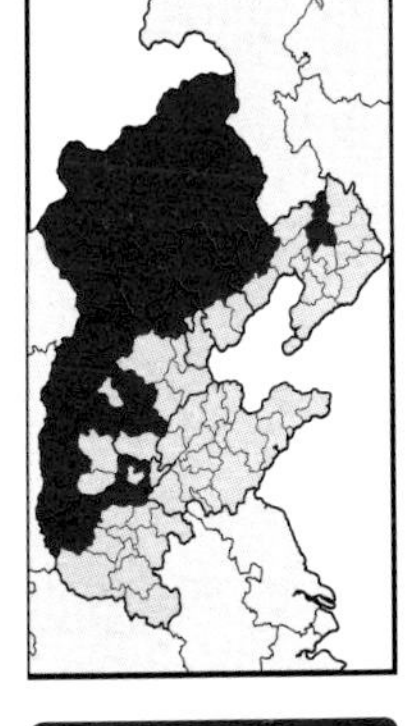

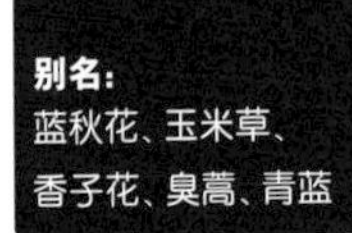

别名：
蓝秋花、玉米草、
香子花、臭蒿、青蓝

- **外观：** 一年生草本，高20－80厘米；
- **根茎：** 茎直立，分枝，略被毛，四棱；
- **叶：** 叶对生；披针形，边缘具齿、有时具长刺，具叶柄；
- **花序：** 轮伞花序，腋生；
- **花：** 花蓝紫色，花冠两侧对称，二唇形；花瓣合生，上唇2浅裂，下唇3裂，中裂片2裂、具蓝紫色斑点；萼片下部合生，上部5裂，具长刺；雄蕊4枚；雌蕊1枚，柱头2裂。

岩青兰 *Dracocephalum rupestre*

唇形科 青兰属

	平	低	中	高
城市				
湿地				
荒地				
草丛			✿	✿
林地				
石缝			✿	✿

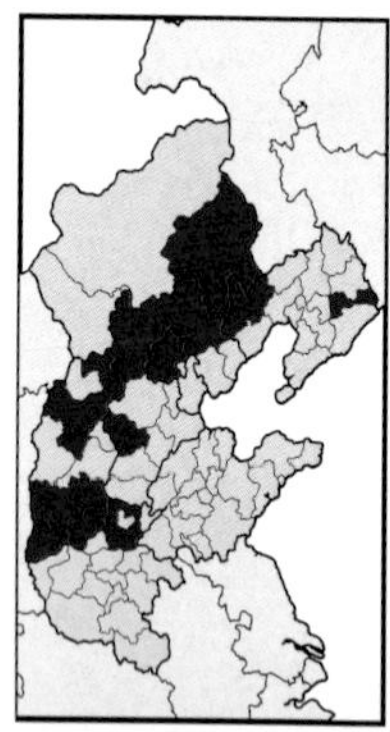

别名：
毛建草、毛尖、
毛尖茶

花期
1
2
3
4
5
6
7
8
9
10
11
12

●**外观：**多年生草本，高15—40厘米；

●**根茎：**茎直立或斜生，有时分枝，略被毛，四棱；

●**叶：**叶对生；卵形，三角状，边缘具齿，两面略被毛，具叶柄；

●**花序：**轮伞花序，腋生，密集于茎上部；

●**花：**花蓝紫色，花冠两侧对称，二唇形；花瓣合生，上唇3裂，下唇2裂；萼片下部合生，上部5裂，被毛；雄蕊、雌蕊均内藏。

活血丹

Glechoma longituba

唇形科 活血丹属

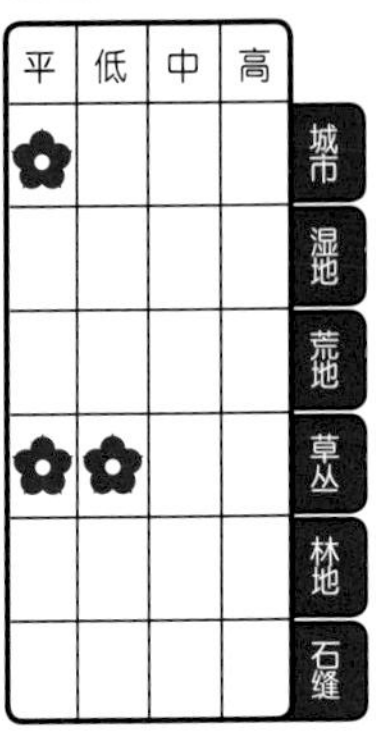

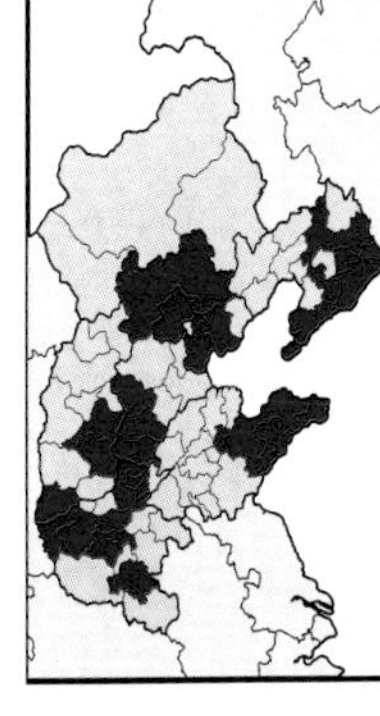

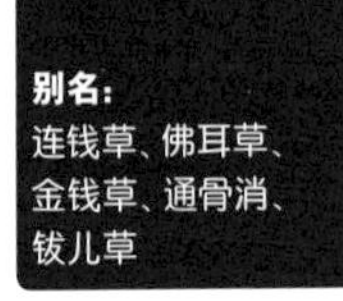

别名：
连钱草、佛耳草、金钱草、通骨消、钹儿草

- **外观：** 多年生草本，高10—30厘米；
- **根茎：** 茎直立或斜生，基部匍匐，分枝，四棱；
- **叶：** 叶对生；心形，边缘具齿，两面略被毛，具长叶柄，叶柄被毛；
- **花序：** 花2朵，有时轮伞花序，腋生；
- **花：** 花淡蓝紫色，有时紫红色，花冠两侧对称，二唇形；花瓣合生，被毛，上唇2裂，下唇3裂，中裂片凹缺、具蓝紫色斑点；萼片下部合生，上部5裂，被毛；雄蕊、雌蕊均内藏。

蓝萼香茶菜 *Rabdosia japonica* var. *glaucocalyx*

唇形科 香茶菜属

	平	低	中	高
城市				
湿地				
荒地				
草丛				
林地			✿	
石缝				

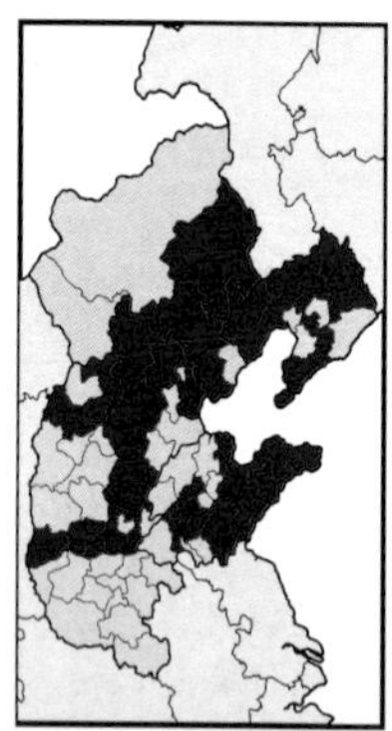

●**外观：**多年生草本，高30－120厘米；

●**根茎：**根茎木质；茎直立，多分枝，四棱；

●**叶：**叶对生；卵形，边缘具齿，两面略被毛，具叶柄；

●**花序：**聚伞花序，圆锥状排列，顶生；

●**花：**花淡蓝紫色，花冠两侧对称，二唇形；花瓣合生，具紫色斑点，上唇4裂，下唇不裂；萼片下部合生，上部5裂，蓝紫色，被毛；雄蕊4枚；雌蕊1枚，有时不明显。

Salvia miltiorrhiza 唇形科 鼠尾草属 丹参

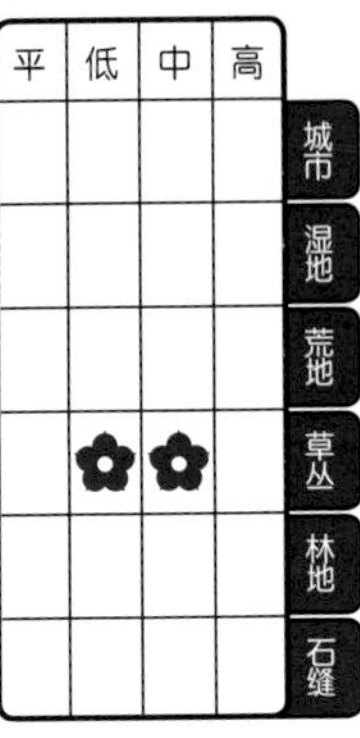

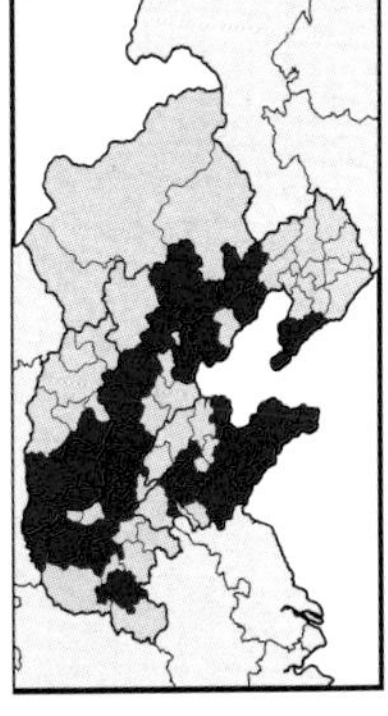

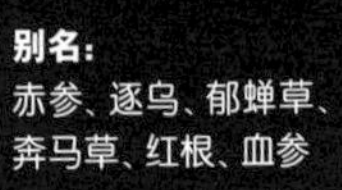

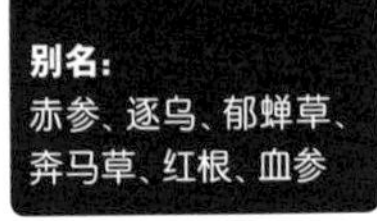

别名：
赤参、逐乌、郁蝉草、奔马草、红根、血参

花期
1 2 3 4 5 6 7 8 9 10 11 12

- **外观：** 多年生草本，高30－80厘米；
- **根茎：** 茎直立，多分枝，被毛，四棱；
- **叶：** 叶对生；奇数羽状复叶，小叶对生，卵形，边缘具齿，两面被毛，具短小叶柄；
- **花序：** 轮伞花序，总状排列，顶生或腋生；
- **花：** 花蓝紫色，花冠两侧对称，二唇形；花瓣合生，被毛，上唇不裂，下唇3裂，中裂片边缘丝裂；萼片合生，二唇形，被毛；雄蕊2枚；雌蕊1枚。

荫生鼠尾草 *Salvia umbratica*

唇形科 鼠尾草属

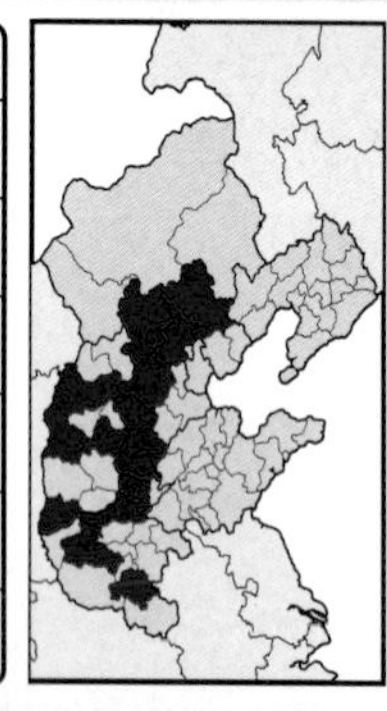

别名：
山椒子、山苏子

- **外观：** 多年生草本，高30—120厘米；
- **根茎：** 根圆锥形，木质；茎直立，分枝，被毛，四棱；
- **叶：** 叶对生；长三角形，边缘具齿，两面被毛，具叶柄，叶柄被毛；
- **花序：** 轮伞花序，总状排列，顶生或腋生；
- **花：** 花蓝紫色，花冠两侧对称，二唇形；花瓣合生，被毛，上唇不裂，下唇3裂，中裂片带白色、2浅裂；萼片合生，二唇形，被毛；雄蕊2枚；雌蕊1枚，柱头2裂。

黄芩

Scutellaria baicalensis
唇形科 黄芩属

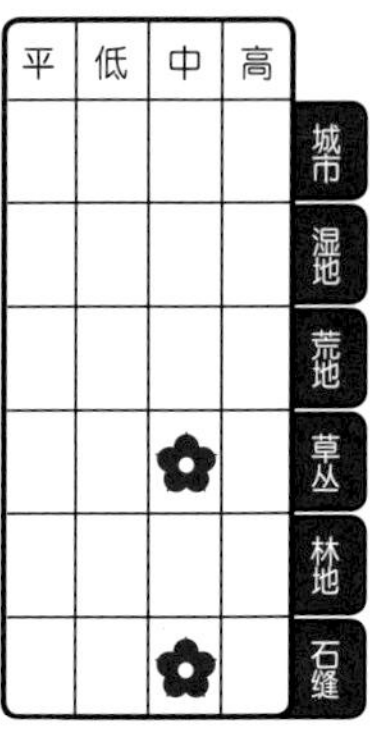

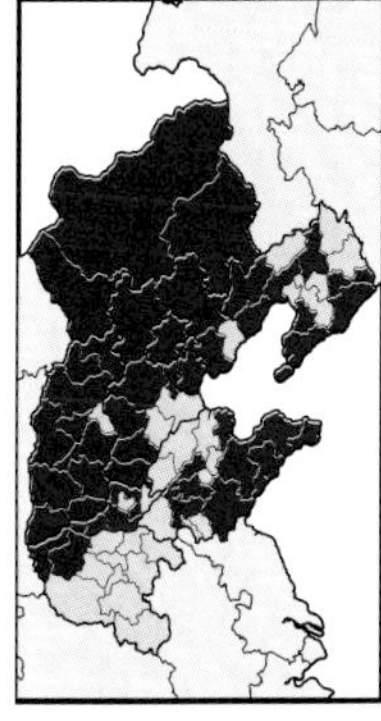

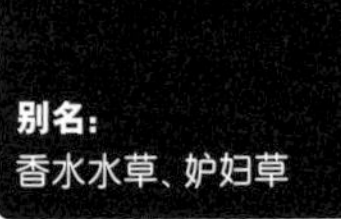

花期
1 2 3 4 5 6 **7** **8** 9 10 11 12

- **外观：** 多年生草本，高20－60厘米；
- **根茎：** 茎直立或斜生，多分枝，略被毛，四棱；
- **叶：** 叶对生；披针形，全缘，近无叶柄；
- **花序：** 总状花序，顶生；
- **花：** 花蓝紫色，花冠两侧对称，二唇形；花瓣合生，被毛，上唇盔状，下唇凹缺；萼片合生，二唇形，略被毛；雄蕊、雌蕊均内藏。

并头黄芩 *Scutellaria scordifolia*

唇形科 黄芩属

	平	低	中	高
城市				
湿地				
荒地				
草丛			✿	
林地			✿	
石缝				

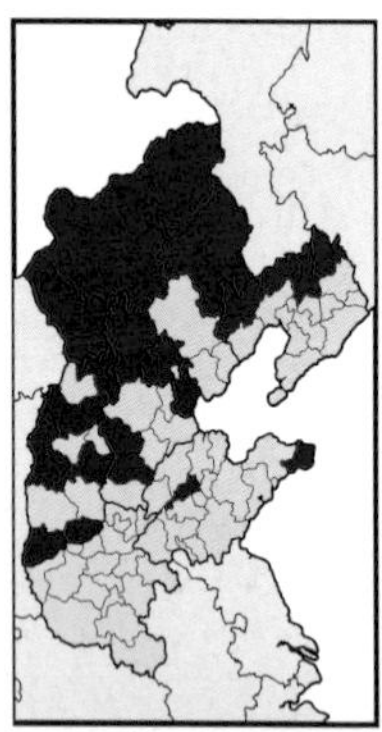

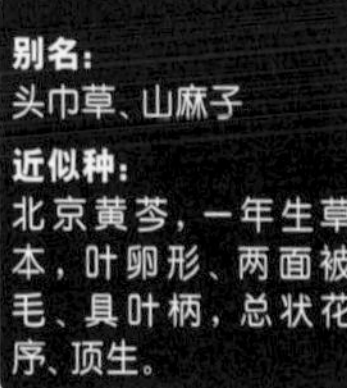

别名：
头巾草、山麻子

近似种：
北京黄芩，一年生草本，叶卵形、两面被毛、具叶柄，总状花序、顶生。

花期
1 2 3 4 5 6 7 8 9 10 11 12

- **外观：**多年生草本，高15−40厘米；
- **根茎：**茎直立，有时分枝，四棱；
- **叶：**叶对生；宽披针形，边缘具齿，近无叶柄；
- **花序：**花单生，腋生，常成对；
- **花：**花蓝紫色，花冠两侧对称，二唇形；花瓣合生，被毛，上唇盔状，下唇凹缺；萼片合生，二唇形，被毛；雄蕊、雌蕊均内藏。

通泉草

Mazus japonicus
玄参科 通泉草属

	平	低	中	高
城市	✿			
湿地				
荒地				
草丛	✿	✿		
林地				
石缝				

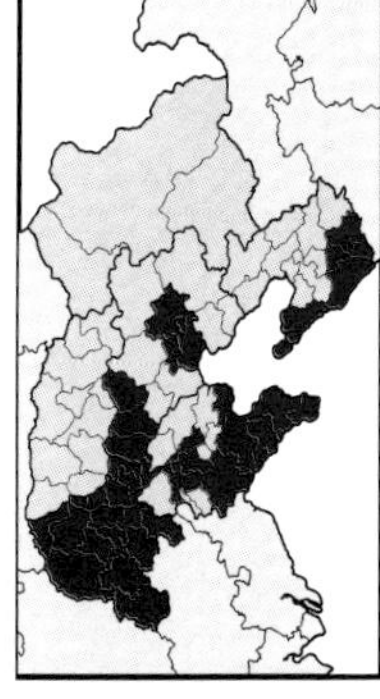

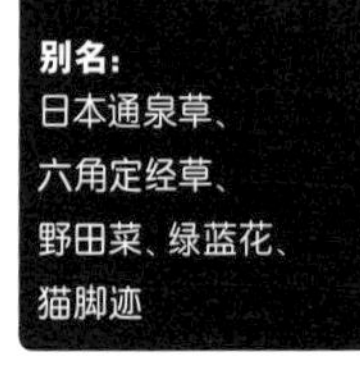

别名：
日本通泉草、
六角定经草、
野田菜、绿蓝花、
猫脚迹

花期
1
2
3
4
5
6
7
8
9
10
11
12

●**外观：**一年生草本，高5-15厘米；

●**根茎：**茎直立或斜生，分枝；

●**叶：**具基生叶，茎上叶对生或互生；基生叶卵形，全缘，具叶柄；茎生叶同基生叶；

●**花序：**总状花序，顶生；

●**花：**花淡蓝紫色，花冠两侧对称，二唇形；花瓣合生，上唇不裂，下唇3裂，喉部具黄色斑点、被毛；萼片下部合生，上部5深裂；雄蕊、雌蕊均内藏。

列当 *Orobanche coerulescens*

列当科 列当属

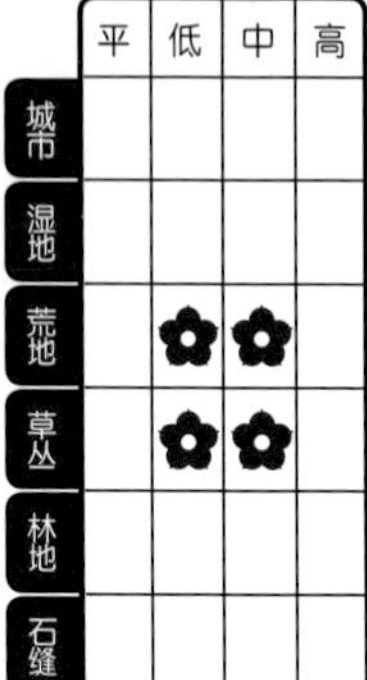

	平	低	中	高
城市				
湿地				
荒地		✿	✿	
草丛		✿	✿	
林地				
石缝				

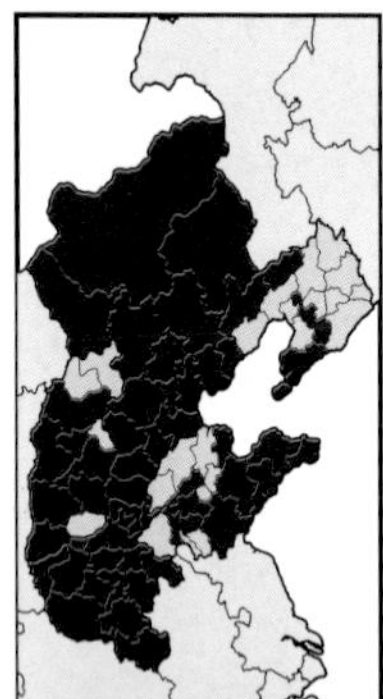

别名：
兔子拐棍、独根草

花期
1
2
3
4
5
6
7
8
9
10
11
12

●**外观：**一年生或多年生草本，寄生，高10—40厘米；

●**根茎：**茎直立，不分枝，肉质，密被毛；

●**叶：**叶互生；披针形，小鳞片状，全缘，被毛，无叶柄；

●**花序：**穗状花序，顶生，被毛；

●**花：**花蓝紫色，花冠两侧对称，二唇形；花瓣合生，被毛，上唇凹缺，下唇3裂；萼片下部合生，上部4裂，被毛；雄蕊、雌蕊均内藏。

牛耳草

Boea hygrometrica

苦苣苔科 旋蒴苣苔属

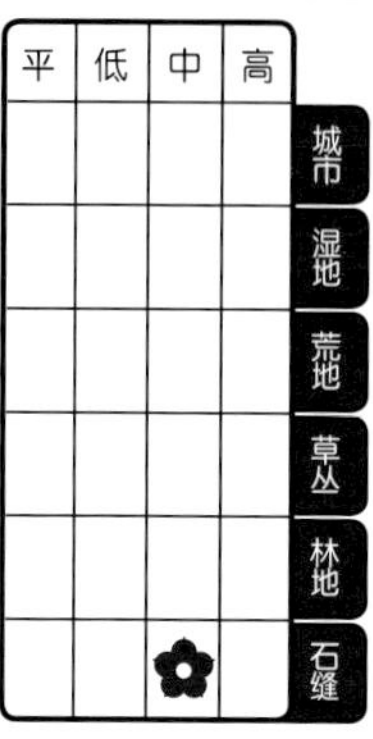

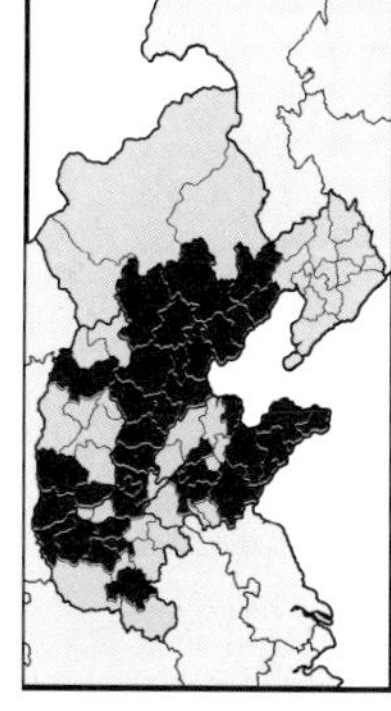

别名：
旋蒴苣苔、猫耳朵、猫耳草、石花子

- **外观：**多年生草本，高5−15厘米；
- **根茎：**无明显地上茎；
- **叶：**仅具基生叶；卵形，边缘具齿，两面被毛，无叶柄；
- **花序：**聚伞花序，基生；花序梗直立，被毛；
- **花：**花淡蓝紫色，花冠两侧对称，二唇形；花瓣合生，上唇2裂，下唇3裂；萼片下部合生，上部5深裂，略被毛；雄蕊2枚，常内藏；雌蕊1枚。

粉色的花

酸模叶蓼 *Polygonum lapathifolium*

蓼科 蓼属

	平	低	中	高
城市				
湿地	✿	✿	✿	
荒地				
草丛				
林地				
石缝				

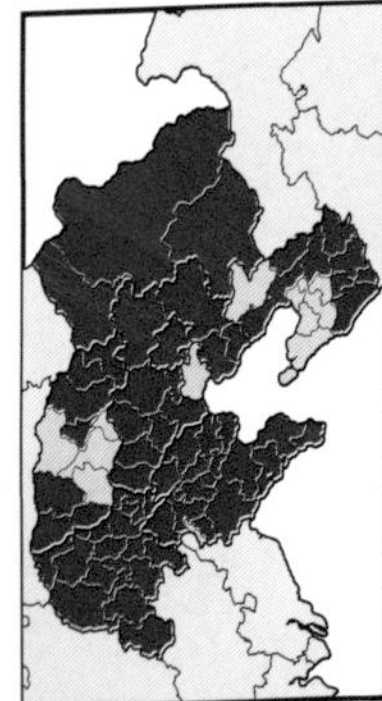

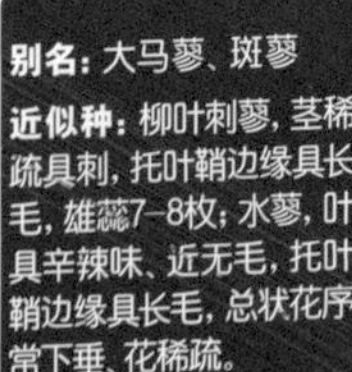

别名：大马蓼、斑蓼

近似种：柳叶刺蓼，茎稀疏具刺，托叶鞘边缘具长毛，雄蕊7–8枚；水蓼，叶具辛辣味、近无毛，托叶鞘边缘具长毛，总状花序常下垂、花稀疏。

- **外观：**一年生草本，高20–90厘米；
- **根茎：**茎直立，分枝，节部膨大；
- **叶：**叶互生；宽披针形，全缘，边缘有毛，具短叶柄，叶柄基部有膜质托叶鞘；
- **花序：**总状花序，呈穗状，顶生或腋生；
- **花：**花淡粉色或近白色，花冠辐射对称；花被下部合生，上部4或5深裂；雄蕊6枚；雌蕊2枚。

荭蓼

Polygonum orientale

蓼科 蓼属

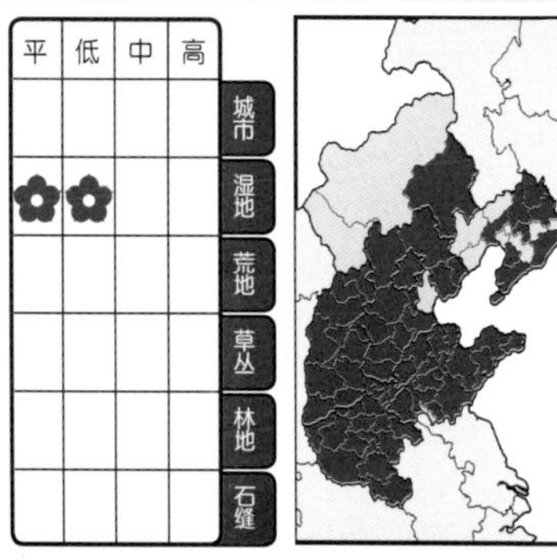

别名：
红蓼、荭草、东方蓼、狗尾巴花

- **外观：**一年生草本，高100–200厘米；
- **根茎：**茎直立，粗壮，多分枝，中空，密被长毛；
- **叶：**叶互生；宽椭圆形，全缘，两面被毛，具明显叶柄，叶柄基部有膜质托叶鞘、被毛、边缘具长毛；
- **花序：**总状花序，呈穗状，顶生或腋生；
- **花：**花淡粉色或紫红色，花冠辐射对称；花被下部合生，上部5深裂；雄蕊7枚；雌蕊2枚。

石竹 *Dianthus chinensis*

石竹科 石竹属

	平	低	中	高
城市				
湿地				
荒地		✿	✿	
草丛		✿	✿	
林地				
石缝				

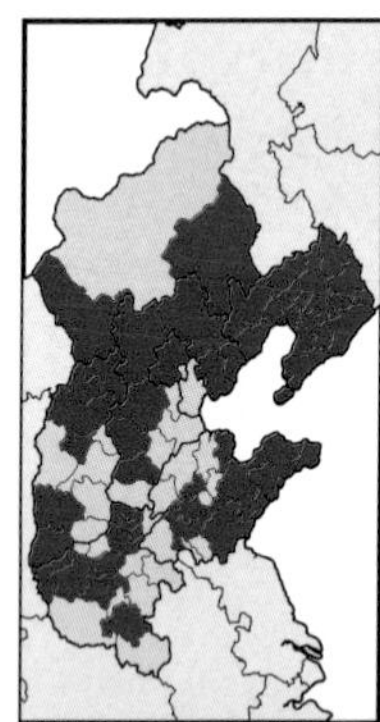

别名:
洛阳花

●**外观:** 多年生草本，高20－50厘米；

●**根茎:** 茎直立，分枝，节部膨大；

●**叶:** 叶对生；线形，全缘，无叶柄，叶基部抱茎；

●**花序:** 花单生、有时2朵，顶生；

●**花:** 花粉红色，有时红色或白色，花冠辐射对称；花瓣5枚，先端具齿；萼片合生呈筒状，先端5裂；雄蕊10枚；雌蕊2枚。

瞿麦

Dianthus superbus

石竹科 石竹属

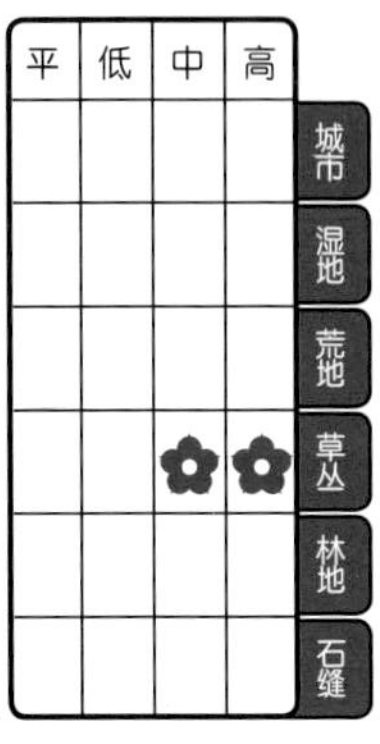

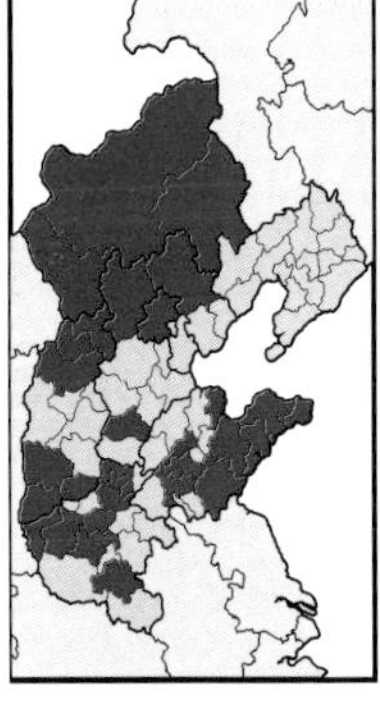

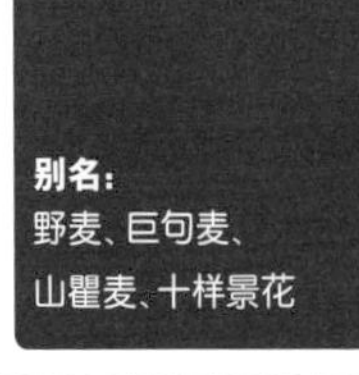

别名：
野麦、巨句麦、
山瞿麦、十样景花

●**外观：**多年生草本，高30－50厘米；

●**根茎：**茎直立，丛生，分枝，节部膨大；

●**叶：**叶对生；线形，全缘，无叶柄，叶基部抱茎；

●**花序：**花单生、有时2朵，顶生；

●**花：**花粉色至粉红色，花冠辐射对称；花瓣5枚，先端丝裂呈流苏状；萼片合生呈筒状，先端5裂；雄蕊10枚；雌蕊2枚。

大火草 *Anemone tomentosa*

毛茛科 银莲花属

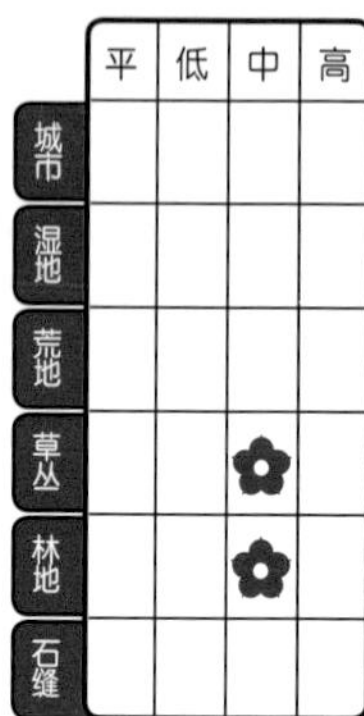

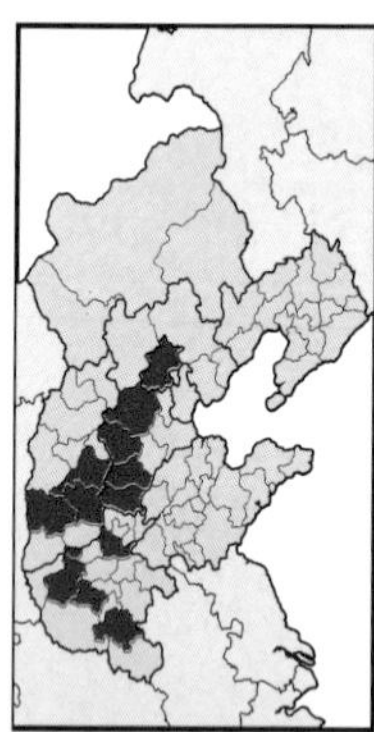

花期 1 2 3 4 5 6 7 8 9 10 11 12

●**外观：**多年生草本，高40－150厘米；

●**根茎：**根状茎粗大，木质化；无明显地上茎；

●**叶：**仅具基生叶；三出复叶，叶柄被毛，小叶三角状卵形，浅裂或深裂，边缘不整齐、具齿，两面被毛，具小叶柄，小叶柄被毛；

●**花序：**聚伞花序，基生；花序梗直立，密被毛，具总苞片，叶状；

●**花：**花粉色，有时近白色，花冠辐射对称；花被5枚（有时4枚或更多）；雄蕊多枚；雌蕊多枚。

华北耧斗菜

Aquilegia yabeana

毛茛科 耧斗菜属

	平	低	中	高
城市				
湿地				
荒地				
草丛			✿	
林地			✿	
石缝				

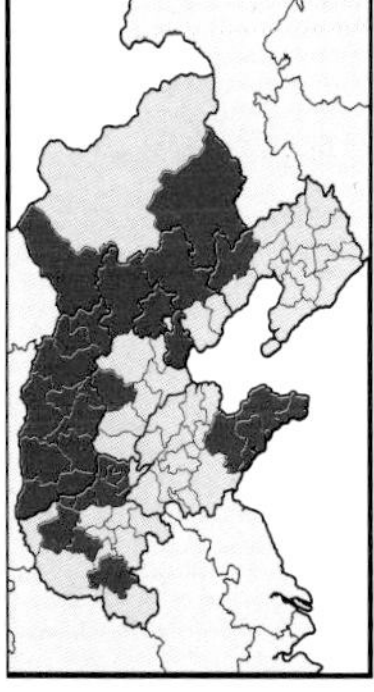

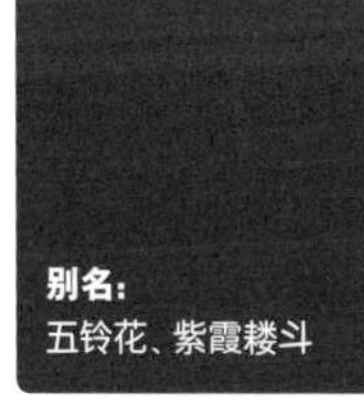

别名：
五铃花、紫霞耧斗

花期 1 2 3 4 **5** **6** **7** 8 9 10 11 12

- **外观：** 多年生草本，高40－60厘米；
- **根茎：** 根圆柱形；茎直立，分枝，被短毛；
- **叶：** 具基生叶，茎上叶互生；基生叶为三出复叶，小叶宽卵形，先端浅裂、具齿，无小叶柄；茎生叶同基生叶；
- **花序：** 聚伞花序、有时花单生，顶生，下垂，密被毛；
- **花：** 花紫色，花冠辐射对称；萼片5枚、花瓣状；花瓣5枚，基部呈细管状、具钩；雄蕊多枚；雌蕊不明显。

瓦松 *Orostachys fimbriatus*

景天科 瓦松属

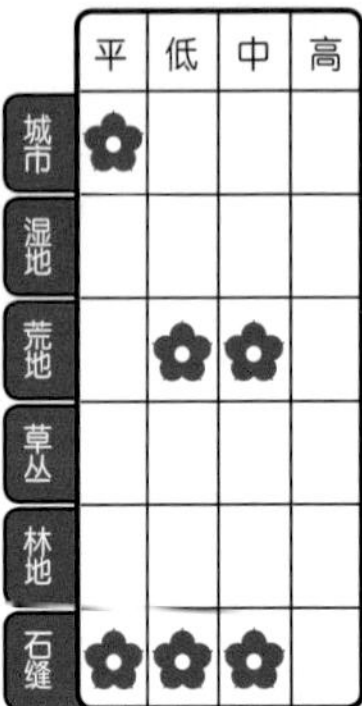

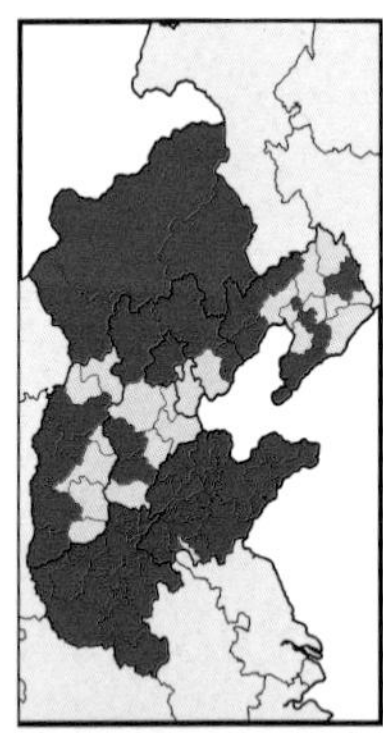

别名：
瓦花、瓦塔、狗指甲

●**外观：** 二年生草本，高5–30厘米；

●**根茎：** 第一年无明显地上茎；第二年茎伸出，不分枝；

●**叶：** 具基生叶，茎上叶互生、排列紧密；第一年仅具基生叶，棒状，肉质，全缘，无叶柄；第二年具茎生叶，同基生叶；

●**花序：** 总状花序，顶生；

●**花：** 花粉色，花冠辐射对称；花瓣5枚；萼片5枚；雄蕊10枚；雌蕊5枚，近合生。

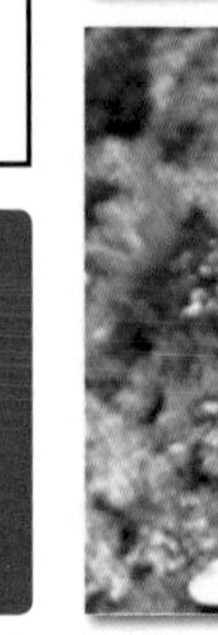

华北景天

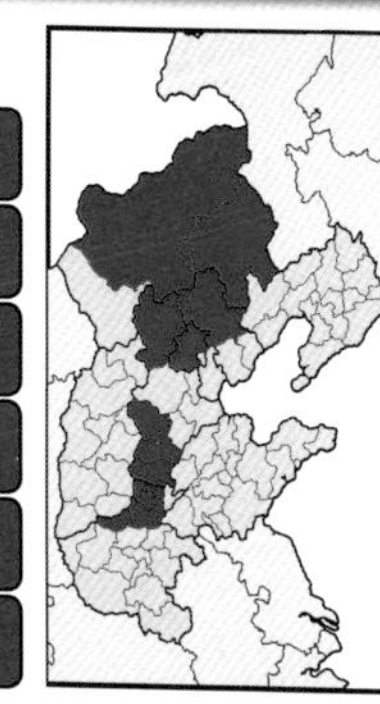

别名：
华北八宝

●**外观：**多年生草本，高10–25厘米；

●**根茎：**根块状；茎直立，丛生，不分枝；

●**叶：**叶互生；宽披针形，肉质，边缘具齿，近无叶柄；

●**花序：**聚伞花序，伞房状排列，顶生；

●**花：**花粉色，花冠辐射对称；花瓣5枚；萼片5枚；雄蕊10枚；雌蕊5枚。

红升麻 *Astilbe chinensis*

虎耳草科 红升麻属

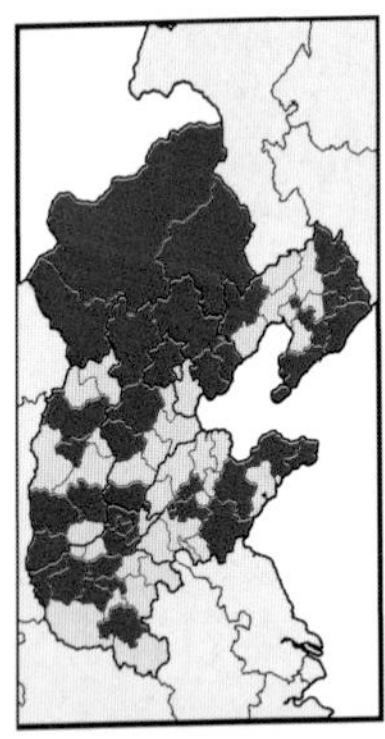

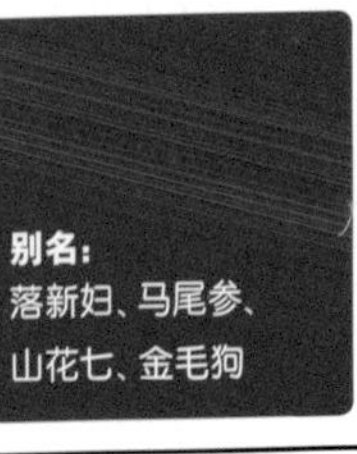

别名：
落新妇、马尾参、
山花七、金毛狗

5
6
7
8
9
10
11
12

- **外观：**多年生草本，高40－100厘米；
- **根茎：**根状茎粗壮；茎直立，不分枝；
- **叶：**具基生叶，茎上叶互生；基生叶为奇数羽状复叶，小叶对生，菱状椭圆形，边缘具齿，近无小叶柄；茎生叶同基生叶；
- **花序：**圆锥花序，顶生，密被毛；
- **花：**花紫红色，花冠辐射对称；花瓣5枚；萼片5枚；雄蕊10枚；雌蕊2枚。

Oresitrophe rupifraga 独根草

虎耳草科 独根草属

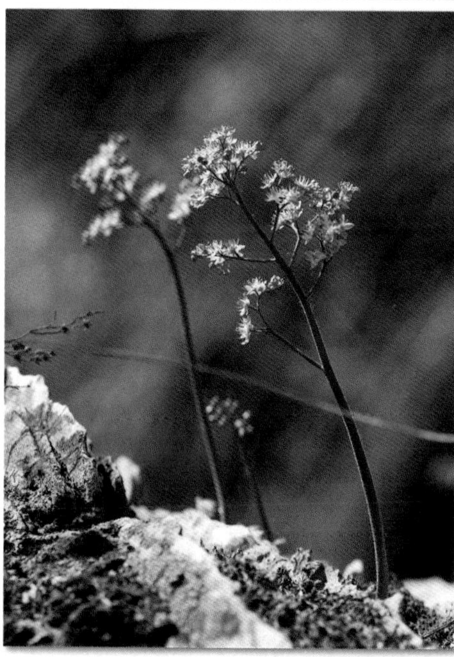

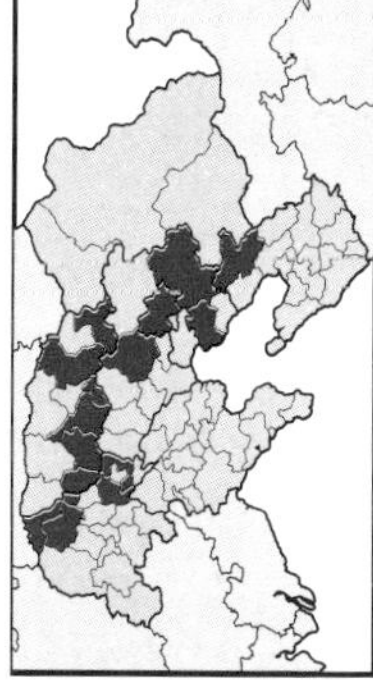

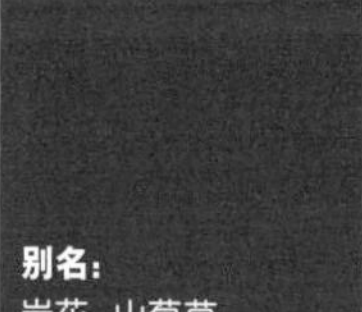

别名：
岩花、山苞草

●**外观：**多年生草本，高10－30厘米；

●**根茎：**根状茎粗壮；无明显地上茎；

●**叶：**仅具基生叶，2－3枚；卵状心形，边缘具齿，背面被腺毛，具长叶柄，叶柄被腺毛；

●**花序：**花先于叶开放；聚伞花序，基生；花序梗直立；

●**花：**花粉红色，花冠辐射对称；花被下部合生，上部5裂；雄蕊10－14枚；雌蕊2枚，下部合生。

花期
1
2
3
4
5
6
7
8
9
10
11
12

牻牛儿苗 *Erodium stephanianum*

牻牛儿苗科 牻牛儿苗属

花期 1 2 3 4 5 6 7 8 9 10 11 12

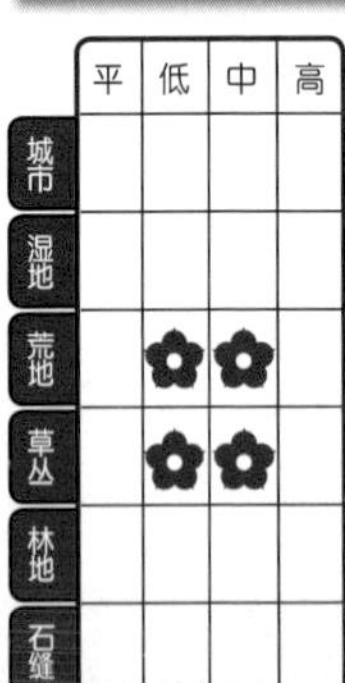

	平	低	中	高
城市				
湿地				
荒地		✿	✿	
草丛		✿	✿	
林地				
石缝				

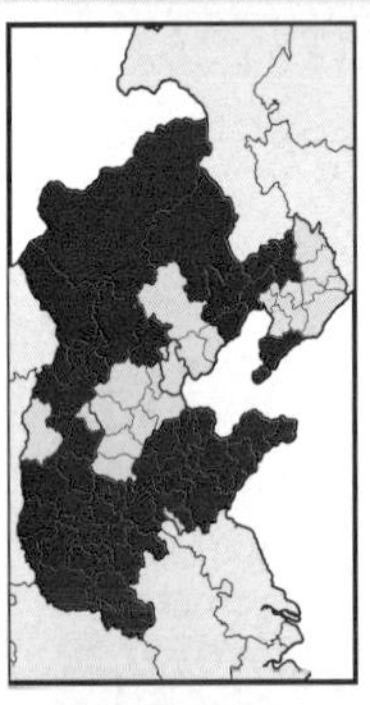

别名：
太阳花

- **外观：**多年生草本，高10−50厘米；
- **根茎：**茎斜生，多分枝，被毛；
- **叶：**具基生叶，茎上叶对生；基生叶宽卵形，羽状深裂，边缘不整齐，两面略被毛，具长叶柄，叶柄被毛；茎生叶同基生叶；
- **花序：**伞形花序，腋生，被毛；
- **花：**花蓝紫色或紫红色，花冠辐射对称；花瓣5枚，常具紫色条纹；萼片5枚，外面被长毛；雄蕊5枚，另具5枚退化雄蕊、不明显；雌蕊1枚，柱头5裂。

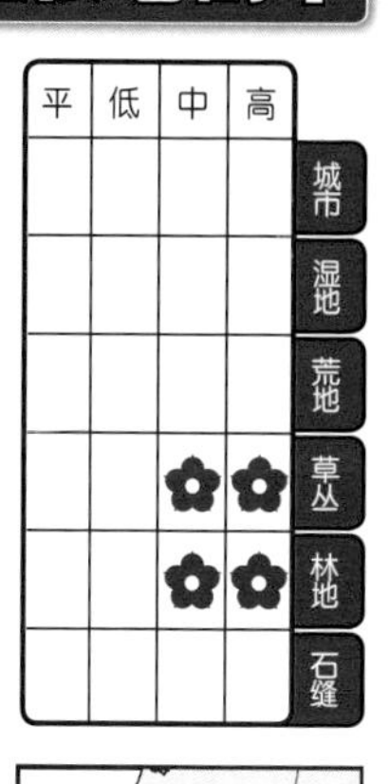

粗根老鹳草

Geranium dahuricum

牻牛儿苗科 老鹳草属

	平	低	中	高
城市				
湿地				
荒地				
草丛			✿	✿
林地			✿	✿
石缝				

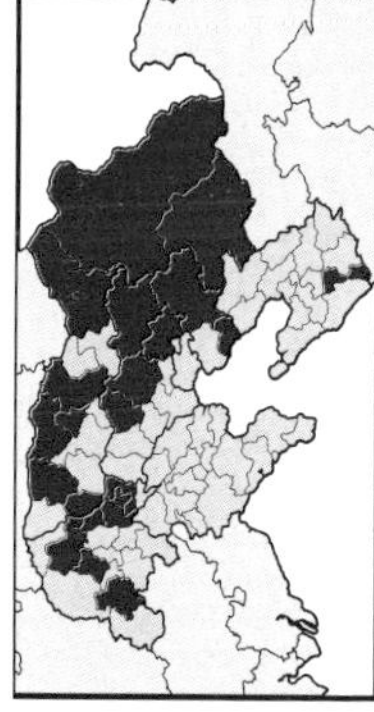

别名：
块根老鹳草

花期 1 2 3 4 5 6 7 8 9 10 11 12

● **外观：** 多年生草本，高20—50厘米；

● **根茎：** 根茎粗壮；茎直立，分枝，略被毛；

● **叶：** 具基生叶，茎上叶对生；基生叶圆形，深裂，掌状，边缘不整齐，两面略被毛，具长叶柄，叶柄密被毛；茎生叶同基生叶，具短叶柄或近无叶柄；

● **花序：** 聚伞花序，顶生或腋生，被毛；

● **花：** 花粉红色，花冠辐射对称；花瓣5枚，具紫色条纹，基部被毛；萼片5枚，外面被毛；雄蕊10枚；雌蕊1枚，柱头5裂。

鼠掌老鹳草 *Geranium sibiricum*

牻牛儿苗科 老鹳草属

	平	低	中	高
城市				
湿地				
荒地				
草丛		✿	✿	
林地				
石缝				

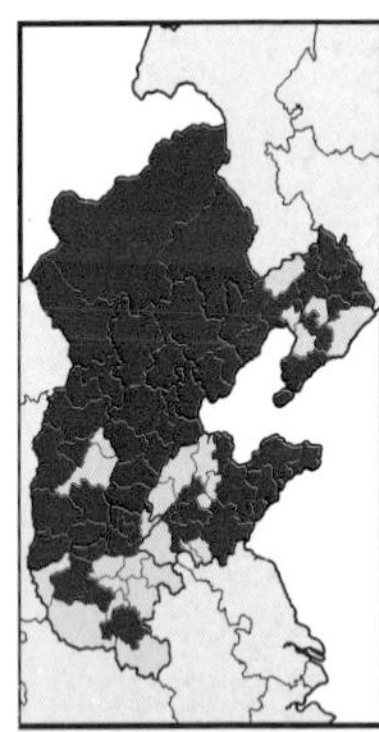

别名：
风露草、鼠掌草

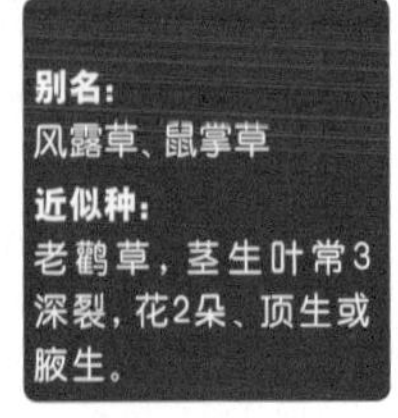

近似种：
老鹳草，茎生叶常3深裂，花2朵、顶生或腋生。

花期 1 2 3 4 5 6 7 8 9 10 11 12

- **外观：**多年生草本，高20－60厘米；
- **根茎：**茎直立或斜生，多分枝，略被毛；
- **叶：**具基生叶，茎上叶对生；基生叶五角形，深裂，掌状，边缘不整齐、具齿，两面略被毛，具长叶柄；茎生叶同基生叶，掌状，具短叶柄；
- **花序：**花单生，腋生；花梗直立，被毛；
- **花：**花淡紫色，花冠辐射对称；花瓣5枚，具紫色条纹；萼片5枚，外面略被毛；雄蕊10枚；雌蕊5枚。

野亚麻

Linum stelleroides

亚麻科 亚麻属

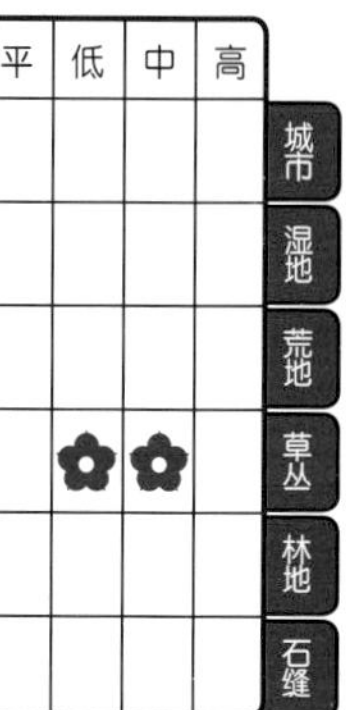

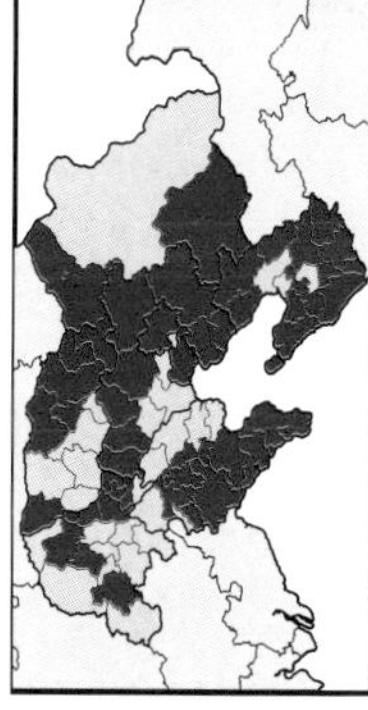

别名：

山胡麻

花期 1 2 3 4 5 6 7 8 9 10 11 12

- **外观：** 一年生或二年生草本，高20—70厘米；
- **根茎：** 茎直立，有时分枝；
- **叶：** 叶互生；线形，全缘，无叶柄；
- **花序：** 聚伞花序、有时花单生，顶生或腋生；
- **花：** 花紫红色，有时淡蓝紫色，花冠辐射对称；花瓣5枚，常具紫色条纹；萼片5枚；雄蕊5枚，雌蕊5枚。

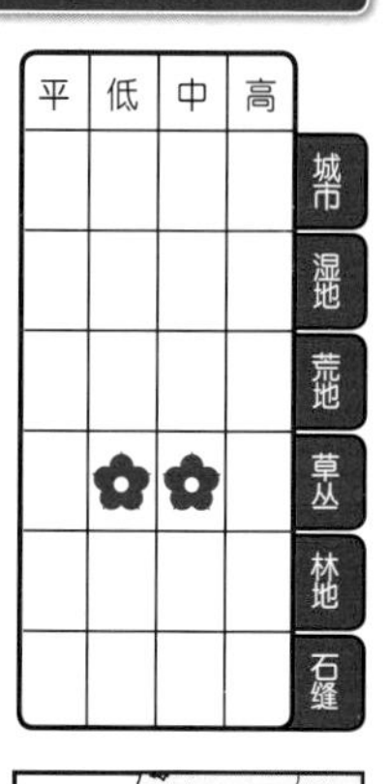

北京假报春 *Cortusa matthioli* ssp. *pekinensis*

报春花科 假报春属

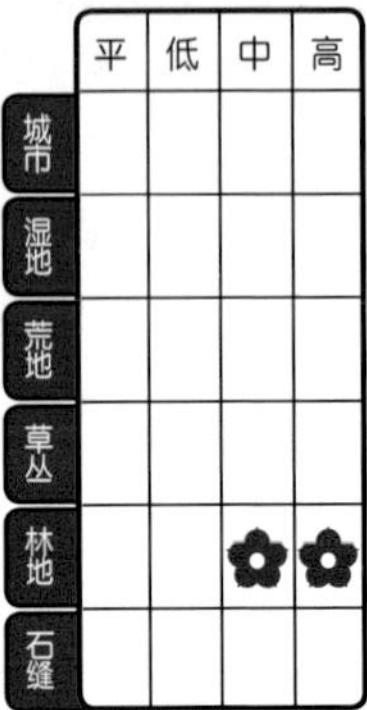

	平	低	中	高
城市				
湿地				
荒地				
草丛				
林地			✿	✿
石缝				

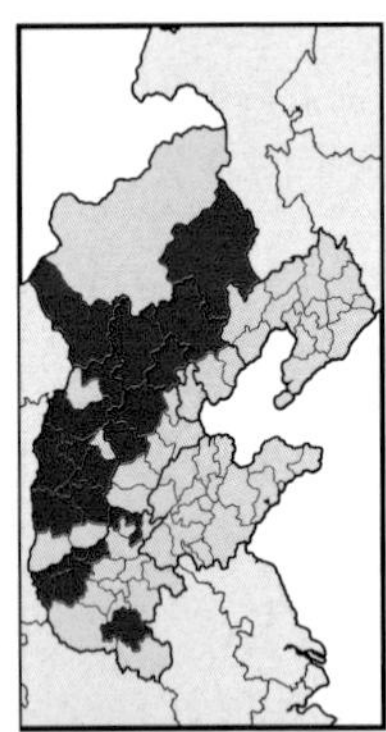

别名：
京报春、河北假报春

- **外观：**多年生草本，高20－50厘米；
- **根茎：**无明显地上茎；
- **叶：**仅具基生叶；圆形，浅裂或中裂，掌状，边缘不整齐、具齿，下面被毛，具长叶柄，叶柄被毛；
- **花序：**伞形花序，基生；花序梗直立，被毛；
- **花：**花紫红色，花冠辐射对称；花瓣5枚，下部合生；萼片下部合生，上部5裂；雄蕊不明显；雌蕊1枚。

二色补血草

Limonium bicolor

白花丹科 补血草属

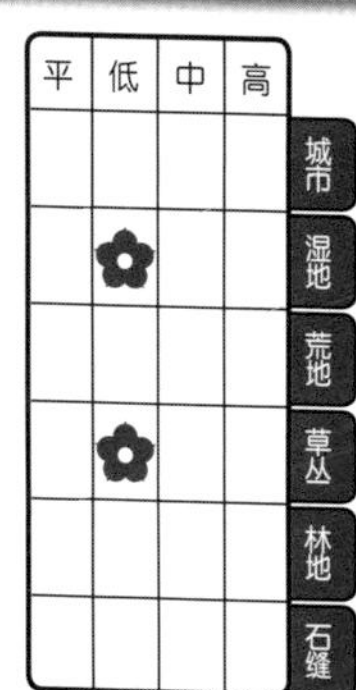

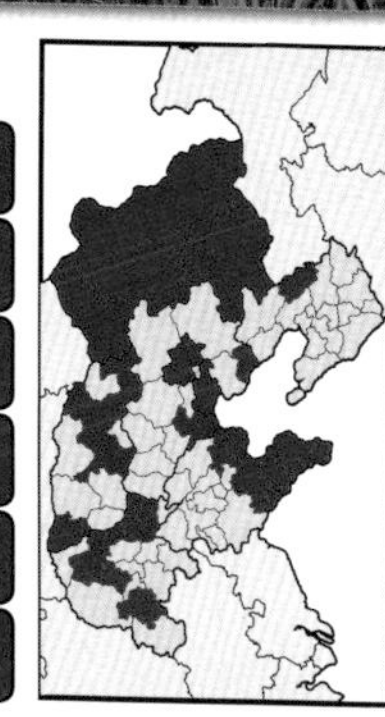

别名：
干枝梅、二色矶松、苍蝇花

- **外观：**多年生草本，高20—60厘米；
- **根茎：**无明显地上茎；
- **叶：**仅具基生叶；长圆形，全缘，具短叶柄；
- **花序：**圆锥花序，聚伞状排列，基生；花序梗直立或斜生，有时丛生，具棱；
- **花：**花淡粉色，或带黄色，花冠辐射对称；花瓣下部合生，上部5浅裂，黄色，常脱落；萼片下部合生，上部5浅裂，喇叭状，淡粉色，略被毛，宿存；雄蕊5枚；雌蕊常不明显。

罗布麻 *Apocynum venetum*

夹竹桃科 罗布麻属

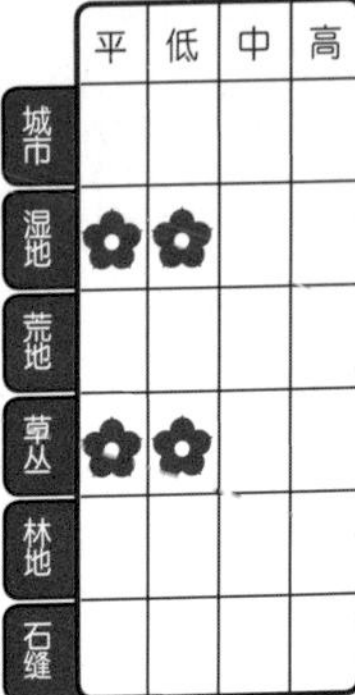

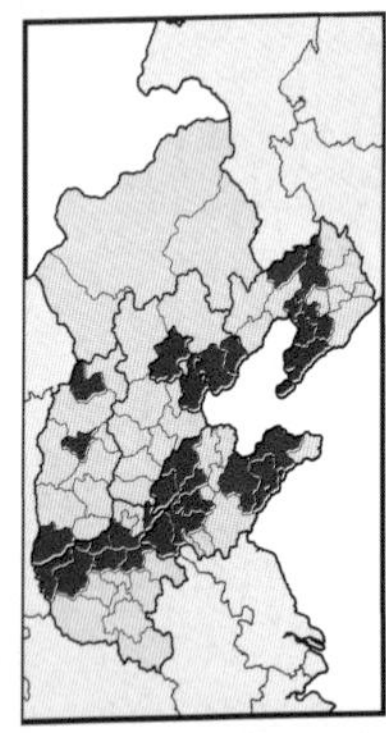

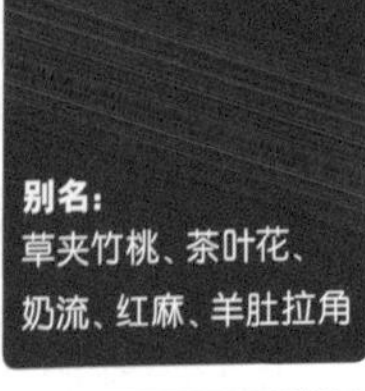

别名：
草夹竹桃、茶叶花、奶流、红麻、羊肚拉角

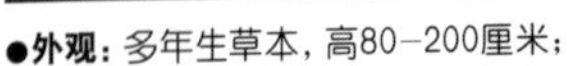

- **外观：** 多年生草本，高80—200厘米；
- **根茎：** 茎直立，分枝；植物体内具白色乳汁；
- **叶：** 叶对生；宽披针形，边缘具细齿，具短叶柄；
- **花序：** 聚伞花序，顶生；
- **花：** 花粉色，花冠辐射对称；花瓣下部合生，上部5裂；萼片下部合生，上部5深裂；雄蕊5枚；雌蕊常不明显。

萝藦

Metaplexis japonica

萝藦科 萝藦属

	平	低	中	高
城市				
湿地				
荒地	✿	✿	✿	
草丛	✿	✿	✿	
林地				
石缝				

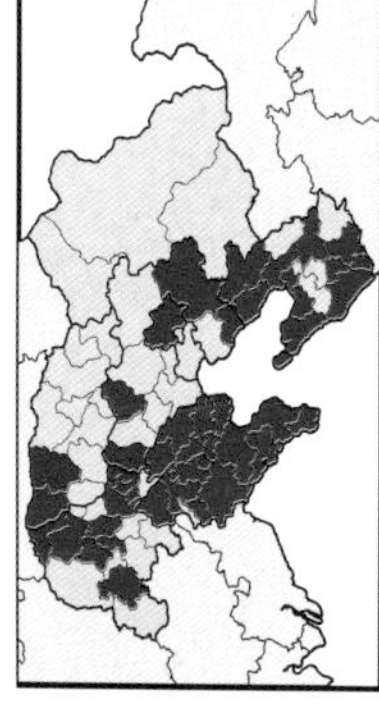

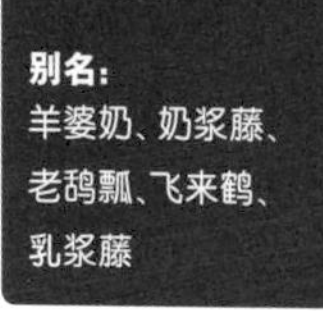

别名：
羊婆奶、奶浆藤、老鸹瓢、飞来鹤、乳浆藤

●**外观：**多年生草质藤本；

●**根茎：**茎分枝，有时被毛；植物体内具白色乳汁；

●**叶：**叶互生；心形，全缘，具叶柄；

●**花序：**聚伞花序，总状排列，腋生；

●**花：**花淡紫红色，有时近白色，花冠辐射对称；花瓣下部合生，上部5裂，密被毛；萼片下部合生，上部5裂，略被毛；雄蕊不明显；雌蕊1枚，柱头2裂。

青杞 *Solanum septemlobum*

茄科 茄属

	平	低	中	高
城市				
湿地				
荒地				
草丛	✿	✿	✿	
林地				
石缝				

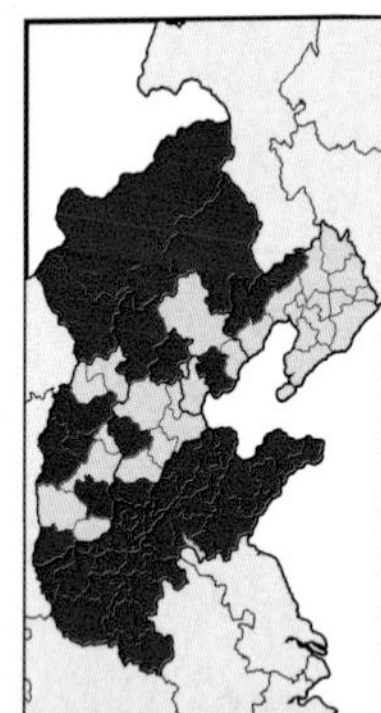

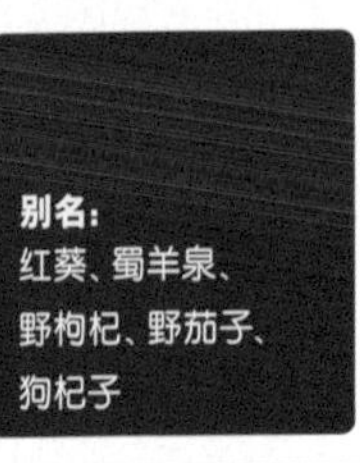

别名：
红葵、蜀羊泉、
野枸杞、野茄子、
狗杞子

- **外观：**多年生草本，高30–100厘米；
- **根茎：**茎直立，有时分枝，略被毛，具棱；
- **叶：**叶互生；卵形，羽状深裂，边缘不整齐，两面被毛，具叶柄；
- **花序：**聚伞花序，顶生或腋生；
- **花：**花紫红色，花冠辐射对称；花瓣5枚，下部合生；萼片下部合生，上部5裂，略被毛；雄蕊5枚，靠拢；雌蕊1枚。

缬草

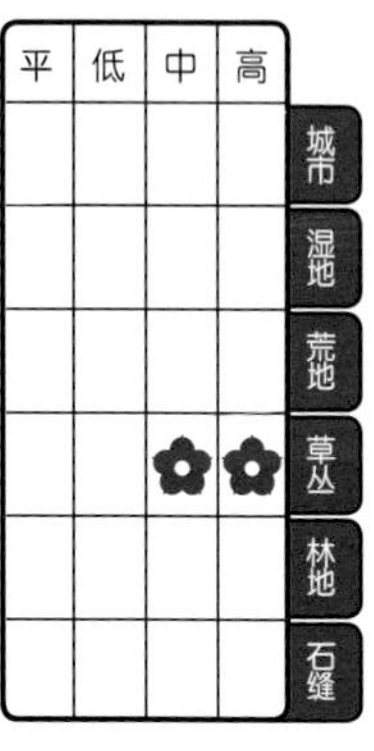

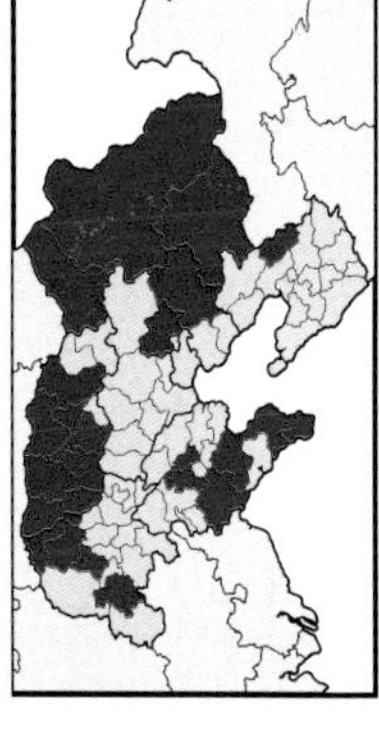

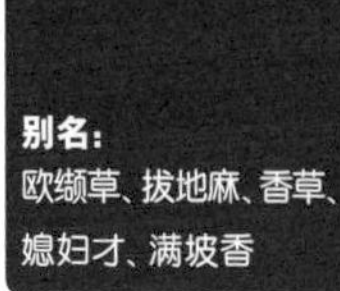

别名：
欧缬草、拔地麻、香草、媳妇才、满坡香

●**外观：**多年生草本，高50−150厘米；

●**根茎：**根状茎匍匐，有异味；茎直立，有时分枝，略被毛，中空，具棱；

●**叶：**叶对生；宽卵形，羽状深裂，呈羽状复叶状，边缘具齿，两面略被毛，具叶柄；

●**花序：**聚伞花序，顶生；

●**花：**花淡粉色，有时近白色，花冠辐射对称；花瓣下部合生，上部5裂；萼片合生，略被毛；雄蕊3枚；雌蕊1枚。

诸葛菜 *Orychophragmus violaceus*

十字花科 诸葛菜属

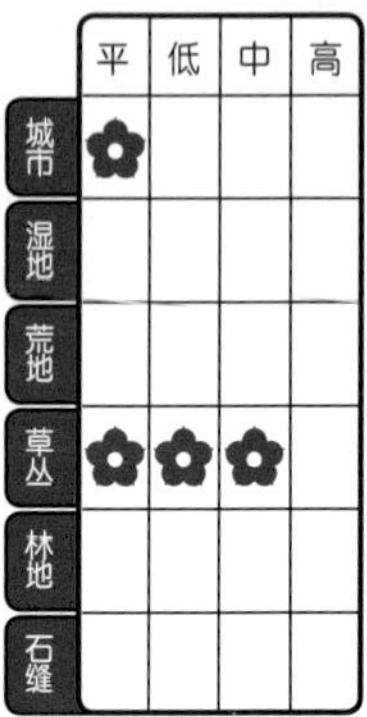

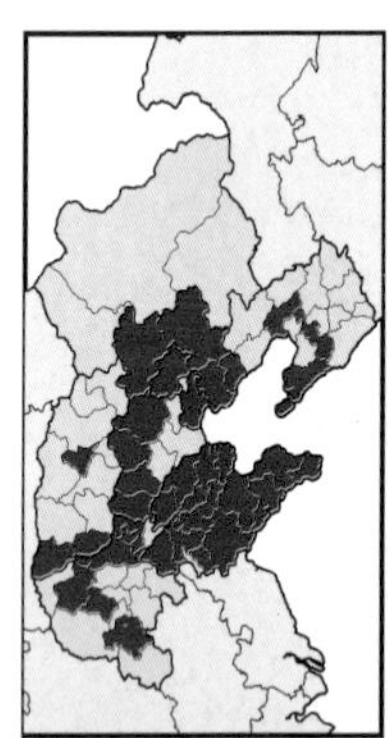

花期
1
2
3
4
5
6
7
8
9
10
11
12

- **外观：** 一年生或二年生草本，高10—50厘米；
- **根茎：** 茎直立，有时分枝；
- **叶：** 具基生叶，茎上叶互生；基生叶长卵形，大头羽状深裂，边缘不整齐、具齿，具长叶柄；茎生叶同基生叶，具短叶柄或近无叶柄，叶基部抱茎；
- **花序：** 总状花序，顶生；
- **花：** 花紫色，有时淡紫红色或白色，花冠辐射对称；花瓣4枚；萼片下部合生呈筒状，上部4裂；雄蕊6枚；雌蕊1枚。

毛脉柳叶菜

Epilobium amurense
柳叶菜科 柳叶菜属

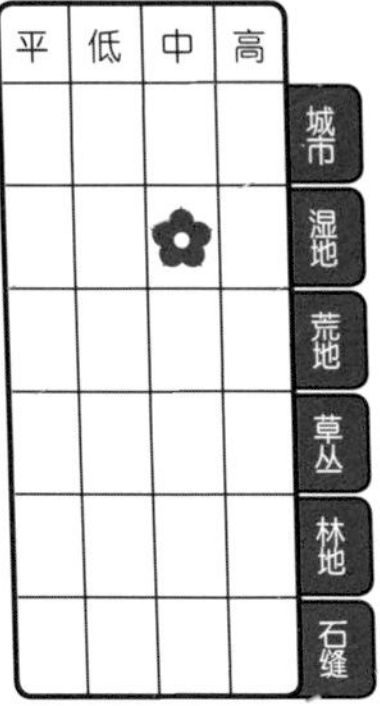

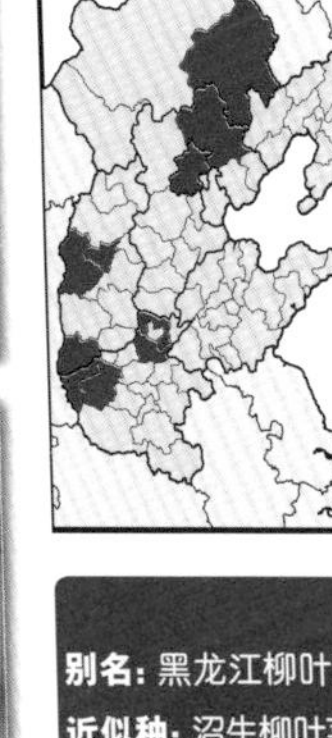

别名：黑龙江柳叶菜

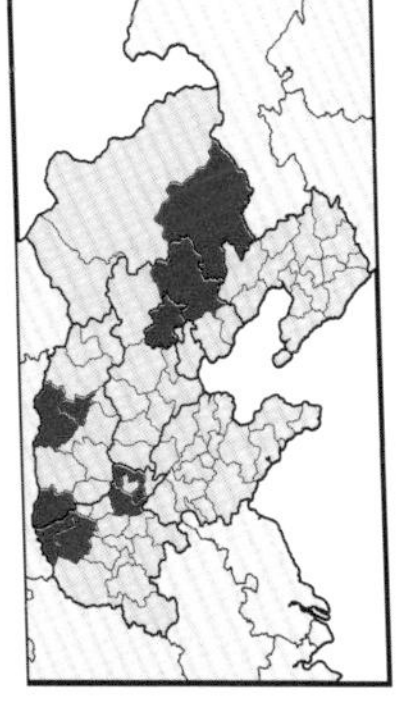

近似种：沼生柳叶菜，具匍匐茎，茎略被毛、无棱，叶披针形、全缘；多枝柳叶菜，茎常丛生、略被毛、无棱，叶全缘。

花期
1
2
3
4
5
6
7
8
9
10
11
12

- **外观：**多年生草本，高20－50厘米；
- **根茎：**茎直立，有时分枝，略具棱，沿棱被毛；
- **叶：**叶对生，有时互生；长卵形，边缘具齿，近无叶柄；
- **花序：**花单生，腋生；
- **花：**花粉红色或淡粉色，花冠辐射对称；花瓣4枚，顶端凹陷；萼片下部合生，上部4裂，被毛；雄蕊8枚，4长4短；雌蕊1枚。

柳叶菜 *Epilobium hirsutum*

柳叶菜科 柳叶菜属

	平	低	中	高
城市				
湿地		✿	✿	
荒地				
草丛				
林地				
石缝				

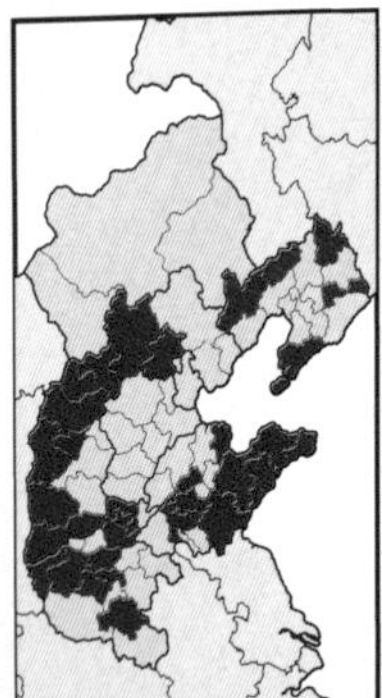

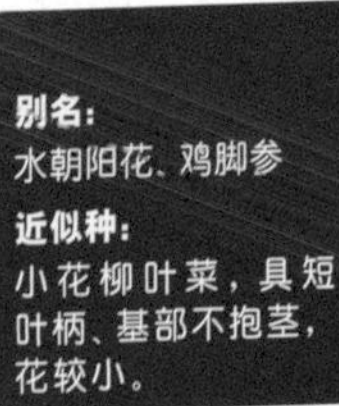

别名：
水朝阳花、鸡脚参

近似种：
小花柳叶菜，具短叶柄、基部不抱茎，花较小。

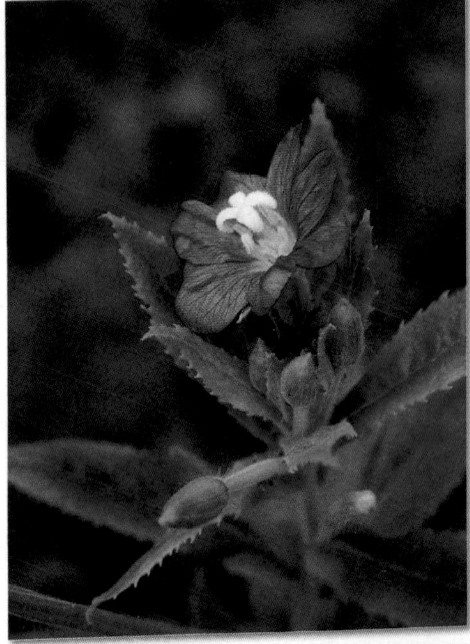

- **外观：**多年生草本，高30－120厘米；
- **根茎：**茎直立，分枝，被毛；
- **叶：**叶对生，有时互生；长卵形，边缘具齿，两面略被毛，无叶柄，叶基部抱茎；
- **花序：**花单生，腋生；
- **花：**花紫红色，花冠辐射对称；花瓣4枚，先端2浅裂；萼片下部合生，上部4裂，被毛；雄蕊8枚，4长4短；雌蕊1枚，柱头4裂。

山韭

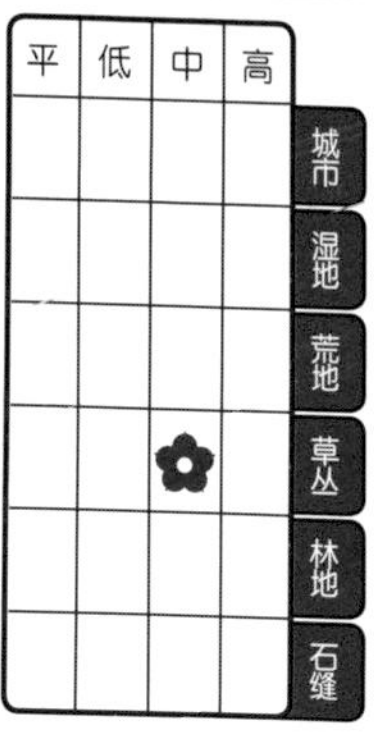

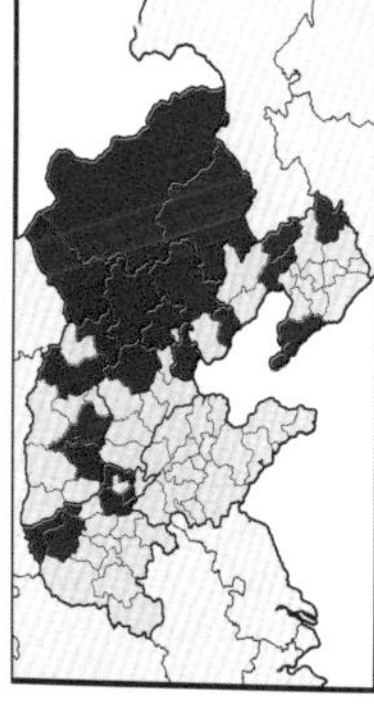

别名：
岩葱、山葱

近似种：
薤白，叶条形、中空，花序常具珠芽。

- **外观：** 多年生草本，高20－50厘米；
- **根茎：** 鳞茎圆锥形；无明显地上茎；
- **叶：** 仅具基生叶；线形，扁平，全缘，无叶柄；
- **花序：** 伞形花序，半球状或球状，基生；花序梗直立；
- **花：** 花淡粉色，花冠辐射对称；花被6枚；雄蕊6枚；雌蕊1枚。

打碗花 *Calystegia hederacea*

旋花科 打碗花属

	平	低	中	高
城市	✿			
湿地				
荒地				
草丛	✿	✿	✿	
林地				
石缝				

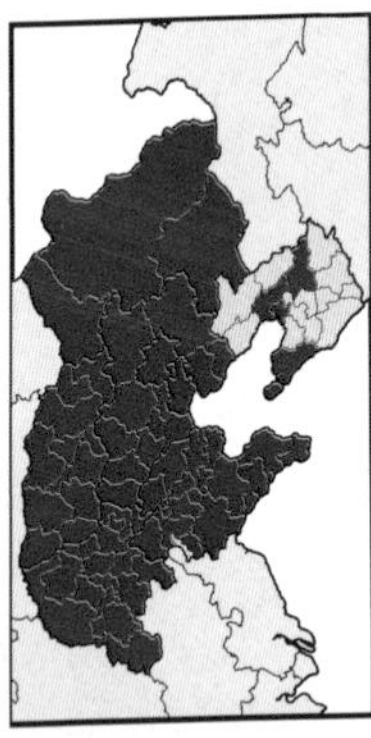

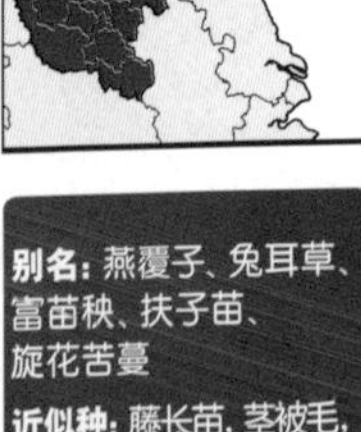

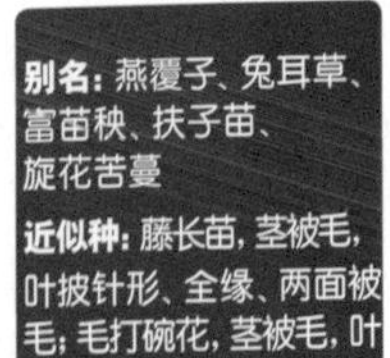

别名：燕覆子、兔耳草、富苗秧、扶子苗、旋花苦蔓

近似种：藤长苗，茎被毛，叶披针形、全缘、两面被毛；毛打碗花，茎被毛，叶戟形、全缘、两面被毛。

- **外观：**一年生草质藤本；
- **根茎：**茎有时匍匐，分枝，有时具细棱；
- **叶：**叶互生；戟形，全缘，有时边缘不整齐，具叶柄；
- **花序：**花单生，腋生；
- **花：**花淡粉色，花冠辐射对称；花瓣合生，喇叭状；萼片5枚，基部合生，另具2枚苞片，包于萼片外；雄蕊5枚；雌蕊1枚，柱头2裂。

银灰旋花

Convolvulus ammannii
旋花科 旋花属

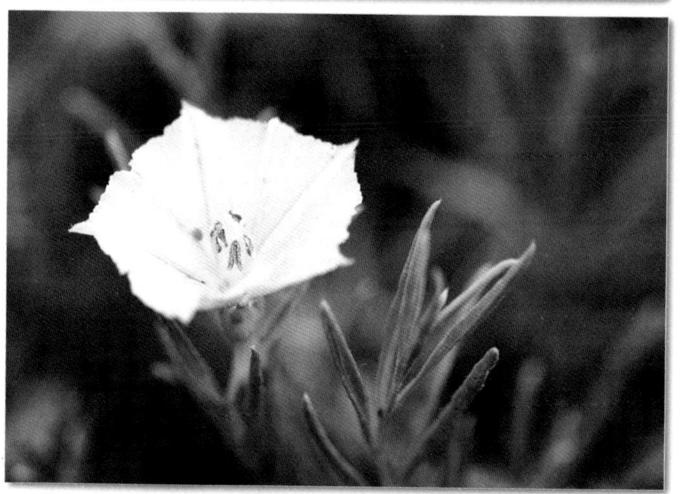

	平	低	中	高
城市				
湿地				
荒地		✿	✿	
草丛				
林地				
石缝				

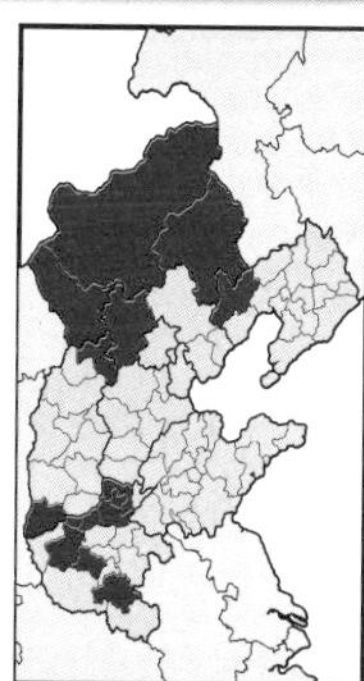

别名：
阿氏旋花

花期
1 2 3 4 5 6 7 8 9 10 11 12

- **外观：** 多年生草本，高5－15厘米；
- **根茎：** 根状茎木质化；茎直立或斜生，有时分枝，密被毛；
- **叶：** 叶互生；线形，全缘，密被毛，无叶柄；
- **花序：** 花单生，顶生；
- **花：** 花淡粉色，花冠辐射对称；花瓣合生，上部5浅裂，喇叭状；萼片5枚，基部合生，密被毛；雄蕊5枚；雌蕊2枚，基部合生。

田旋花 *Convolvulus arvensis*

旋花科 旋花属

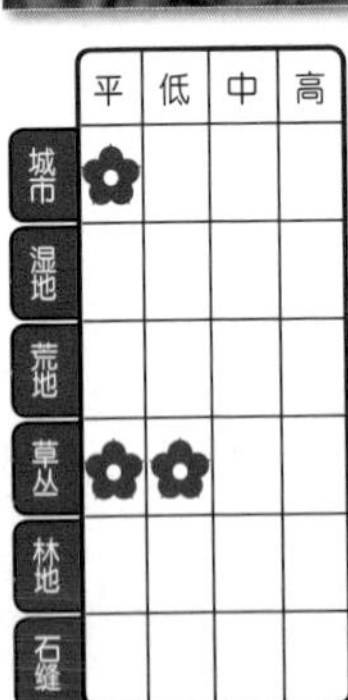

	平	低	中	高
城市	✿			
湿地				
荒地				
草丛	✿	✿		
林地				
石缝				

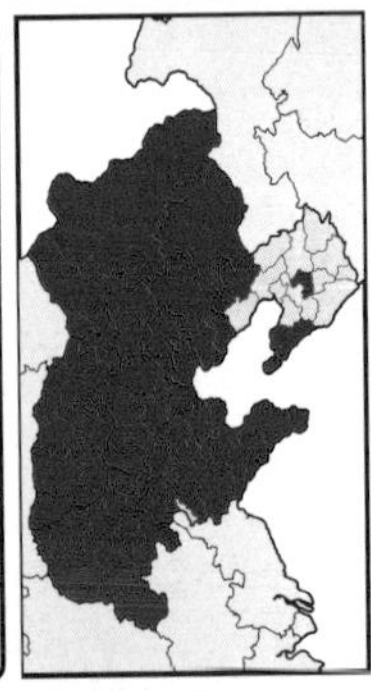

别名：
箭叶旋花、中国旋花

花期
1
2
3
4
5
6
7
8
9
10
11
12

- **外观：**多年生草质藤本；
- **根茎：**茎有时匍匐，分枝，具棱；
- **叶：**叶互生；戟形或披针形，全缘，具叶柄；
- **花序：**花单生、有时聚伞花序，腋生；
- **花：**花粉红色，花冠辐射对称；花瓣合生，喇叭状；
  萼片5枚，基部合生，外面略被毛；雄蕊5枚；雌蕊1枚，柱头2裂。

北鱼黄草

Merremia sibirica

旋花科 鱼黄草属

	平	低	中	高
城市				
湿地				
荒地				
草丛				
林地			✿	
石缝				

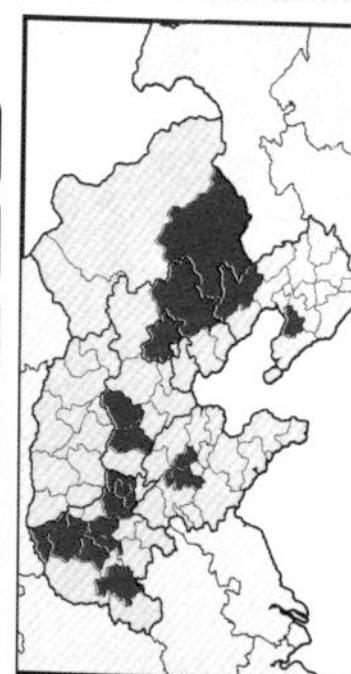

别名：
西伯利亚甘薯、茉栾藤

●**外观：**一年生草质藤本；

●**根茎：**茎多分枝，具细棱；

●**叶：**叶互生；心形，全缘，具叶柄；

●**花序：**聚伞花序，腋生；

●**花：**花淡粉色，花冠辐射对称；花瓣合生，上部5浅裂，喇叭状；萼片5枚，基部合生；雄蕊、雌蕊均内藏。

日本续断 *Dipsacus japonicus*

川续断科 川续断属

	平	低	中	高
城市				
湿地				
荒地				
草丛				
林地			✿	
石缝				

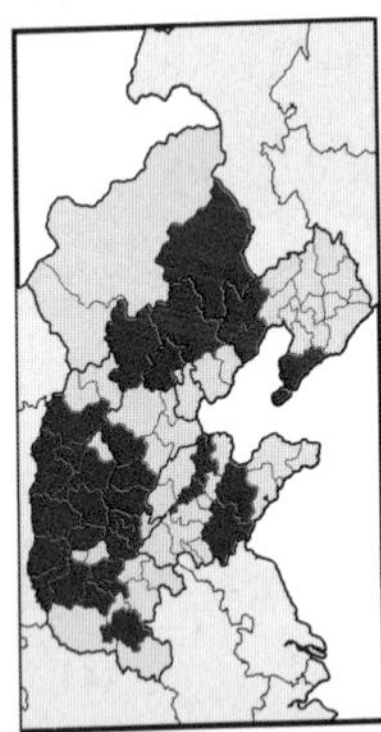

别名：
续断

- **外观：** 多年生草本，高60—120厘米；
- **根茎：** 茎直立，分枝，中空，具刺；
- **叶：** 叶对生；长卵形，羽状浅裂，有时不裂，边缘具齿，两面略被毛，具刺，具叶柄；
- **花序：** 头状花序，顶生；苞片线形，被毛，具刺；
- **花：** 花淡紫红色，较小，聚集；雄蕊4枚；雌蕊1枚，有时内藏。

花期 1 2 3 4 5 6 7 8 9 10 11 12

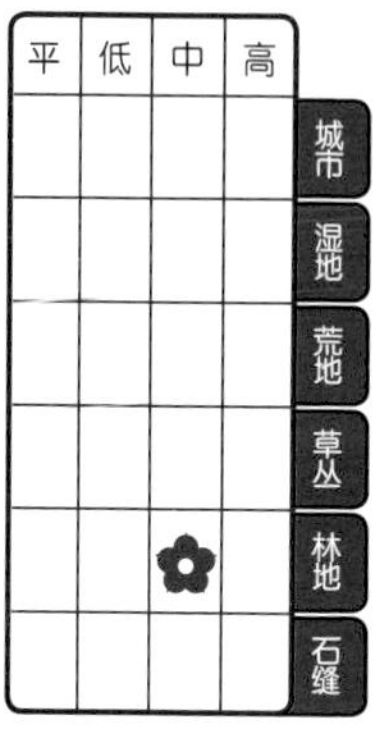

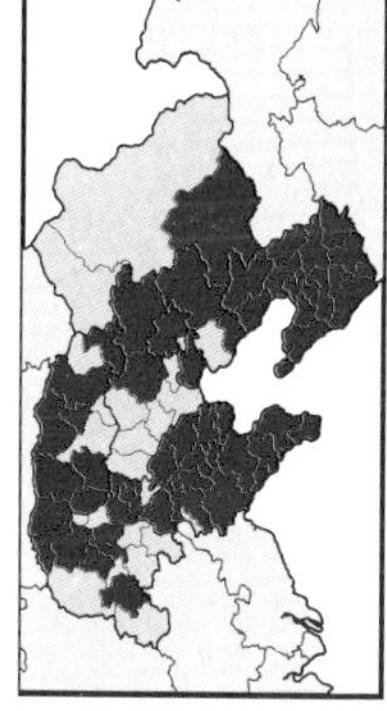

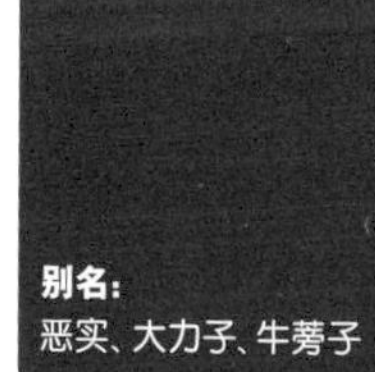

别名：
恶实、大力子、牛蒡子

●**外观：**二年生草本，高80-200厘米；

●**根茎：**茎直立，分枝，略被毛；

●**叶：**具基生叶，茎上叶互生；基生叶宽卵形，边缘波状，下面密被毛，具长叶柄，叶柄略被毛；茎生叶同基生叶；

●**花序：**头状花序，伞房状排列，顶生；苞片披针形，先端具钩；

●**花：**花紫红色，较小，聚集。

飞廉 *Carduus crispus*

菊科 飞廉属

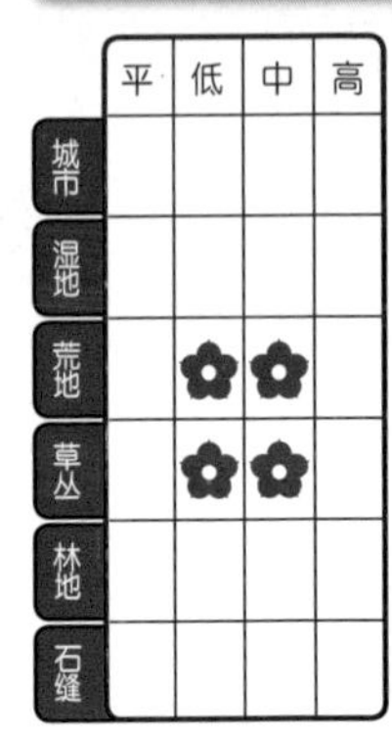

	平	低	中	高
城市				
湿地				
荒地		✿	✿	
草丛		✿	✿	
林地				
石缝				

别名：
丝毛飞廉

花期
1
2
3
4
5
6
7
8
9
10
11
12

- **外观：** 二年生草本，高40－100厘米；
- **根茎：** 茎直立，不分枝，略被毛，具棱、棱上具翅、翅具刺；
- **叶：** 叶互生；披针形，羽状深裂，边缘不整齐、具刺，具叶柄；
- **花序：** 头状花序，顶生；苞片线形，先端具刺；
- **花：** 花紫红色，较小，聚集。

魁蓟

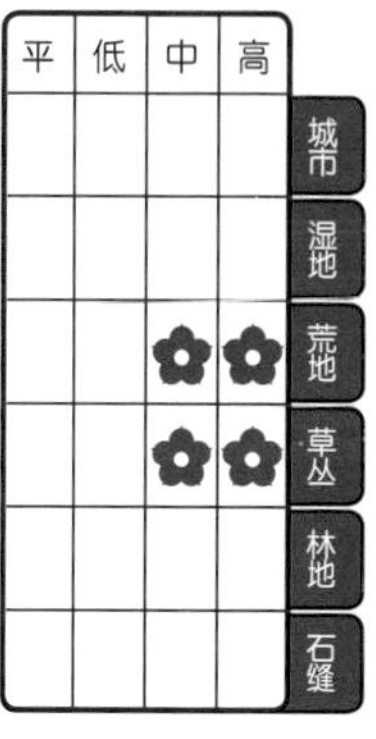

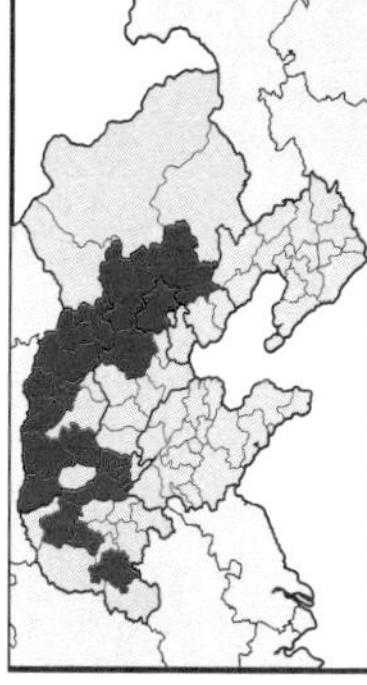

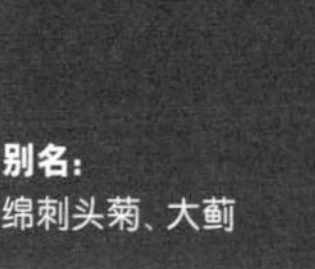

别名：
绵刺头菊、大蓟

●**外观：**多年生草本，高40－120厘米；

●**根茎：**茎直立，分枝，被毛，具棱；

●**叶：**叶互生；宽披针形，羽状浅裂，边缘不整齐、具刺，两面略被毛，无叶柄；

●**花序：**头状花序，顶生；苞片披针形，具刺；

●**花：**花紫红色，较小，聚集。

烟管蓟 *Cirsium pendulum*

菊科 蓟属

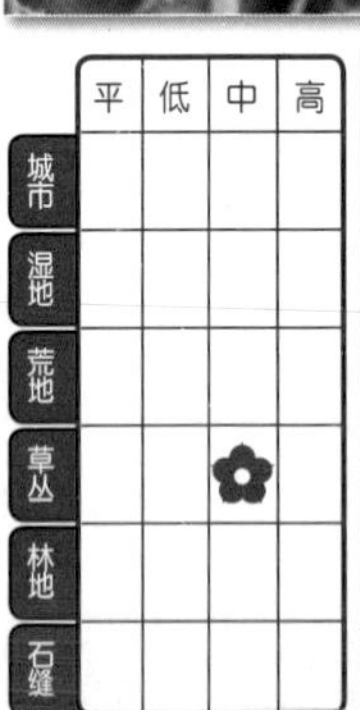

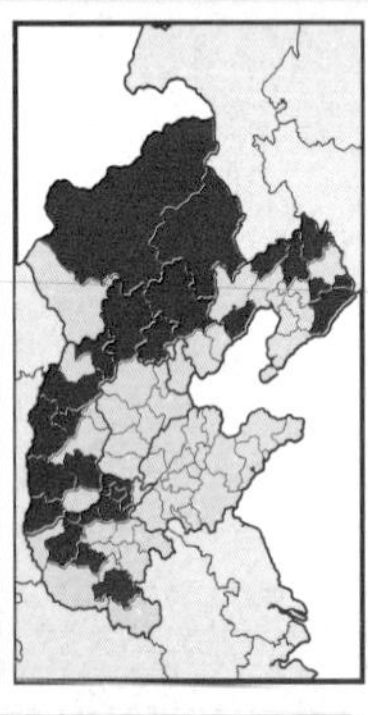

别名：
垂头蓟

花期
1
2
3
4
5
6
7
8
9
10
11
12

- **外观：** 多年生草本，高70－150厘米；
- **根茎：** 茎直立，分枝，略被毛，具棱；
- **叶：** 叶互生；长圆形，羽状浅裂，边缘不整齐、具齿、具刺，近无叶柄；
- **花序：** 头状花序，顶生，被毛，花序梗弯曲、下垂；苞片披针形，略被毛，具刺；
- **花：** 花淡紫红色，较小，聚集。

Cirsium setosum 菊科 蓟属 刺儿菜

	平	低	中	高
城市	✿			
湿地				
荒地	✿	✿		
草丛	✿	✿		
林地				
石缝				

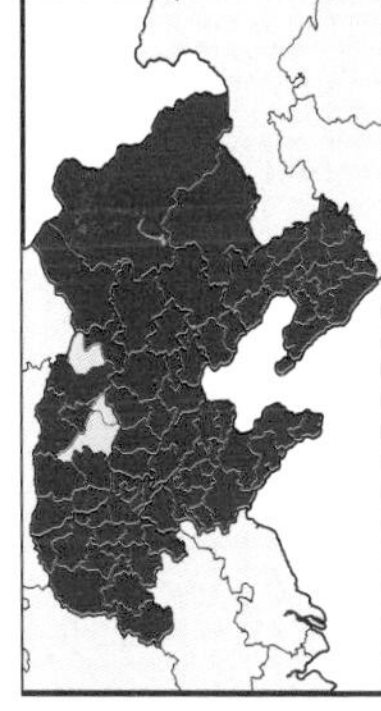

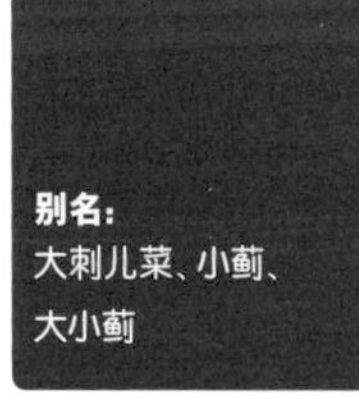

别名：
大刺儿菜、小蓟、大小蓟

花期 1 2 3 4 5 6 7 8 9 10 11 12

●**外观：**多年生草本，高20－100厘米；

●**根茎：**茎直立，有时分枝；

●**叶：**叶互生；宽披针形，边缘具齿、具刺，两面略被毛，近无叶柄；

●**花序：**头状花序，顶生；苞片长卵形；

●**花：**花淡紫红色，较小，聚集。

小红菊 *Dendranthema chanetii*

菊科 菊属

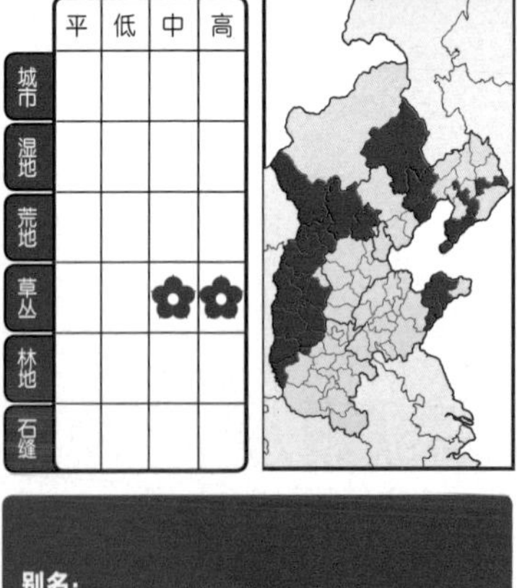

别名：
山野菊

- **外观：** 多年生草本，高10–50厘米；
- **根茎：** 茎直立，有时分枝，略被毛；
- **叶：** 叶互生；宽卵形，浅裂，边缘不整齐、具齿，两面略被毛，具叶柄；
- **花序：** 头状花序，顶生；苞片披针形，略被毛；
- **花：** 花淡粉色，较小，聚集；边缘小花花瓣状，淡粉色，中央小花黄色。

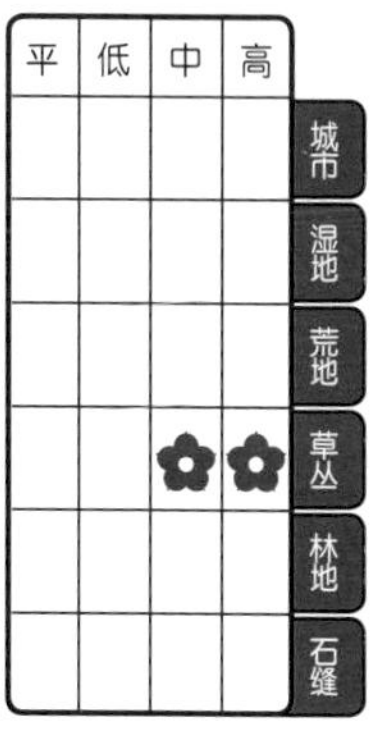

别名：
北飞蓬

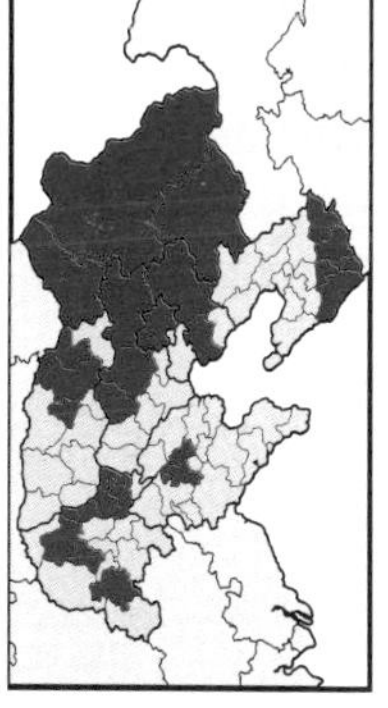

- **外观：** 二年生草本，高20－60厘米；
- **根茎：** 茎直立，有时分枝，被毛；
- **叶：** 具基生叶，茎上叶互生；基生叶披针形，全缘，两面被毛，具叶柄；
  茎生叶同基生叶，无叶柄；
- **花序：** 头状花序，圆锥状排列，顶生，被毛；苞片线形，被毛；
- **花：** 花淡粉色，有时白色，较小，聚集；边缘小花花瓣状，淡粉色，中央小花黄色。

泥胡菜 *Hemistepta lyrata*

菊科 泥胡菜属

	平	低	中	高
城市	✿			
湿地				
荒地				
草丛	✿	✿		
林地				
石缝				

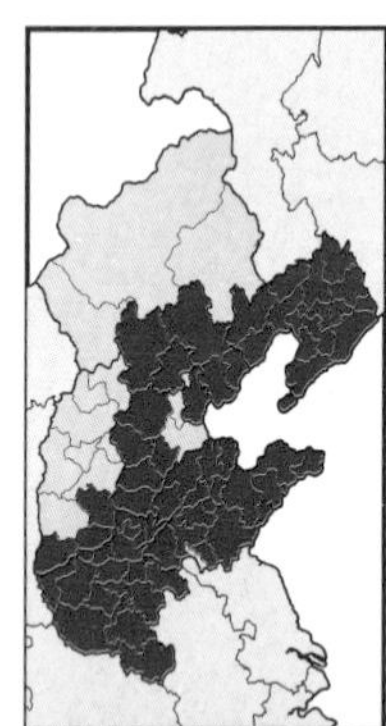

别名：
猪兜菜、艾草

花期 1 2 3 4 5 6 7 8 9 10 11 12

●**外观：**一年生草本，高20–80厘米；

●**根茎：**茎直立，分枝，略被毛；

●**叶：**叶互生；宽披针形，羽状深裂，边缘不整齐，下面密被毛，近无叶柄；

●**花序：**头状花序，伞房状排列，顶生；苞片长卵形，外层苞片具突起；

●**花：**花淡紫红色，较小，聚集。

祁州漏芦

Rhaponticum uniflorum

菊科 祁州漏芦属

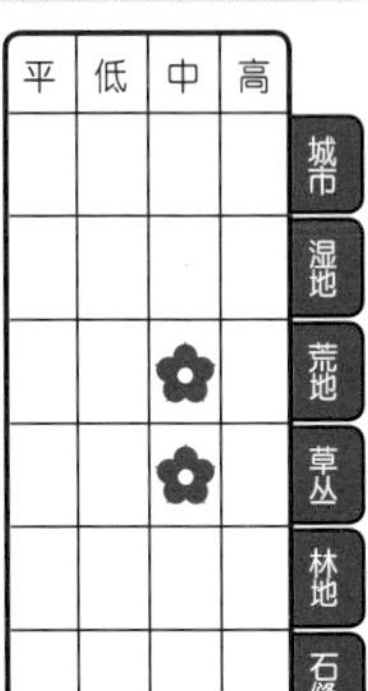

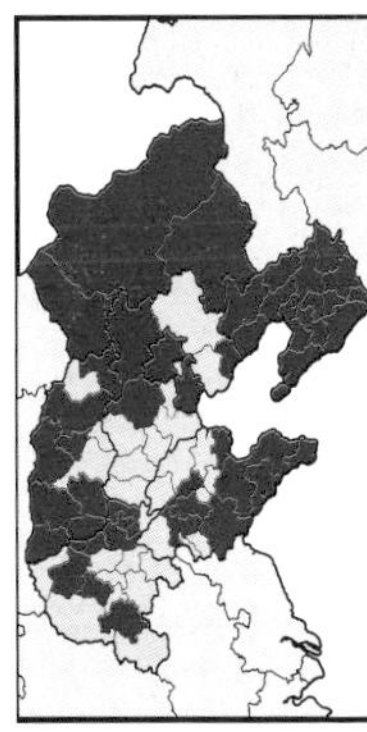

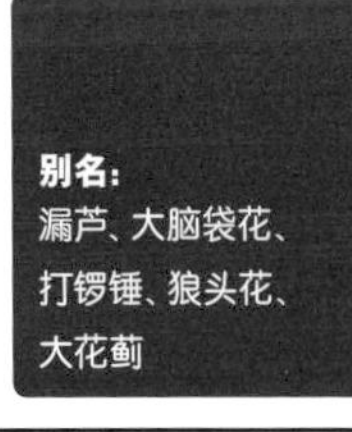

别名：
漏芦、大脑袋花、
打锣锤、狼头花、
大花蓟

- **外观：** 多年生草本，高30—100厘米；
- **根茎：** 茎直立，不分枝，被毛；
- **叶：** 具基生叶，茎上叶互生；基生叶宽披针形，羽状深裂，边缘不整齐、具齿，两面被毛，具叶柄，叶柄密被毛；茎生叶同基生叶，较小，近无叶柄；
- **花序：** 头状花序，顶生；苞片卵形，干膜质；
- **花：** 花紫红色，较小，聚集。

风毛菊 *Saussurea japonica*

菊科 风毛菊属

	平	低	中	高
城市				
湿地				
荒地				
草丛		✿	✿	
林地				
石缝				

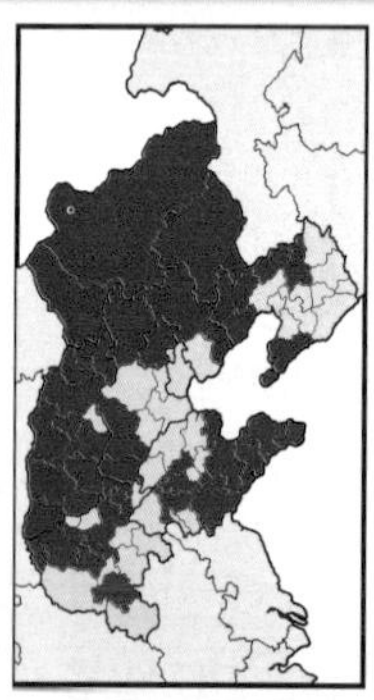

别名：
日本风毛菊

花期 1 2 3 4 5 6 7 **8** 9 10 11 12

- **外观：** 二年生草本，高50—150厘米；
- **根茎：** 茎直立，分枝，略被毛，具棱；
- **叶：** 具基生叶，茎上叶互生；基生叶长圆形，羽状深裂，边缘不整齐，两面略被毛，具长叶柄；茎生叶同基生叶，披针形，有时不裂、全缘，近无叶柄；
- **花序：** 头状花序，伞房状排列，顶生；苞片长卵形；
- **花：** 花紫红色，较小，聚集。

Saussurea pectinata 篦苞风毛菊

菊科 风毛菊属

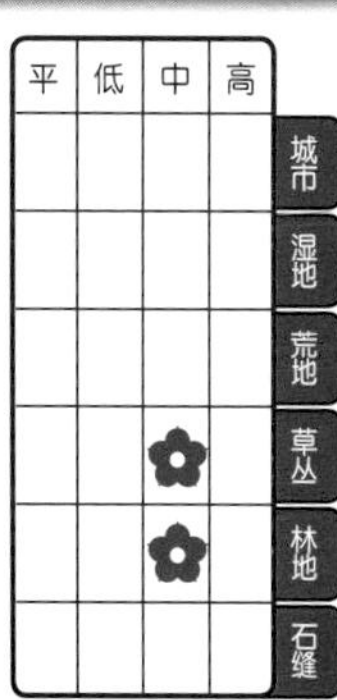

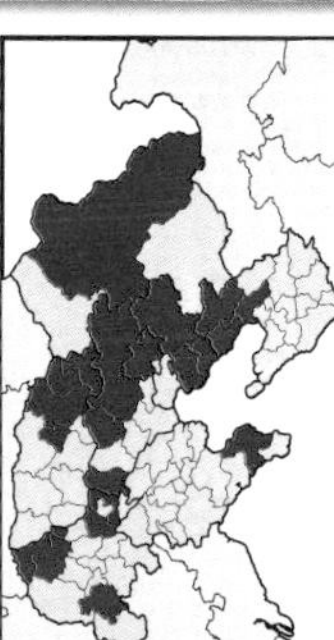

别名:
羽苞风毛菊

●**外观:** 多年生草本，高20–80厘米；

●**根茎:** 茎直立，分枝，略被毛，具棱；

●**叶:** 叶互生；卵形，羽状深裂，边缘不整齐、略具齿，两面略被毛，具叶柄；

●**花序:** 头状花序，伞房状排列，顶生；苞片宽披针形，具突起、反折；

●**花:** 花紫红色，较小，聚集。

麻花头 *Serratula centauroides*

菊科 麻花头属

	平	低	中	高
城市				
湿地				
荒地			✿	
草丛			✿	
林地				
石缝				

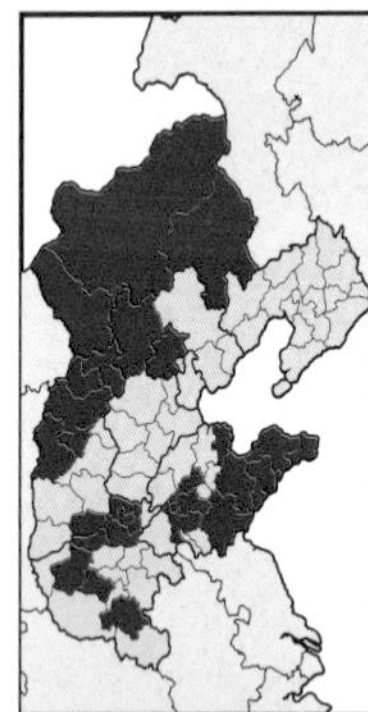

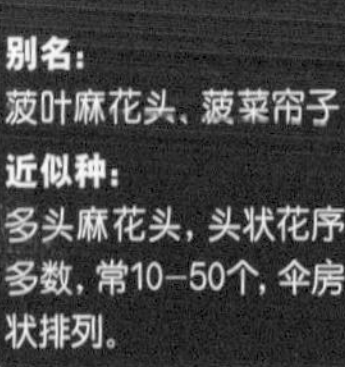

别名：
菠叶麻花头、菠菜帘子

近似种：
多头麻花头，头状花序多数，常10–50个，伞房状排列。

- **外观：** 多年生草本，高30–80厘米；
- **根茎：** 茎直立，有时分枝，略被毛；
- **叶：** 具基生叶，茎上叶互生；基生叶长圆形，羽状深裂，边缘不整齐，具叶柄；茎生叶同基生叶，近无叶柄；
- **花序：** 头状花序，顶生；苞片宽披针形；
- **花：** 花淡紫红色，较小，聚集。

地丁草

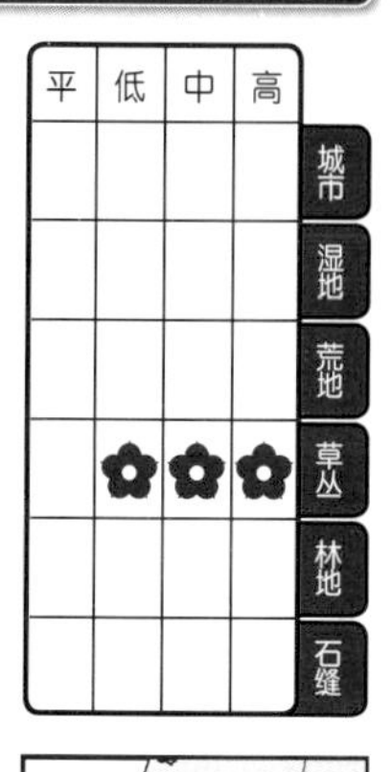

平	低	中	高	
				城市
				湿地
				荒地
	✿	✿	✿	草丛
				林地
				石缝

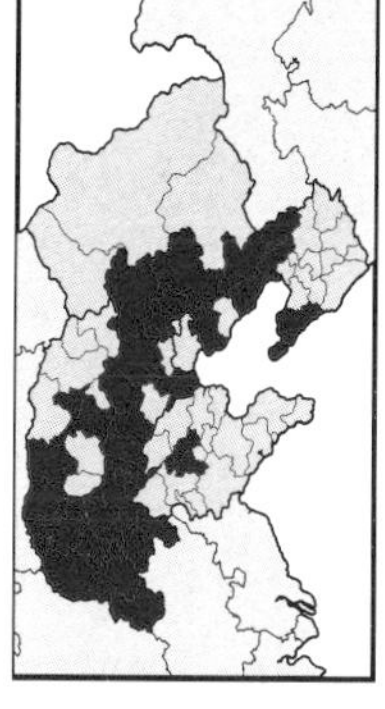

别名：
紫堇、彭氏紫堇、布氏地丁

近似种：
紫堇，基生叶近三角形、羽状深裂、裂片略宽，花粉红色，内侧2枚花瓣具皱褶状突起。

- **外观：** 多年生草本，高10－50厘米；
- **根茎：** 茎直立，有时斜生，分枝，具棱；
- **叶：** 具基生叶，茎上叶互生；基生叶宽卵形，羽状深裂，裂片细，边缘不整齐，具长叶柄；茎生叶同基生叶；
- **花序：** 总状花序，顶生或腋生；苞片叶状，明显；
- **花：** 花淡粉色，花冠两侧对称；花瓣4枚，外侧2枚较大，内侧2枚较小、深紫红色；萼片2枚，常脱落；雄蕊、雌蕊均内藏。

白鲜 *Dictamnus dasycarpus*

芸香科 白鲜属

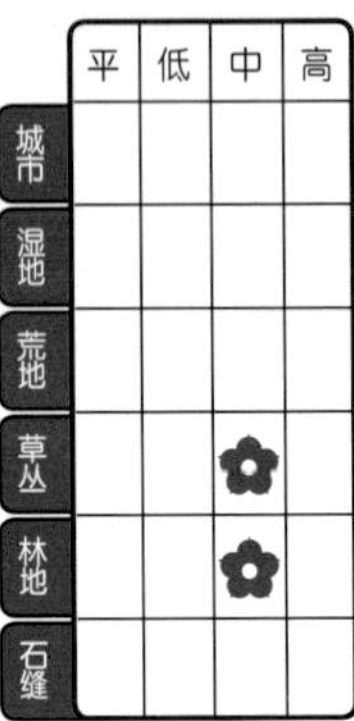

	平	低	中	高
城市				
湿地				
荒地				
草丛			✿	
林地			✿	
石缝				

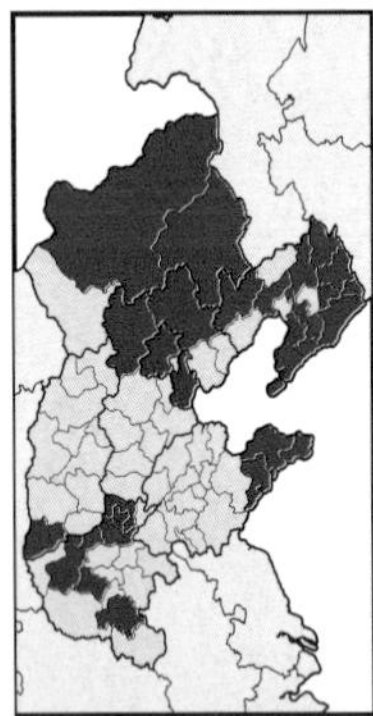

别名：
八股牛、山牡丹、地羊鲜、金雀儿椒、千斤拔

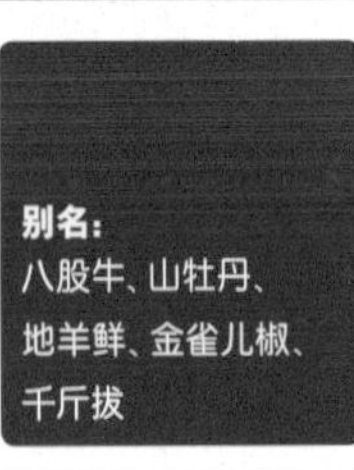

- **外观：**多年生草本，高50—100厘米；
- **根茎：**根茎肉质；茎直立，不分枝，幼嫩时密被毛、具油点；
- **叶：**叶互生；奇数羽状复叶，小叶对生，椭圆形，边缘具齿，两面略被毛，无小叶柄；
- **花序：**总状花序，顶生；
- **花：**花淡粉色，有时近白色，花冠两侧对称；花瓣5枚，具紫红色条纹，具油点；萼片5枚，基部合生，具油点；雄蕊10枚，具油点；雌蕊1枚。

裂叶堇菜

Viola dissecta

堇菜科 堇菜属

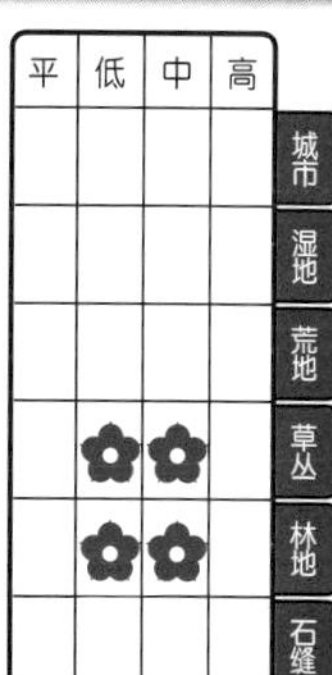

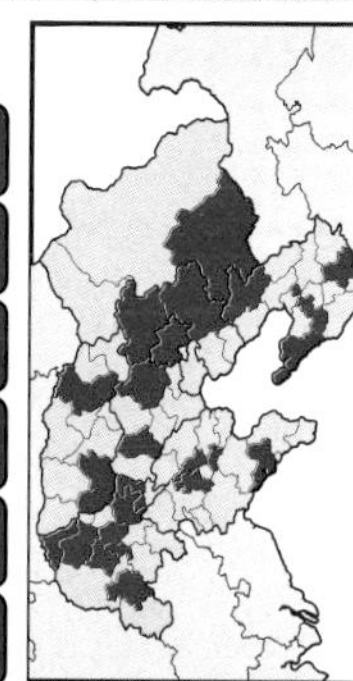

别名：深裂叶堇菜

近似种：南山堇菜，花白色或淡紫色，有香气，下面1枚花瓣具紫色条纹。

- **外观：**多年生草本，高5–30厘米；
- **根茎：**无明显地上茎；
- **叶：**仅具基生叶；宽卵形，深裂，掌状，边缘不整齐，具长叶柄；
- **花序：**花单生，基生；
- **花：**花紫红色，有时粉色，花冠两侧对称；花瓣5枚，侧面2枚基部具毛；萼片5枚；雄蕊、雌蕊均不明显。

中华秋海棠 *Begonia sinensis*

秋海棠科 秋海棠属

	平	低	中	高
城市				
湿地				
荒地				
草丛				
林地			✿	
石缝			✿	

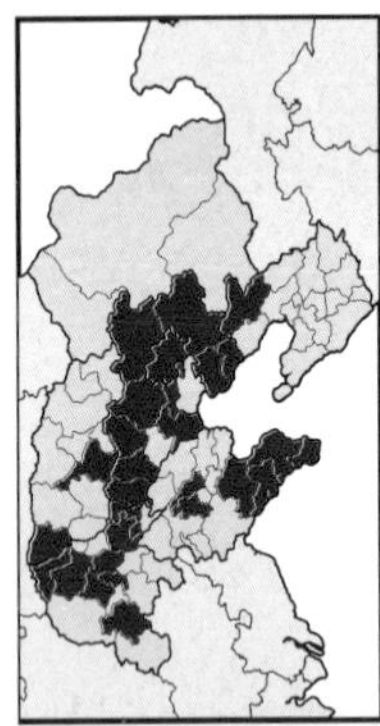

别名：
野秋海棠、珠芽秋海棠

花期 1 2 3 4 5 6 7 8 9 10 11 12

- **外观：**多年生草本，高20–70厘米；
- **根茎：**茎直立或斜生，有时分枝；
- **叶：**叶互生；心形，不对称，边缘具齿，具叶柄；
- **花序：**雌雄异花，同株；聚伞花序，顶生或腋生；
- **花：**花淡粉色，花冠两侧对称；雄花花被4枚，雄蕊多枚；
  雌花花被5枚，雌蕊3枚，柱头常2裂。

千屈菜

Lythrum salicaria

千屈菜科 千屈菜属

平	低	中	高	
				城市
✿	✿			湿地
				荒地
				草丛
				林地
				石缝

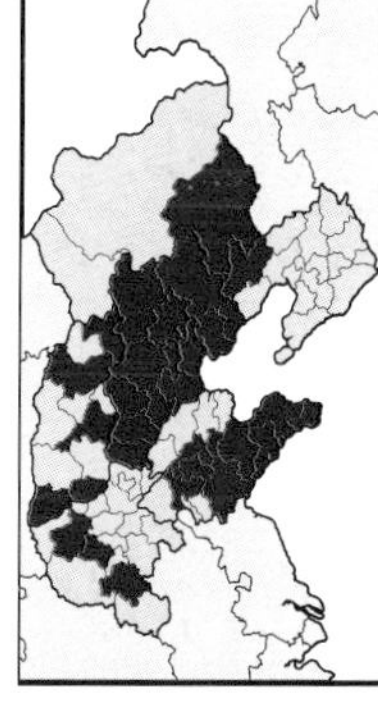

别名：
水柳

花期 1 2 3 4 5 6 7 8 9 10 11 12

●**外观：**多年生草本，高30－100厘米；

●**根茎：**茎直立，多分枝，有时被毛，常具4棱；

●**叶：**叶对生或3叶轮生；披针形，全缘，无叶柄；

●**花序：**总状花序，顶生；

●**花：**花紫红色，花冠两侧对称；花瓣6枚；萼片下部合生，上部6裂，被毛；雄蕊12枚，6枚伸出、明显，另6枚不明显；雌蕊1枚。

柳兰 *Epilobium angustifolium*

柳叶菜科 柳叶菜属

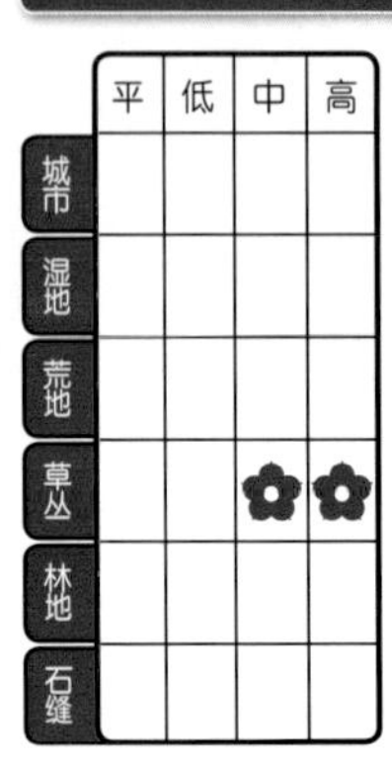

	平	低	中	高
城市				
湿地				
荒地				
草丛			✿	✿
林地				
石缝				

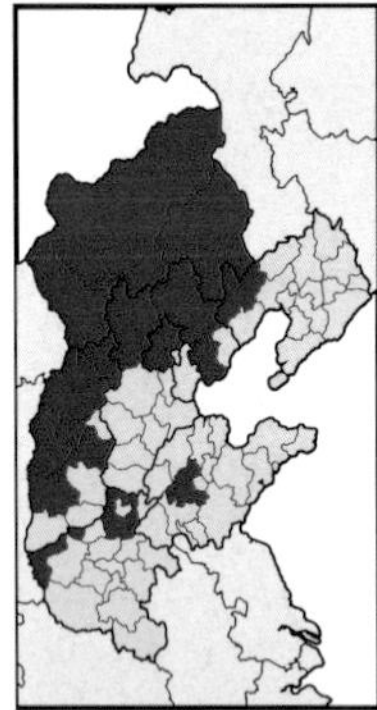

别名：
火烧兰、铁筷子、糯芋

花期
1
2
3
4
5
6
7
8
9
10
11
12

●**外观：**多年生草本，高50－130厘米；

●**根茎：**具根状茎，匍匐；茎直立，有时分枝；

●**叶：**叶互生；披针形，全缘，或边缘具细齿，无叶柄；

●**花序：**总状花序，顶生；

●**花：**花紫红色，花冠两侧对称；花瓣4枚；萼片下部合生，上部4裂，紫红色；雄蕊8枚，4长4短；雌蕊1枚，柱头4裂。

紫点杓兰

Cypripedium guttatum

兰科 杓兰属

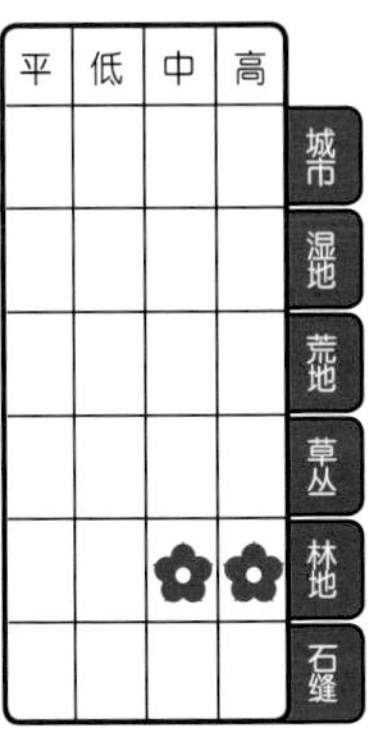

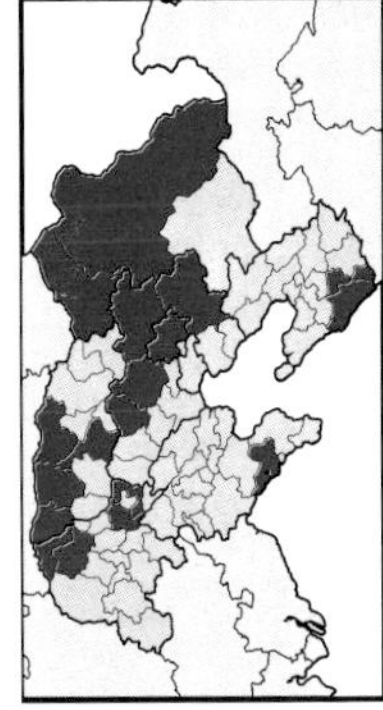

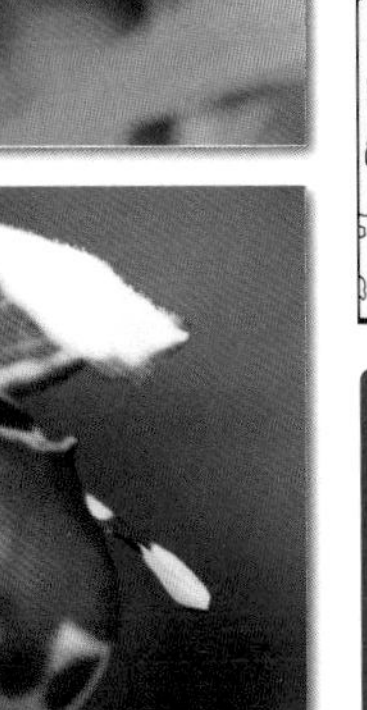

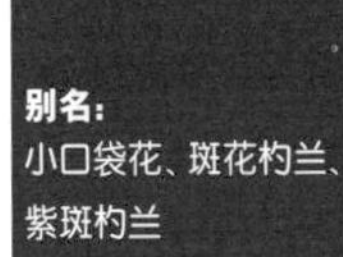

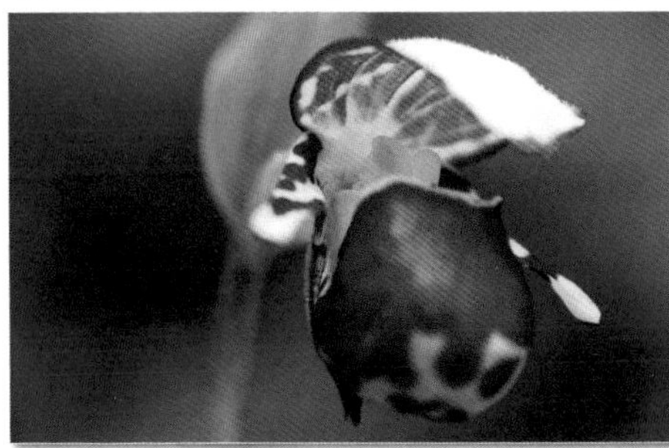

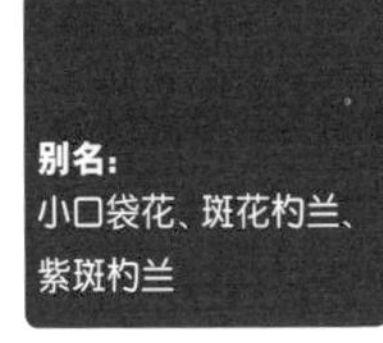

别名：
小口袋花、斑花杓兰、紫斑杓兰

花期 1 2 3 4 5 6 7 8 9 10 11 12

●**外观：**多年生草本，高10－40厘米；

●**根茎：**茎直立，不分枝，被毛；

●**叶：**叶互生或近对生，常2枚；长卵形，全缘，近无叶柄；

●**花序：**花单生，顶生；苞片叶状；

●**花：**花紫红色、白色相间，花冠两侧对称；花被6枚，2轮，特化，内轮下面1枚囊状；雄蕊、雌蕊均不明显。

大花杓兰 *Cypripedium macranthum*

兰科 杓兰属

	平	低	中	高
城市				
湿地				
荒地				
草丛				✿
林地				
石缝				

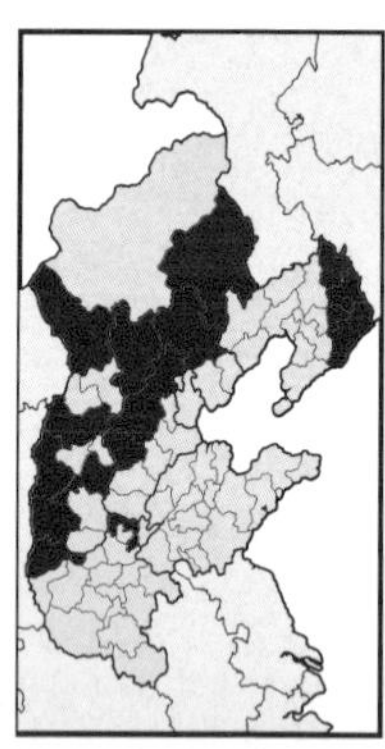

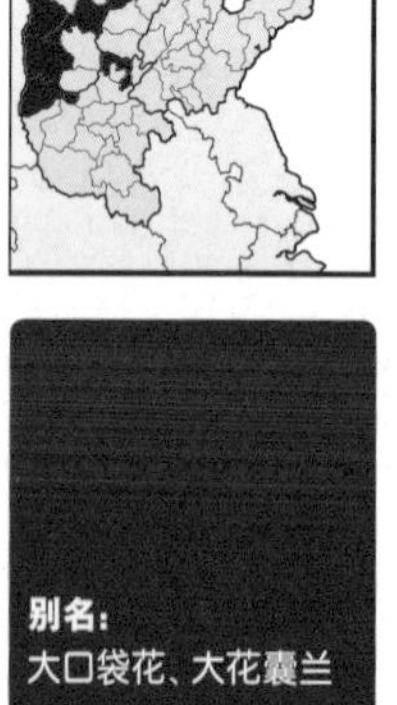

别名：
大口袋花、大花囊兰

花期
1
2
3
4
5
6
7
8
9
10
11
12

- ●**外观：**多年生草本，高20—60厘米；
- ●**根茎：**茎直立，不分枝，有时略被毛；
- ●**叶：**叶互生；长卵形，全缘，两面略被毛；
- ●**花序：**花单生，顶生；苞片叶状；
- ●**花：**花紫红色，花冠两侧对称；花被6枚，2轮，特化，内轮下面1枚囊状；雄蕊、雌蕊均不明显。

手参

Gymnadenia conopsea

兰科 手参属

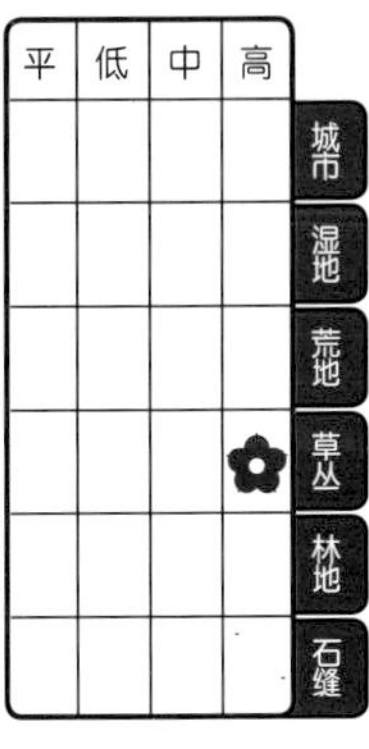

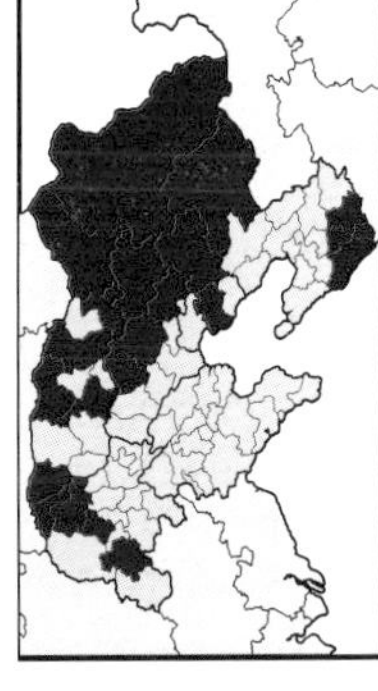

别名：
手掌参

●**外观：**多年生草本，高20—60厘米；

●**根茎：**块根椭圆形，掌状分裂；茎直立，不分枝；

●**叶：**叶互生；宽披针形，全缘，无叶柄，叶基部鞘状，抱茎；

●**花序：**穗状花序，顶生；

●**花：**花紫红色，有时粉色，花冠两侧对称；花被6枚，2轮，特化；雄蕊、雌蕊均不明显。

二叶兜被兰 *Neottianthe cucullata*

兰科 兜被兰属

	平	低	中	高
城市				
湿地				
荒地				
草丛				
林地			✿	
石缝			✿	

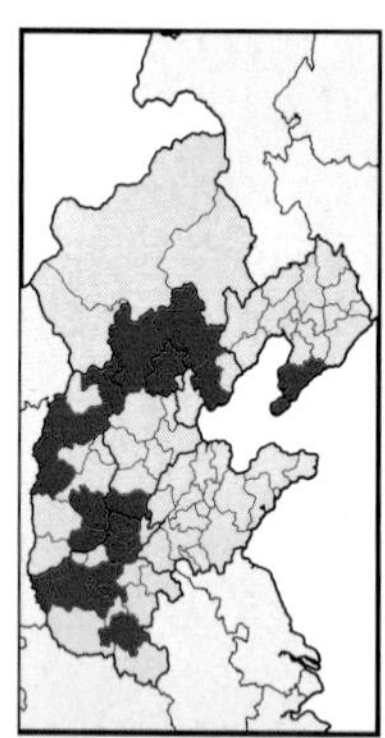

别名：
兜被兰、鸟巢兰

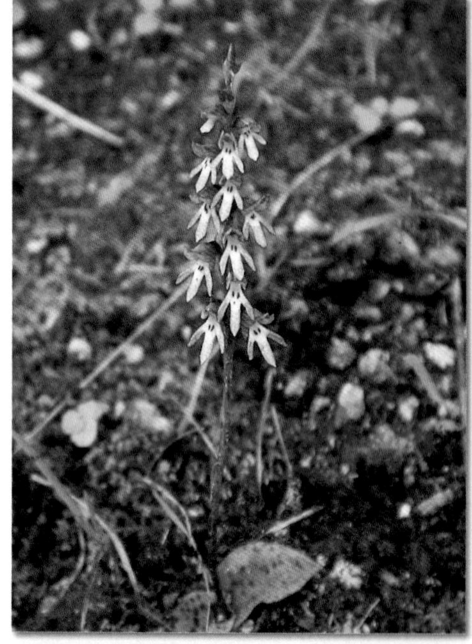

花期
1
2
3
4
5
6
7
8
9
10
11
12

- **外观：** 多年生草本，高10—30厘米；
- **根茎：** 块根球形；茎直立，不分枝；
- **叶：** 仅具基生叶，2枚；长圆形，全缘，有时具紫色斑点，近无叶柄；
- **花序：** 总状花序，顶生；花常偏向一侧；
- **花：** 花紫红色，花冠两侧对称；花被6枚，2轮，特化；雄蕊、雌蕊均不明显。

绶草

Spiranthes sinensis

兰科 绶草属

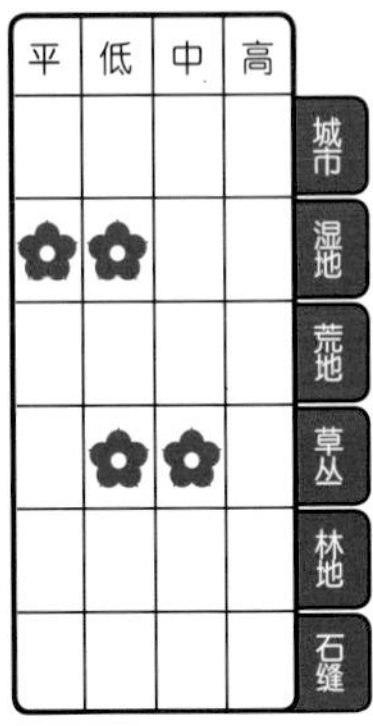

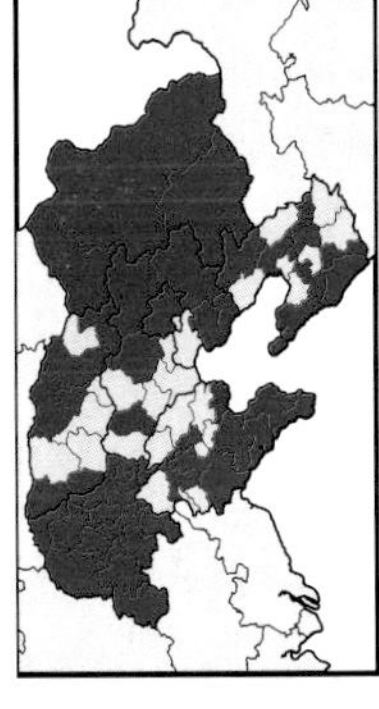

别名：
盘龙参、扭扭兰

●**外观：**多年生草本，高10–40厘米；

●**根茎：**茎直立，不分枝；

●**叶：**叶互生；线形，全缘，无叶柄，叶基部鞘状；

●**花序：**穗状花序，顶生；小花螺旋排列；

●**花：**花紫红色，有时近白色，花冠两侧对称；花被6枚，2轮，特化；雄蕊、雌蕊均不明显。

花期 1 2 3 4 5 6 7 8 9 10 11 12

扁茎黄芪 *Astragalus complanatus*

豆科 黄芪属

	平	低	中	高
城市				
湿地				
荒地				
草丛			✿	
林地				
石缝				

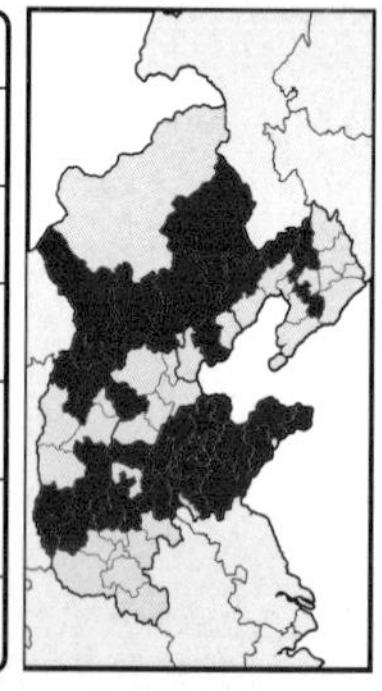

别名：
沙苑蒺藜、沙苑子、扁背黄芪

●**外观：**多年生草本，高10–20厘米；

●**根茎：**茎匍匐或斜生，分枝，略扁，有时被毛；

●**叶：**叶互生；奇数羽状复叶，小叶对生，长卵形，全缘，背面略被毛，具短小叶柄；

●**花序：**总状花序，腋生；

●**花：**花紫红色或蓝紫色，有时近乳白色，花冠两侧对称，蝶形；花瓣5枚；萼片下部合生，上部5裂，被毛；雄蕊、雌蕊均内藏。

达乌里黄芪

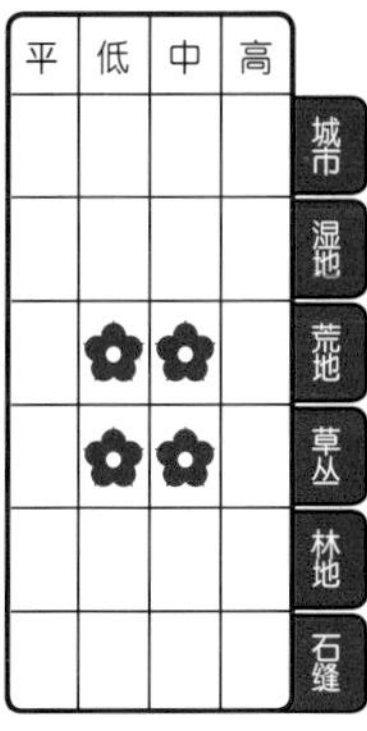

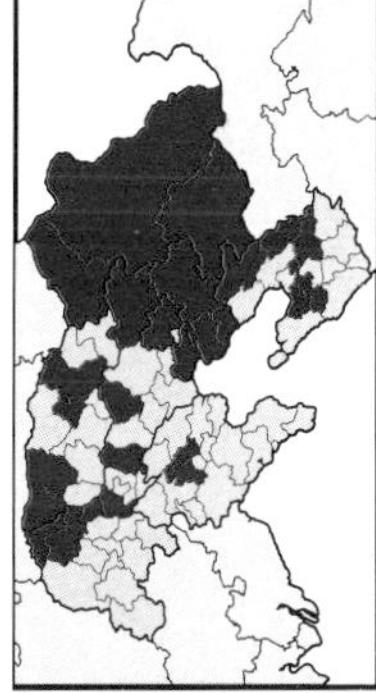

别名：
兴安黄芪

●**外观：**一年生或二年生草本，高30−70厘米；

●**根茎：**茎直立，分枝，被毛；

●**叶：**叶互生；奇数羽状复叶，小叶对生，长圆形，全缘，背面被毛，近无小叶柄；

●**花序：**总状花序，腋生；花序梗长；

●**花：**花紫红色，花冠两侧对称，蝶形；花瓣5枚；

萼片下部合生，上部5裂，被毛；雄蕊、雌蕊均内藏。

长萼鸡眼草 *Kummerowia stipulacea*

豆科 鸡眼草属

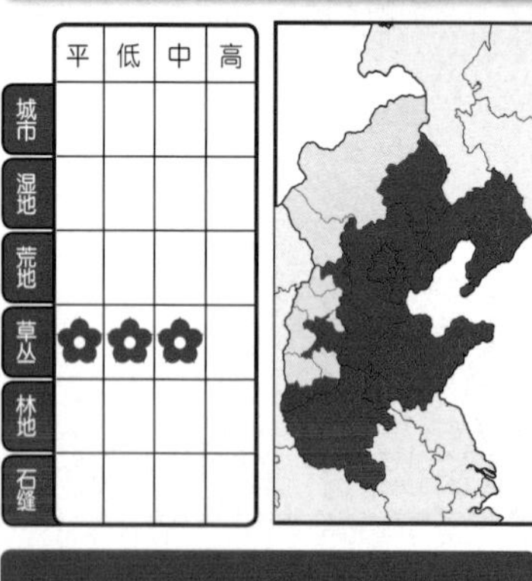

	平	低	中	高
城市				
湿地				
荒地				
草丛	✿	✿	✿	
林地				
石缝				

别名：
招不齐

- **外观：** 一年生草本，高5–15厘米；
- **根茎：** 茎匍匐或斜生，多分枝，略被毛；
- **叶：** 叶互生；三出复叶，小叶倒卵形，全缘，下面略被毛，无小叶柄；
- **花序：** 花单生、有时2朵，腋生；
- **花：** 花粉红色，花冠两侧对称，蝶形；花瓣5枚，2枚近白色；萼片下部合生，上部5裂；雄蕊、雌蕊均内藏。

二色棘豆

Oxytropis bicolor

豆科 棘豆属

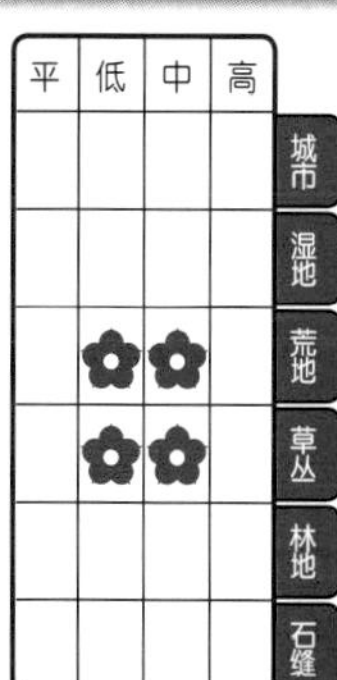

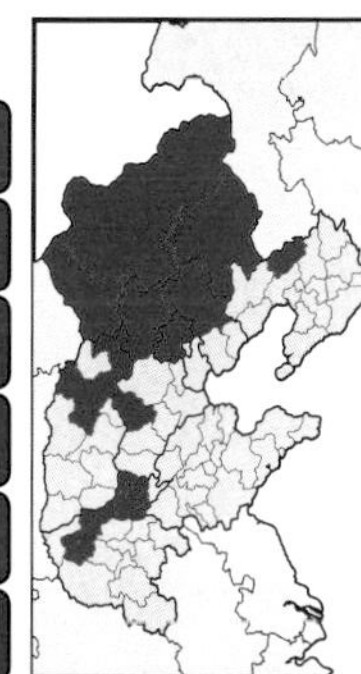

别名：
地角儿苗、人头草、猫爪花、鸡咀咀

●**外观：**多年生草本，高5−15厘米；

●**根茎：**茎缩短，无明显地上茎；

●**叶：**仅具基生叶，丛生；奇数羽状复叶，叶柄被毛，小叶轮生或对生，披针形，全缘，两面被毛，近无小叶柄；

●**花序：**总状花序，基生；花序梗直立，略被毛；

●**花：**花紫红色，具黄斑，花冠两侧对称，蝶形；花瓣5枚；萼片下部合生，上部5裂，被毛；雄蕊、雌蕊均内藏。

蓝花棘豆 *Oxytropis coerulea*

豆科 棘豆属

	平	低	中	高
城市				
湿地				
荒地				
草丛			✿	✿
林地				
石缝				✿

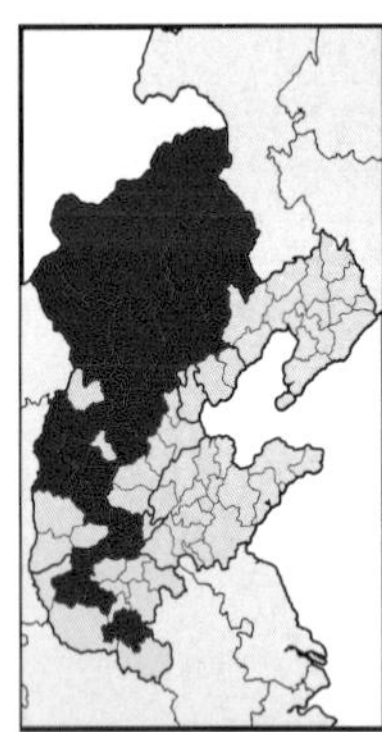

别名：
干刀草、干头草

花期
1
2
3
4
5
6
7
8
9
10
11
12

●**外观：**多年生草本，高10–30厘米；

●**根茎：**茎缩短，无明显地上茎；

●**叶：**仅具基生叶；奇数羽状复叶，叶柄略被毛，小叶对生，宽披针形，全缘，背面略被毛，无小叶柄；

●**花序：**总状花序，基生；花序梗直立；

●**花：**花蓝紫色，有时紫红色，花冠两侧对称，蝶形；花瓣5枚；萼片下部合生，上部5裂，略被毛；雄蕊、雌蕊均内藏。

宝盖草

Lamium amplexicaule

唇形科 野芝麻属

	平	低	中	高
城市	✿			
湿地				
荒地	✿	✿	✿	
草丛	✿	✿	✿	
林地				
石缝				

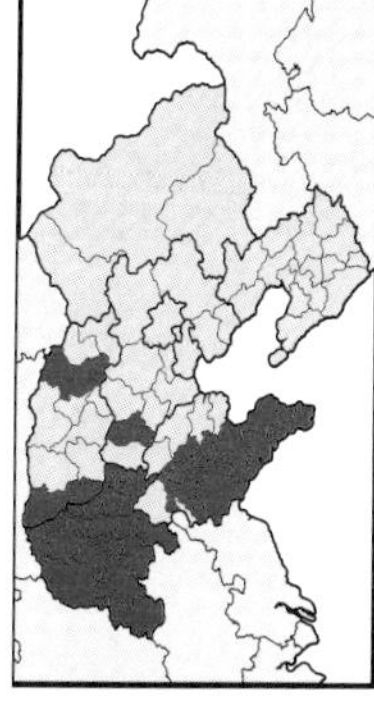

别名：
珍珠莲、接骨草、莲台夏枯草

花期
1
2
3
4
5
6
7
8
9
10
11
12

- **外观：**一年生或二年生草本，高10－30厘米；
- **根茎：**茎直立或斜生，分枝，四棱；
- **叶：**叶对生；圆形，边缘具齿或浅裂，两面略被毛，具叶柄或近无叶柄；
- **花序：**轮伞花序，腋生；
- **花：**花粉红色，花冠两侧对称，二唇形；花瓣合生，被毛，上唇不裂，下唇3浅裂；萼片下部合生，上部5裂，被毛；雄蕊、雌蕊均内藏。

益母草 *Leonurus japonicus*

唇形科 益母草属

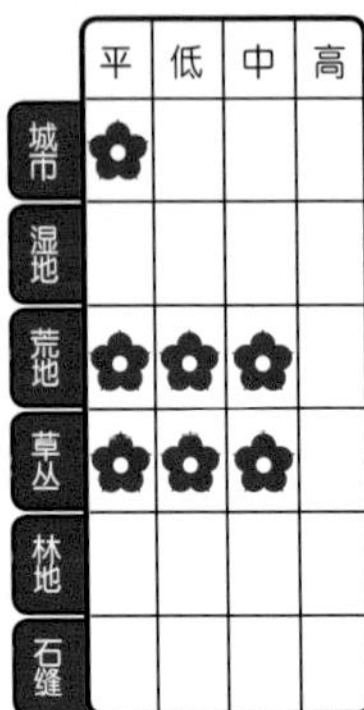

	平	低	中	高
城市	✿			
湿地				
荒地	✿	✿	✿	
草丛	✿	✿	✿	
林地				
石缝				

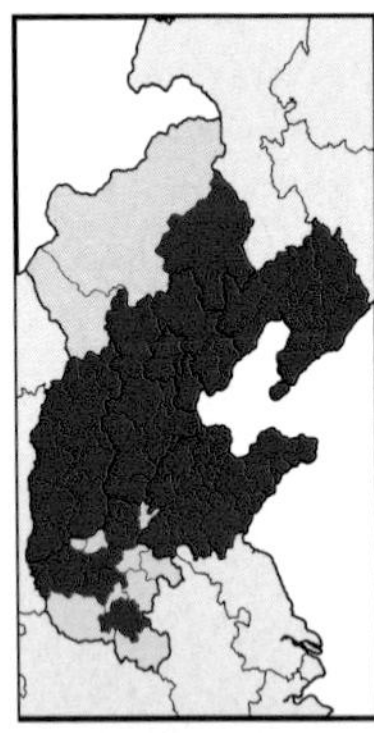

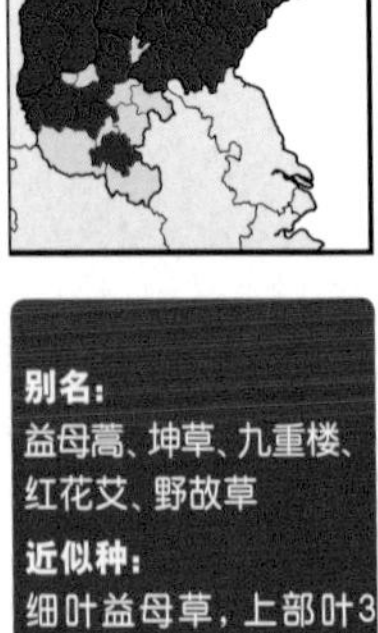

别名：
益母蒿、坤草、九重楼、红花艾、野故草

近似种：
细叶益母草，上部叶3深裂。

花期
1
2
3
4

5

6
7
8
9
10
11

12

●**外观：**一年生或二年生草本，高40－120厘米；

●**根茎：**茎直立，分枝，被毛，四棱；

●**叶：**叶对生；叶形多样，下部叶卵形，深裂，掌状，边缘不整齐，两面被毛，具叶柄，上部叶线形，近全缘，无叶柄；

●**花序：**轮伞花序，腋生；

●**花：**花粉红色，花冠两侧对称，二唇形；花瓣合生，上唇不裂，被毛，下唇3裂；萼片下部合生，上部5裂，被毛；雄蕊4枚，有时内藏；雌蕊内藏。

串铃草

Phlomis mongolica

唇形科 糙苏属

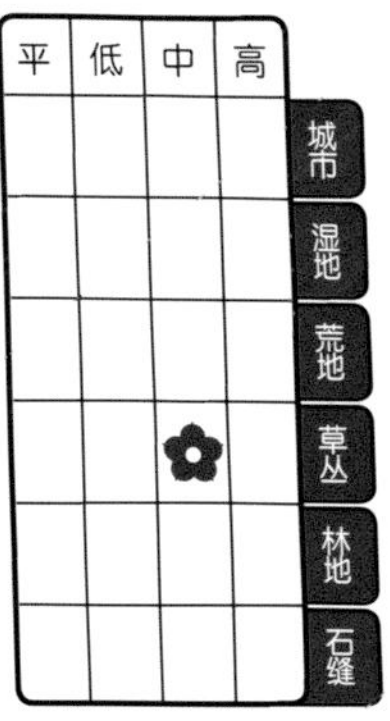

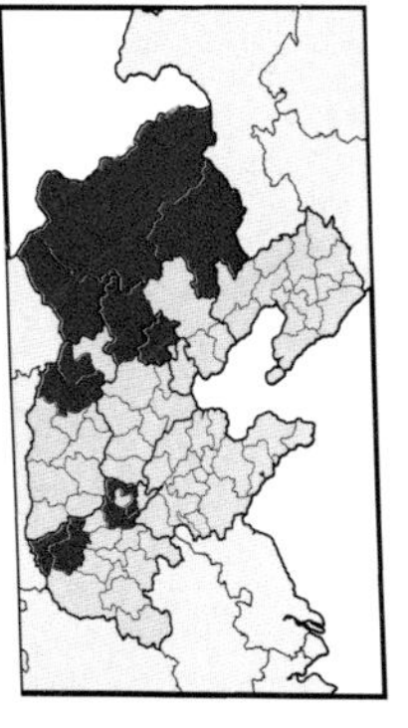

别名：
野洋芋、毛尖茶

花期
1
2
3
4
5
6
7
8
9
10
11
12

●**外观：**多年生草本，高40–70厘米；

●**根茎：**茎直立，有时分枝，略被毛，四棱；

●**叶：**具基生叶，茎上叶对生；基生叶长卵形，三角状，边缘具齿，具叶柄；茎生叶同基生叶；

●**花序：**轮伞花序，腋生；

●**花：**花紫红色，花冠两侧对称，二唇形；花瓣合生，上唇盔状，密被毛，下唇3裂，中裂片2浅裂；萼片下部合生，上部5裂，被毛；雄蕊、雌蕊均内藏。

糙苏 *Phlomis umbrosa*

唇形科 糙苏属

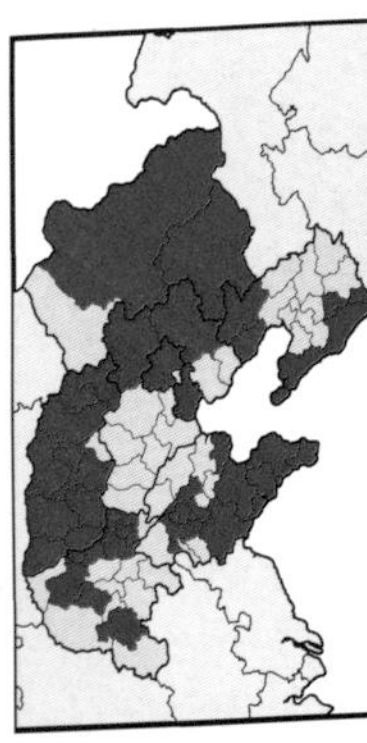

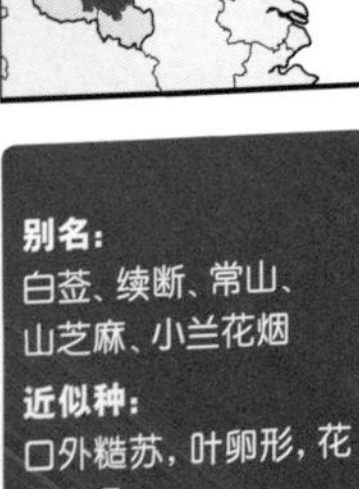

别名：
白莶、续断、常山、山芝麻、小兰花烟

近似种：
口外糙苏，叶卵形，花近白色。

花期
1
2
3
4
5
6
7
8
9
10
11
12

- **外观：** 多年生草本，高40–110厘米；
- **根茎：** 茎直立，分枝，略被毛，四棱；
- **叶：** 叶对生；宽卵形，边缘具齿，两面略被毛，具叶柄，叶柄密被毛；
- **花序：** 轮伞花序，腋生；
- **花：** 花淡粉色，花冠两侧对称，二唇形；花瓣合生，上唇盔状，密被毛，下唇3裂，具淡紫红色斑点或条纹；萼片下部合生，上部5裂，略被毛；雄蕊、雌蕊均内藏。

华水苏

Stachys chinensis
唇形科 水苏属

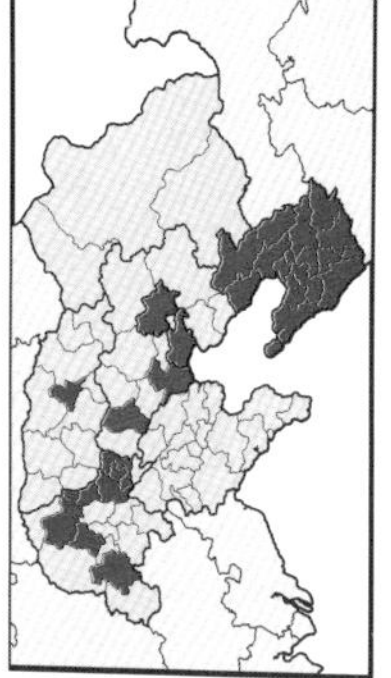

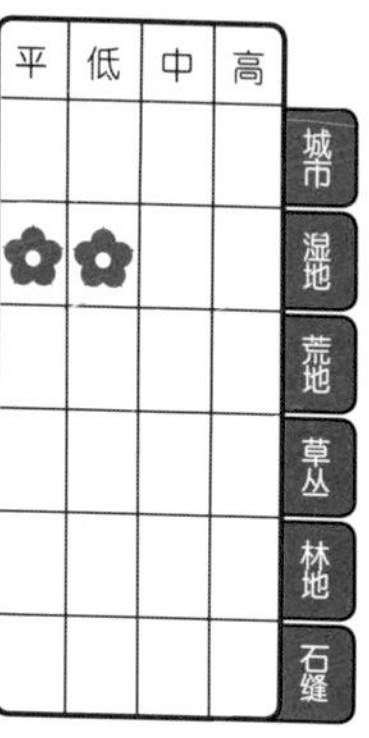

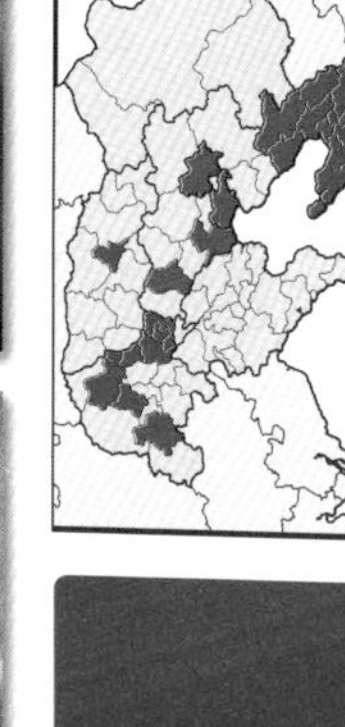

别名：
水苏

花期 1 2 3 4 5 6 7 8 9 10 11 12

●**外观：**多年生草本，高30–70厘米；

●**根茎：**茎直立，不分枝，略被毛，四棱；

●**叶：**叶对生；披针形，边缘具齿，上面略被毛，近无叶柄；

●**花序：**轮伞花序，穗状排列，顶生；

●**花：**花淡粉色，花冠两侧对称，二唇形；花瓣合生，略被毛，上唇不裂，下唇3裂，具粉红色斑点或条纹；萼片下部合生，上部5裂，被毛；雄蕊4枚，有时内藏；雌蕊常内藏。

百里香 *Thymus mongolicus*

唇形科 百里香属

	平	低	中	高
城市				
湿地				
荒地				
草丛			✿	✿
林地				
石缝			✿	✿

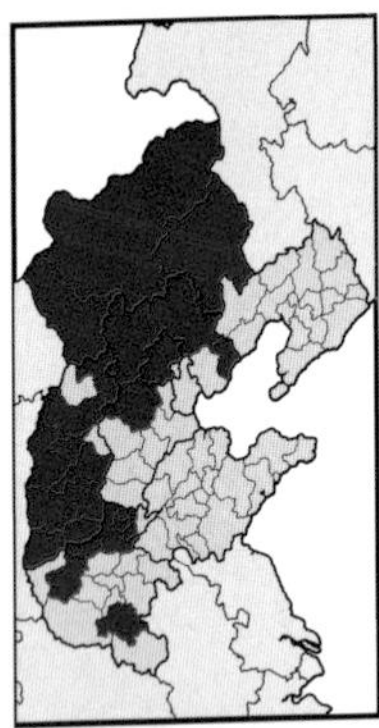

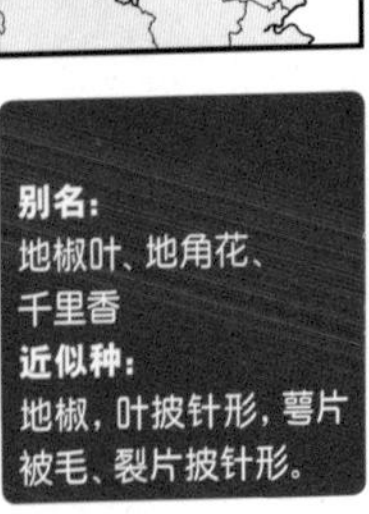

别名：
地椒叶、地角花、
千里香
近似种：
地椒，叶披针形，萼片
被毛、裂片披针形。

花期
1
2
3
4
5
6
7
8
9
10
11
12

●**外观：**多年生草本，高5–10厘米；

●**根茎：**茎斜生或匍匐，常木质化，有时被毛，分枝；

●**叶：**叶对生；卵形，全缘，具短叶柄；

●**花序：**轮伞花序，头状排列，顶生；

●**花：**花粉红色，花冠两侧对称，二唇形；花瓣合生，上唇2浅裂，下唇3裂；萼片下部合生，上部5裂，略被毛；雄蕊4枚；雌蕊1枚，常内藏。

山萝花

Melampyrum roseum
玄参科 山萝花属

	平	低	中	高
城市				
湿地				
荒地				
草丛				
林地			✿	✿
石缝				

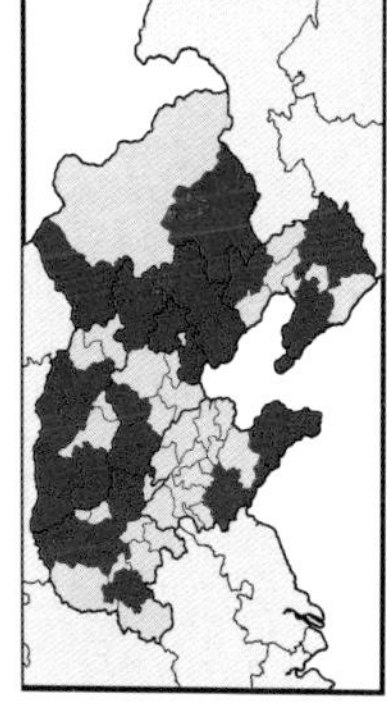

别名：
山罗花

花期 1 2 3 4 5 6 7 8 9 10 11 12

●**外观：**一年生草本，高20－50厘米；

●**根茎：**茎直立，分枝，被毛，四棱；

●**叶：**叶对生；披针形，边缘具齿，具短叶柄；

●**花序：**总状花序，顶生；

●**花：**花紫红色，花冠两侧对称，二唇形；花瓣合生，上唇盔状，略被毛，下唇3浅裂；萼片下部合生，上部4裂，被短毛；雄蕊、雌蕊均内藏。

疗齿草 *Odontites serotina*

玄参科 疗齿草属

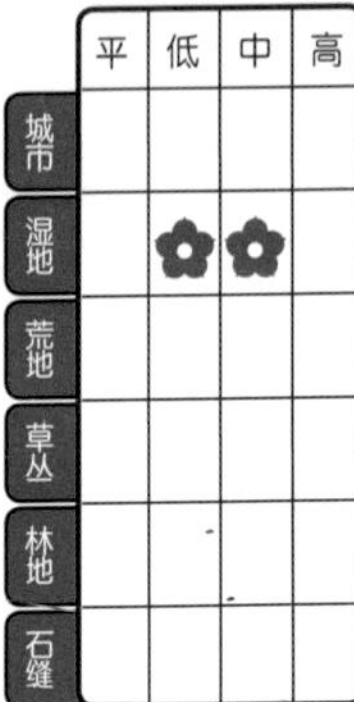

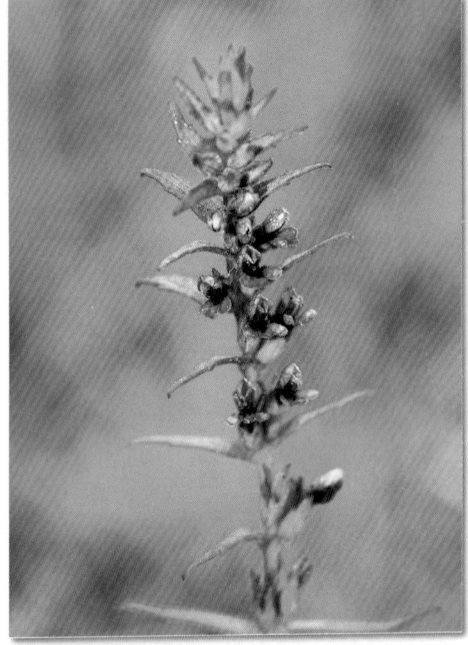

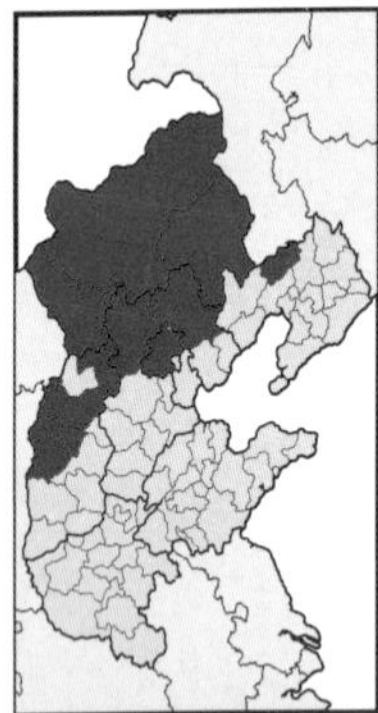

别名：
齿叶草

● **外观：** 一年生草本，高20—50厘米；

● **根茎：** 茎直立，分枝，被毛，四棱；

● **叶：** 叶对生，有时互生，披针形，边缘具齿，两面被毛，无叶柄；

● **花序：** 总状花序，顶生；

● **花：** 花紫红色，花冠两侧对称，二唇形；花瓣合生，略被毛，上唇盔状，下唇3裂；萼片下部合生，上部4裂，略被毛；雄蕊4枚；雌蕊1枚，有时不明显。

短茎马先蒿

Pedicularis artselaeri

玄参科 马先蒿属

平	低	中	高	
				城市
				湿地
				荒地
				草丛
		✿		林地
				石缝

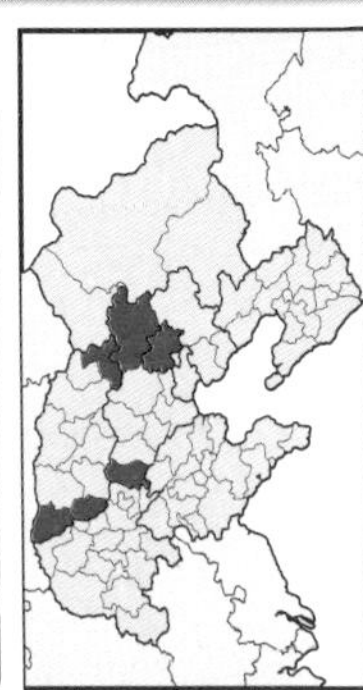

别名：
埃氏马先蒿

花期 1 2 3 4 5 6 7 8 9 10 11 12

- **外观：**多年生草本，高5–15厘米；
- **根茎：**无明显地上茎；
- **叶：**仅具基生叶；宽披针形，羽状深裂，呈羽状复叶状，边缘不整齐、具齿，具叶柄，叶柄被毛；
- **花序：**花单生，基生；花梗斜生或匍匐，被毛；
- **花：**花粉色，花冠两侧对称，二唇形；花瓣合生，上唇盔状，下唇3裂；萼片下部合生，上部5裂，被毛；雄蕊内藏；雌蕊1枚。

返顾马先蒿 *Pedicularis resupinata*

玄参科 马先蒿属

	平	低	中	高
城市				
湿地			✿	
荒地				
草丛			✿	
林地			✿	
石缝				

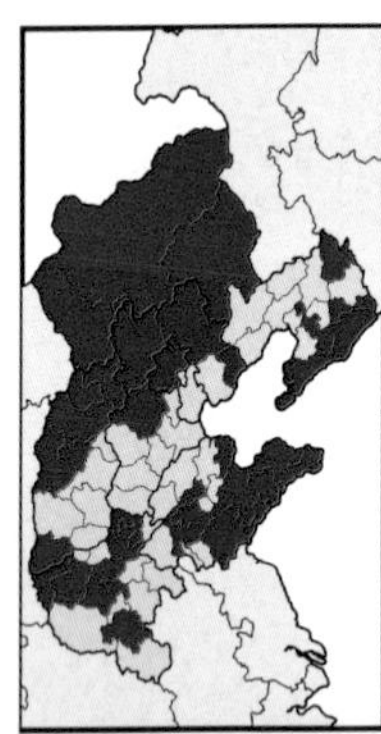

别名：
马尿烧

花期
1
2
3
4
5
6
7
8
9
10
11
12

- **外观：**多年生草本，高30–70厘米；
- **根茎：**茎直立，分枝；
- **叶：**叶互生；宽披针形，边缘具齿，具短叶柄；
- **花序：**总状花序，顶生；
- **花：**花紫红色，花冠两侧对称，二唇形；花瓣合生，上唇盔状，扭转，下唇3裂；萼片下部合生，上部2裂；雄蕊内藏；雌蕊1枚。

穗花马先蒿

	平	低	中	高
城市				
湿地				
荒地				
草丛			✿	
林地				
石缝				

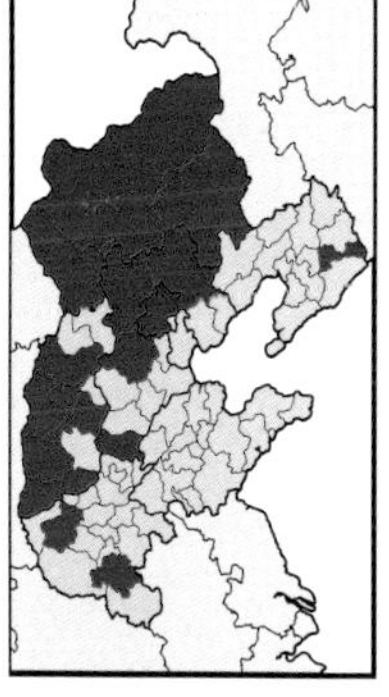

别名：
马蒿草
近似种：
轮叶马先蒿，多年生草本，叶披针形、深裂，花瓣上唇、下唇等长。

●**外观：**一年生草本，高20–50厘米；

●**根茎：**茎直立，分枝，被毛；

●**叶：**叶轮生，4枚一轮；披针形，边缘具齿，两面被毛，近无叶柄；

●**花序：**穗状花序，顶生；

●**花：**花紫红色，花冠两侧对称，二唇形；花瓣合生，上唇盔状，下唇3裂；萼片下部合生，上部3裂，被毛；雄蕊、雌蕊均内藏。

华北马先蒿 *Pedicularis tatarinowii*

玄参科 马先蒿属

	平	低	中	高
城市				
湿地				
荒地				
草丛			✿	✿
林地				
石缝				

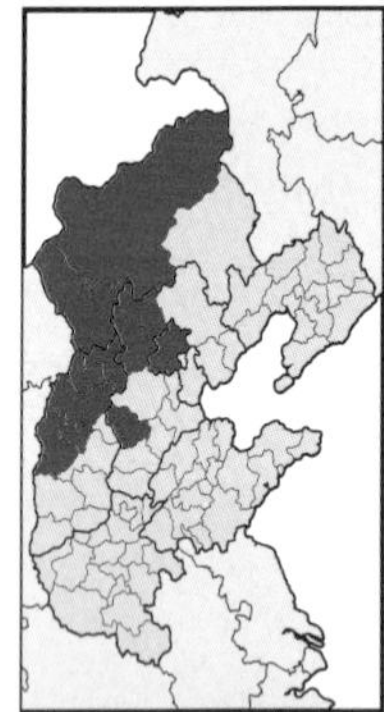

别名:
塔氏马先蒿

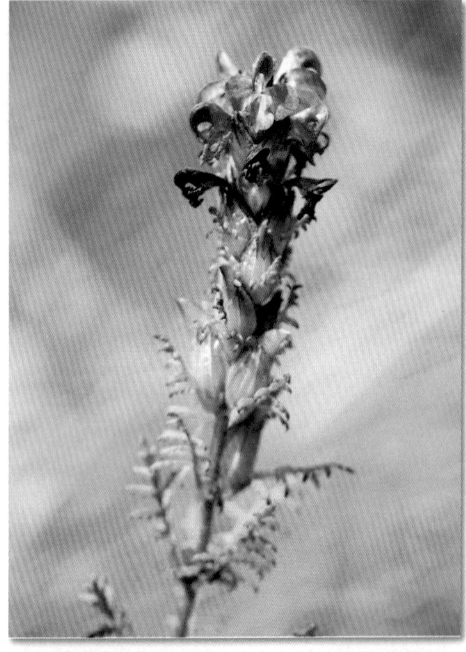

- **外观:** 一年生草本，高20－40厘米；
- **根茎:** 茎直立，分枝；
- **叶:** 叶轮生，4枚一轮；披针形，羽状深裂，边缘不整齐，近无叶柄；
- **花序:** 穗状花序，顶生；
- **花:** 花紫红色，花冠两侧对称，二唇形；花瓣合生，上唇盔状，下唇3裂；萼片膨大，下部合生，上部5裂，被毛；雄蕊、雌蕊均内藏。

松蒿

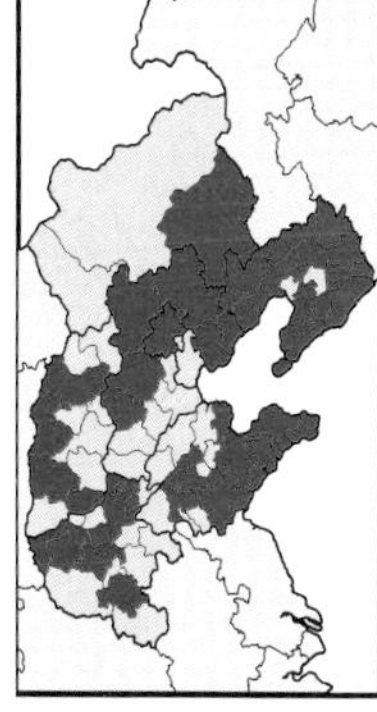

别名：
小盐灶草

●**外观：**一年生草本，高10–60厘米；

●**根茎：**茎直立，多分枝，被毛；

●**叶：**叶对生；卵形，三角状，羽状深裂，边缘不整齐、具齿，具叶柄；

●**花序：**花单生，腋生；

●**花：**花粉色，花冠两侧对称，二唇形；花瓣合生，被毛，上唇2裂，下唇3裂；萼片下部合生，上部5裂；雄蕊、雌蕊均内藏。

角蒿 *Incarvillea sinensis*

紫葳科 角蒿属

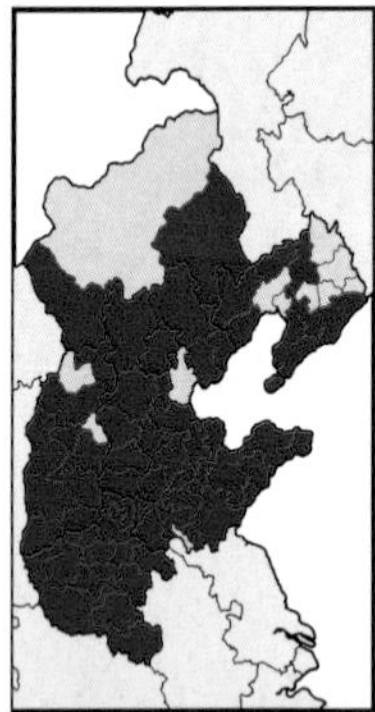

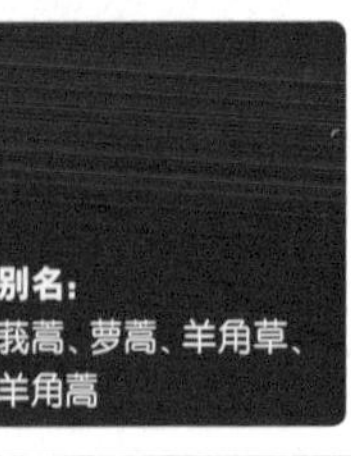

别名：
莪蒿、萝蒿、羊角草、羊角蒿

花期
1
2
3
4
5
6
7
8
9
10
11
12

- **外观：**一年生草本，高15–80厘米；
- **根茎：**茎直立，分枝，略被毛；
- **叶：**叶互生，有时对生；叶卵形，羽状深裂，呈羽状复叶状，裂片线形，边缘不整齐，具短叶柄；
- **花序：**总状花序，顶生；
- **花：**花紫红色，花冠两侧对称，二唇形；花瓣合生，上唇2裂，下唇3裂；萼片下部合生，上部5裂，被毛；雄蕊、雌蕊均内藏。

红色的花

大花剪秋萝 *Lychnis fulgens*

石竹科 剪秋萝属

	平	低	中	高
城市				
湿地				
荒地				
草丛			✿	
林地			✿	
石缝				

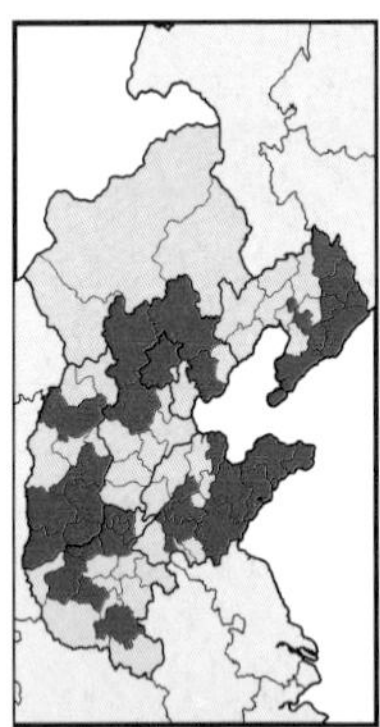

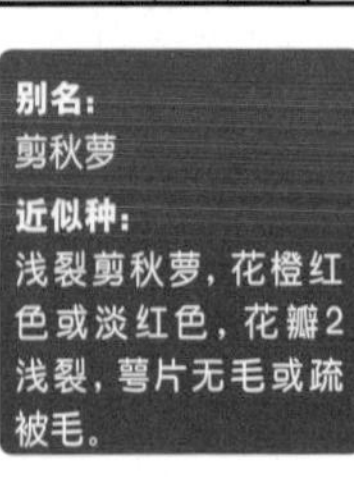

别名：
剪秋萝

近似种：
浅裂剪秋萝，花橙红色或淡红色，花瓣2浅裂，萼片无毛或疏被毛。

- **外观：**多年生草本，高50—80厘米；
- **根茎：**根纺锤形；茎直立，不分枝，节部膨大，被毛；
- **叶：**叶对生；长卵形，全缘，两面被毛，无叶柄；
- **花序：**聚伞花序，顶生；
- **花：**花深红色，花冠辐射对称；花瓣5枚，2深裂或中裂；萼片合生呈筒状，先端5裂，被毛；雄蕊10枚；雌蕊5枚。

胭脂花

Primula maximowiczii

报春花科 报春花属

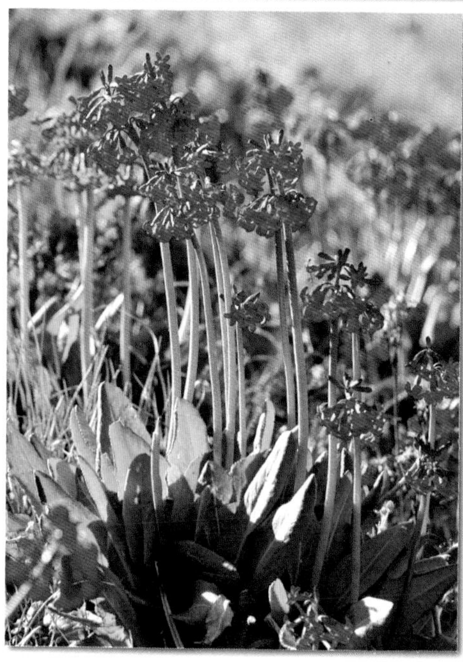

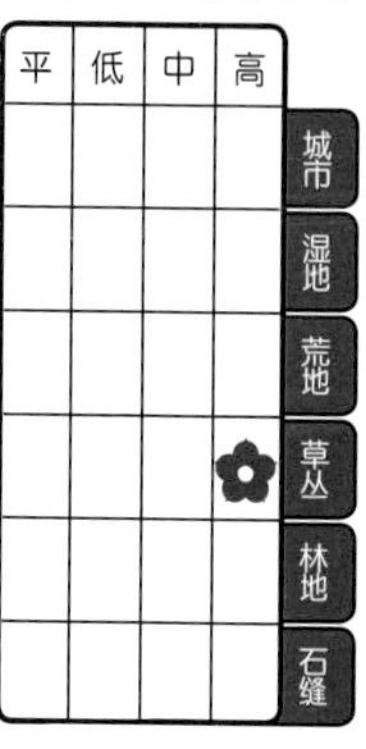

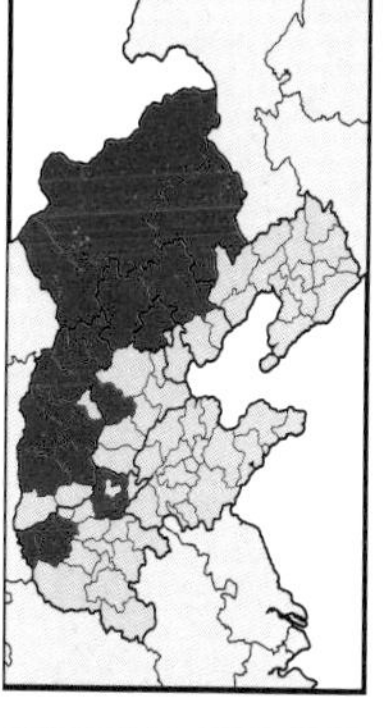

别名：

段报春

- **外观：** 多年生草本，高20−60厘米；
- **根茎：** 无明显地上茎；
- **叶：** 仅具基生叶；长圆形，边缘具齿，具叶柄；
- **花序：** 伞形花序，基生；花序梗直立；
- **花：** 花红色，花冠辐射对称；花瓣5枚，下部合生；萼片下部合生，上部5裂；雄蕊、雌蕊均内藏。

花期 1 2 3 4 5 6 7 8 9 10 11 12

白薇 *Cynanchum atratum*

萝藦科 鹅绒藤属

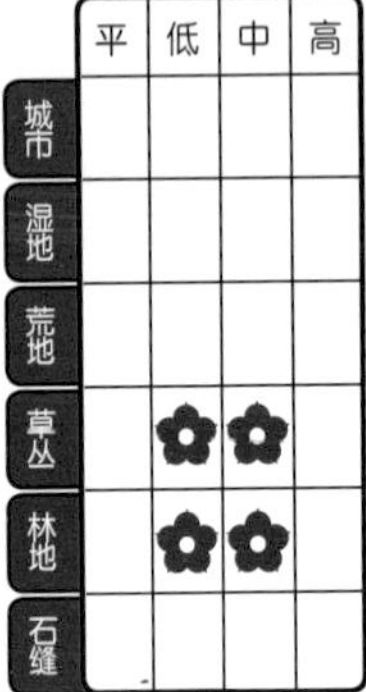

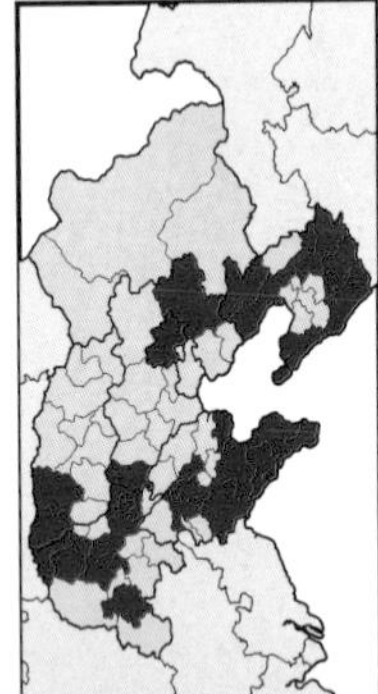

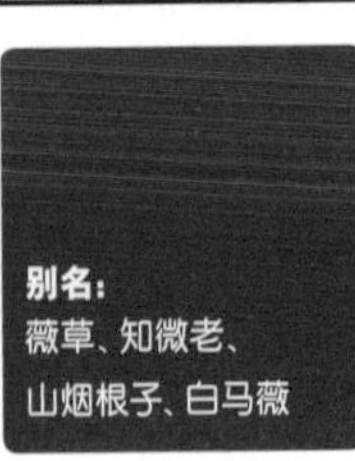

别名：
薇草、知微老、
山烟根子、白马薇

●**外观：**多年生草本，高30–70厘米；

●**根茎：**根须状，有香气；茎直立，不分枝，密被毛；植物体内具白色乳汁；

●**叶：**叶对生；宽卵形，全缘，两面被毛，具短叶柄；

●**花序：**聚伞花序，腋生；

●**花：**花褐色，花冠辐射对称；花瓣5枚，下部合生，喉部具5枚梯形附属物；萼片下部合生，上部5裂，外面被毛；雄蕊、雌蕊合生。

羊乳

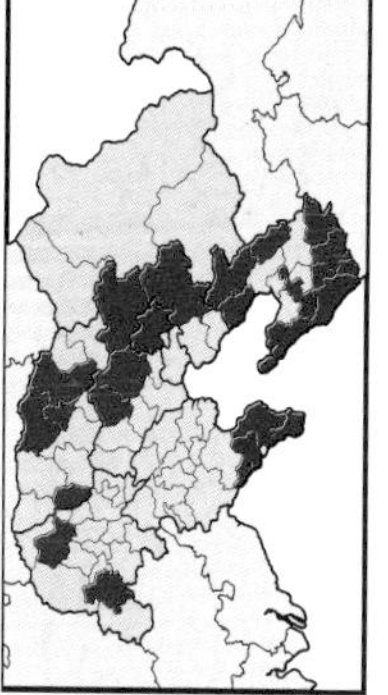

别名：
四叶参、羊奶参、轮叶党参

近似种：
党参，叶互生或对生，叶边缘略呈波状。

- **外观：**多年生草质藤本；
- **根茎：**根粗壮，圆锥形；植物体内具白色乳汁，有异味；
- **叶：**叶轮生或互生；长卵形，边缘具齿或全缘，具短叶柄；
- **花序：**花单生，顶生；
- **花：**花淡绿色，内部暗红色，花冠辐射对称；花瓣合生，顶部5裂；萼片下部合生，上部5裂；雄蕊5枚，内藏；雌蕊1枚，柱头3裂，内藏。

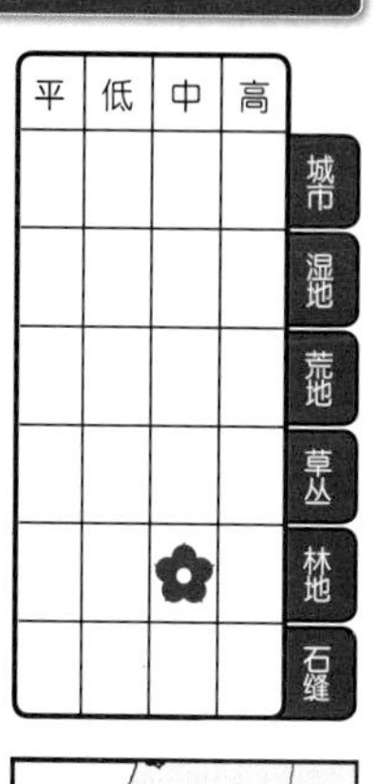

地榆 *Sanguisorba officinalis*

蔷薇科 地榆属

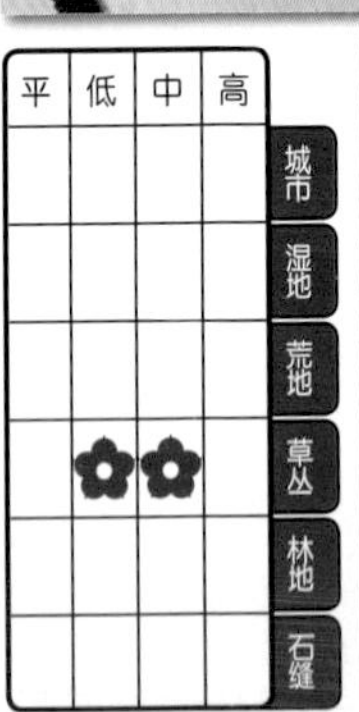

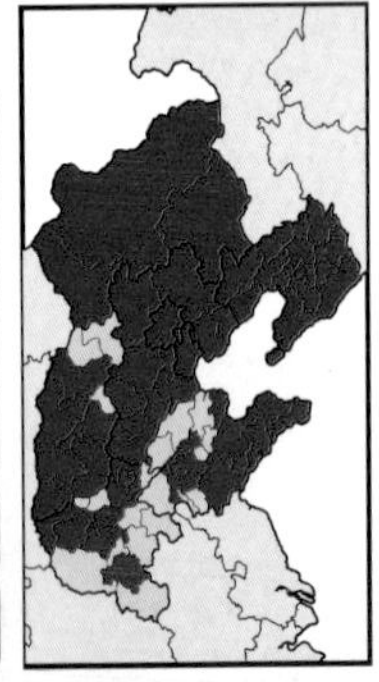

别名：
黄瓜香、山枣子、玉札

- **外观：** 多年生草本，高30–150厘米；
- **根茎：** 根呈纺锤形；茎直立，有时分枝，具棱；
- **叶：** 具基生叶，茎上叶互生；基生叶为奇数羽状复叶，小叶对生，长卵形，边缘具齿，具小叶柄；茎生叶同基生叶，小叶较狭长，具小叶柄或近无小叶柄；
- **花序：** 穗状花序，顶生；
- **花：** 花暗红色，花冠辐射对称；花被4枚；雄蕊4枚；雌蕊1枚，柱头微4裂。

有斑百合

Lilium concolor var. *pulchellum*

百合科 百合属

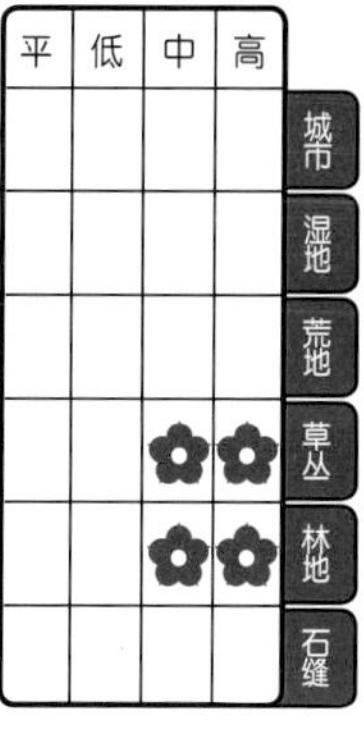

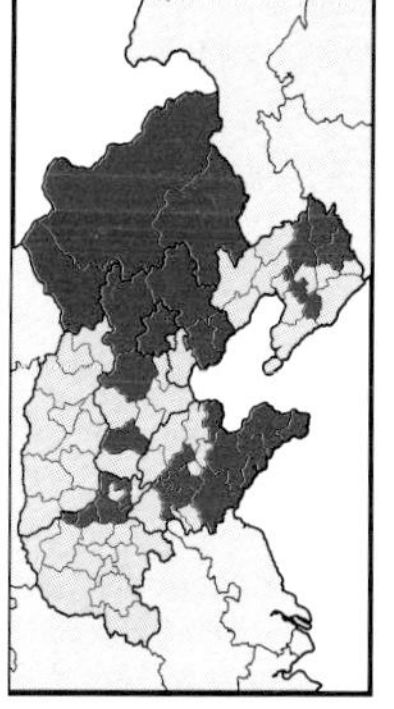

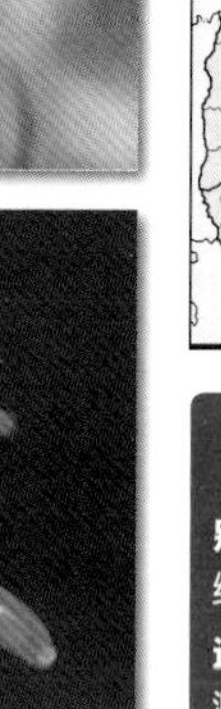

别名：
红百合

近似种：
渥丹，花被无深红色斑点。

●**外观：**多年生草本，高30－60厘米；

●**根茎：**鳞茎卵形；茎直立，不分枝；

●**叶：**叶互生；条形，全缘，近无叶柄；

●**花序：**花单生、有时总状花序，顶生；

●**花：**花红色或橘红色，花冠辐射对称；花被6枚，带深红色斑点；雄蕊6枚；雌蕊1枚。

山丹 *Lilium pumilum*

百合科 百合属

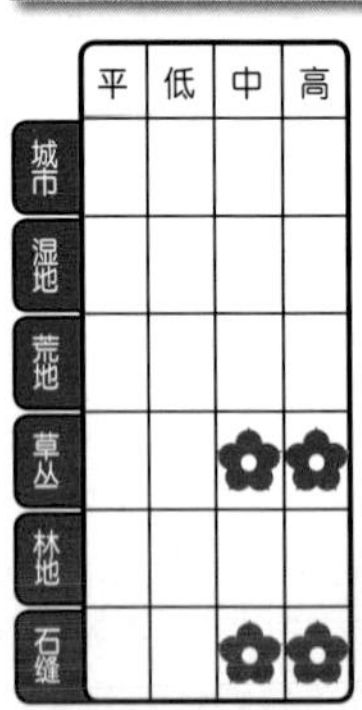

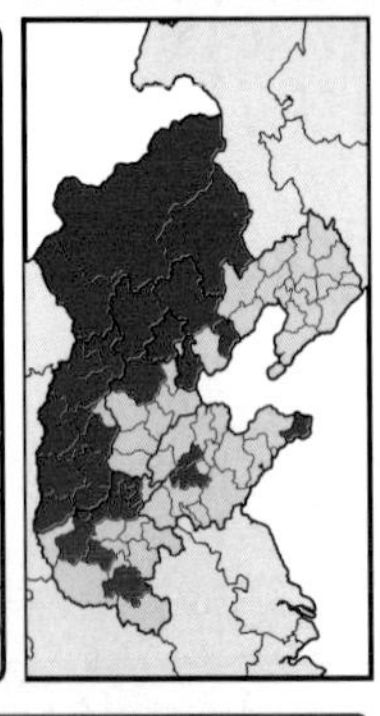

别名：
细叶百合、山丹丹花

●**外观：**多年生草本，高20－60厘米；

●**根茎：**鳞茎卵形；茎直立，不分枝；

●**叶：**叶互生；线形，全缘，近无叶柄；

●**花序：**花单生、或总状花序，顶生；

●**花：**花红色，花冠辐射对称；花被6枚；雄蕊6枚；雌蕊1枚。

藜芦

Veratrum nigrum
百合科 藜芦属

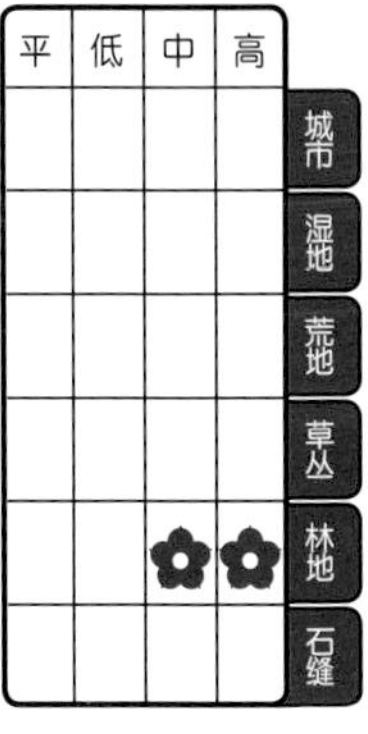

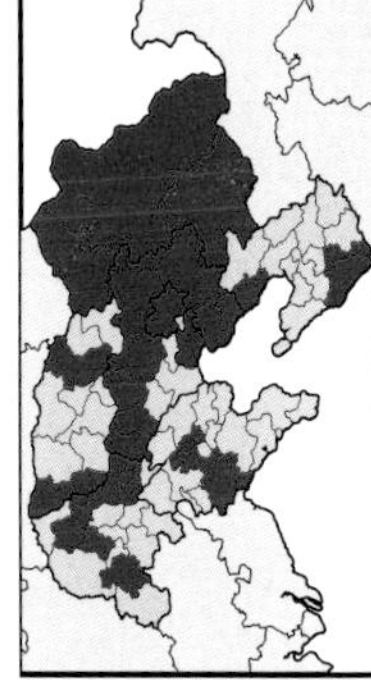

别名：
黑藜芦、山葱

●**外观：** 多年生草本，高20–100厘米；

●**根茎：** 茎直立，不分枝；

●**叶：** 叶互生；宽卵形，全缘，具短叶柄或近无叶柄；

●**花序：** 圆锥花序，顶生，被毛；

●**花：** 花褐色，花冠辐射对称；花被6枚；雄蕊6枚；雌蕊3枚，下部合生。

花期
1 2 3 4 5 6 7 8 9 10 11 12

紫苞风毛菊 *Saussurea iodostegia*

菊科 风毛菊属

	平	低	中	高
城市				
湿地				
荒地				
草丛			✿	✿
林地				
石缝				

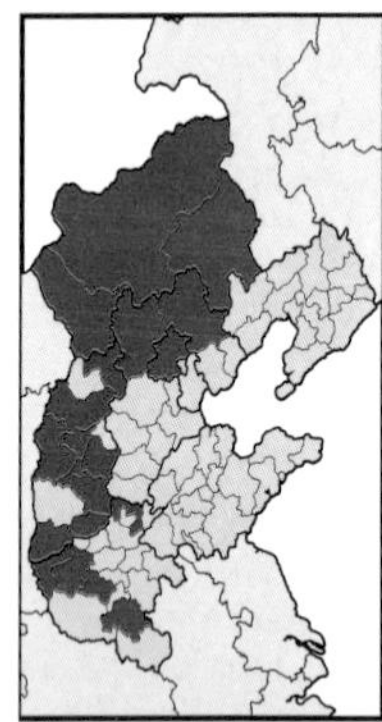

别名：
紫苞雪莲

- **外观：**多年生草本，高30－50厘米；
- **根茎：**茎直立，不分枝，略被毛，带紫色；
- **叶：**具基生叶，茎上叶互生；基生叶条形，边缘具齿，具叶柄；
  茎生叶同基生叶，无叶柄，叶基部抱茎，两面略被毛，靠近上部叶近全缘，带紫色；
- **花序：**头状花序，伞房状排列，顶生；苞片长卵形，紫色，被毛；
- **花：**花紫褐色，较小，聚集。

山牛蒡

Synurus deltoides
菊科 山牛蒡属

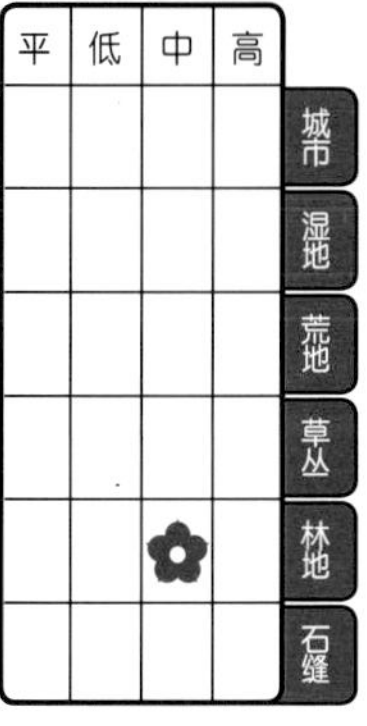

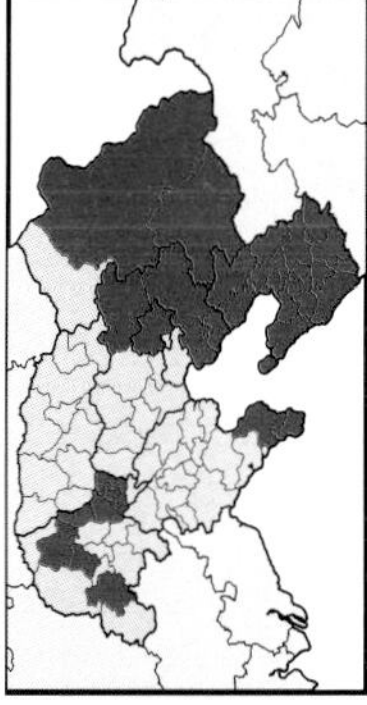

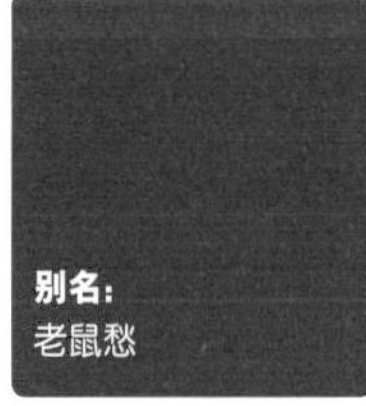

别名：
老鼠愁

- **外观：** 多年生草本，高50－150厘米；
- **根茎：** 茎直立，有时分枝，被毛，具棱；
- **叶：** 叶互生；长卵形，边缘具齿，上面略被毛，下面密被长毛，具长叶柄或短叶柄；
- **花序：** 头状花序，顶生；苞片披针形，密被长毛；
- **花：** 花红褐色，或深紫红色，较小，聚集。

狭叶香蒲 *Typha angustifolia*

香蒲科 香蒲属

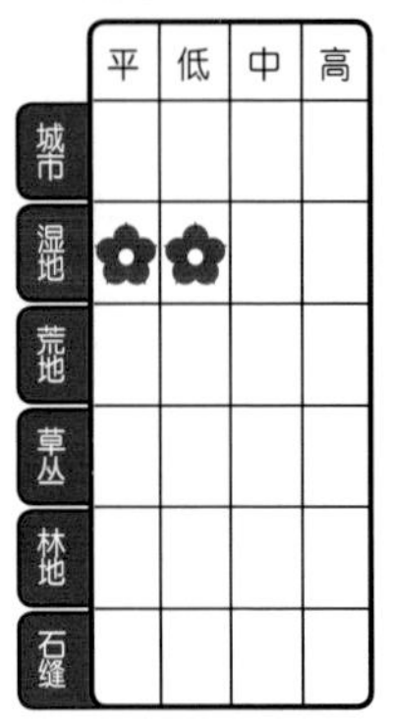

	平	低	中	高
城市				
湿地	✿	✿		
荒地				
草丛				
林地				
石缝				

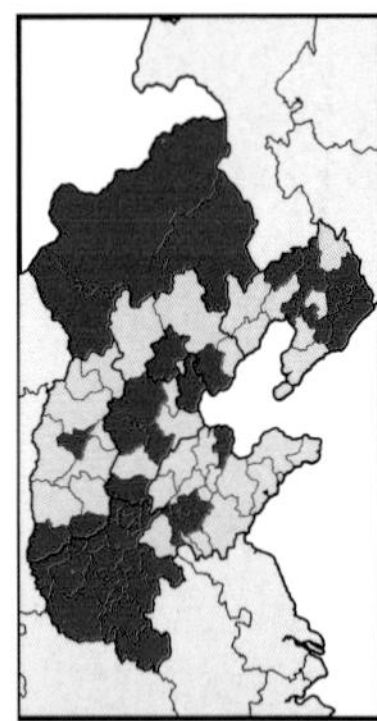

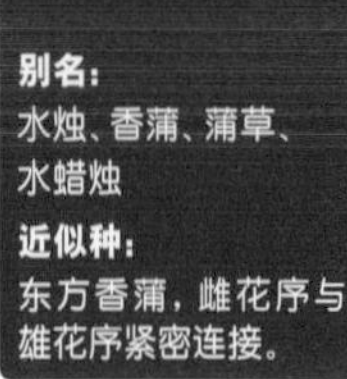

别名：
水烛、香蒲、蒲草、水蜡烛

近似种：
东方香蒲，雌花序与雄花序紧密连接。

●**外观：**多年生草本，高100–300厘米；

●**根茎：**茎直立，不分枝；

●**叶：**叶互生；线形，全缘，无叶柄，叶基部具鞘、抱茎；

●**花序：**雌雄异花，同株；肉穗花序，顶生；

雄花序在上，雌花序在下，雌花序与雄花序间隔一段距离；

●**花：**花褐色或黄绿色，无花被；雄蕊、雌蕊均不明显。

苦马豆

平	低	中	高	
				城市
				湿地
		✿	✿	荒地
		✿	✿	草丛
				林地
				石缝

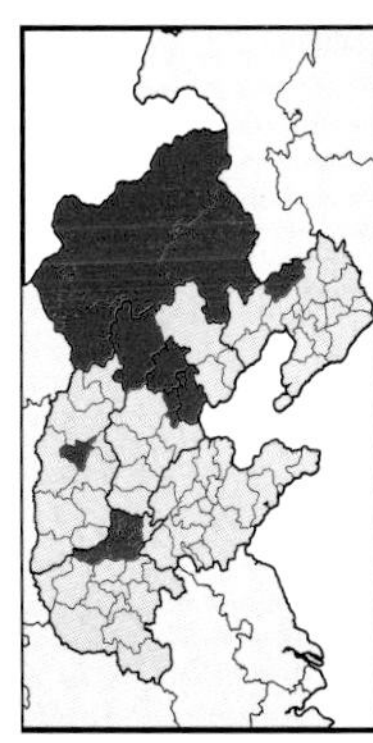

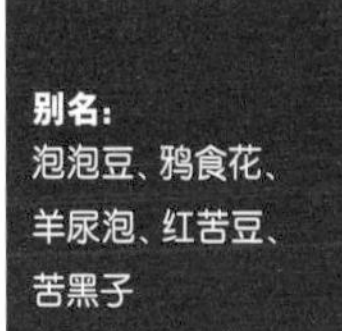

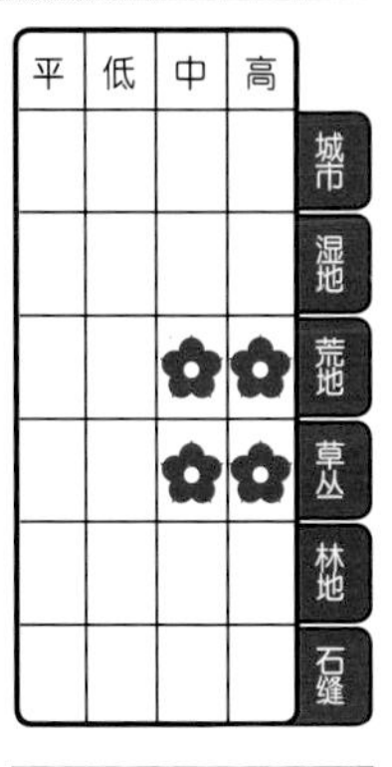

别名：
泡泡豆、鸦食花、羊尿泡、红苦豆、苦黑子

- **外观：** 多年生草本，高20－60厘米；
- **根茎：** 茎直立，分枝，被毛；
- **叶：** 叶互生；奇数羽状复叶，叶柄被毛，小叶对生，长卵形，全缘，两面被毛，具短小叶柄；
- **花序：** 总状花序，腋生，被毛；
- **花：** 花红色，花冠两侧对称，蝶形；花瓣5枚；萼片下部合生，上部5裂，被毛；雄蕊、雌蕊均内藏。

花期 1 2 3 4 5 6 7 8 9 10 11 12

地黄 *Rehmannia glutinosa*

玄参科 地黄属

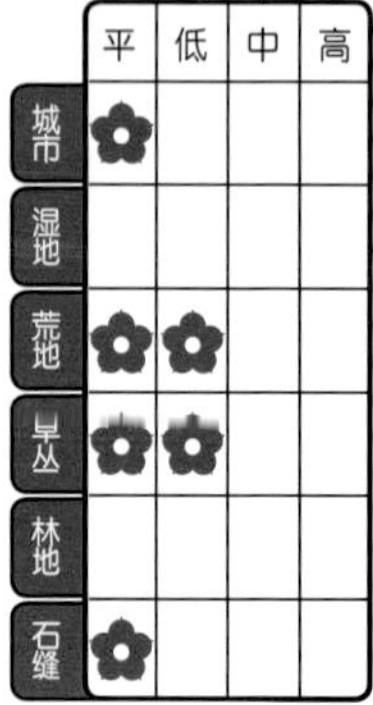

平
低
中
高
城市
湿地
荒地
旱丛
林地
石缝

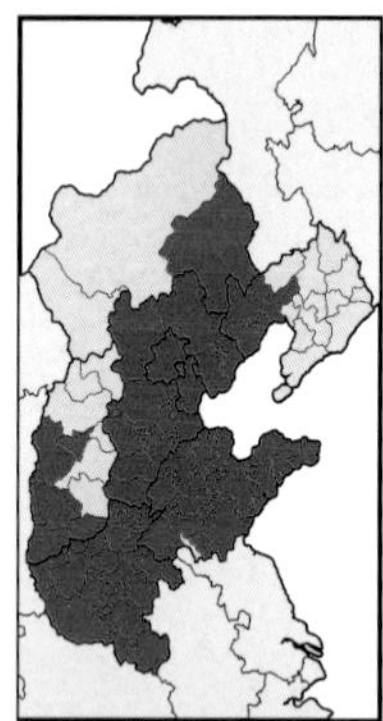

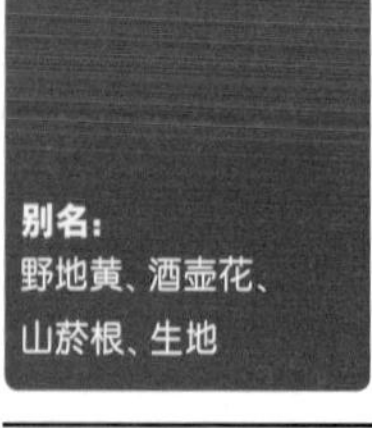

花期
1
2
3
4
5
6
7
8
9
10
11
12

●**外观**：多年生草本，高10—30厘米；

●**根茎**：根茎肉质；茎直立，不分枝，密被毛；

●**叶**：仅具基生叶；长卵形，边缘具齿，两面被毛，具叶柄，叶柄被毛；

●**花序**：总状花序，顶生，被毛；

●**花**：花红色或带黄色，花冠两侧对称，二唇形；花瓣合生，密被毛，上唇2裂，下唇3裂；萼片下部合生，上部5裂，密被毛；雄蕊2枚伸出，2枚内藏；雌蕊内藏。

绿色的花

钝叶瓦松 *Orostachys malacophyllus*

景天科 瓦松属

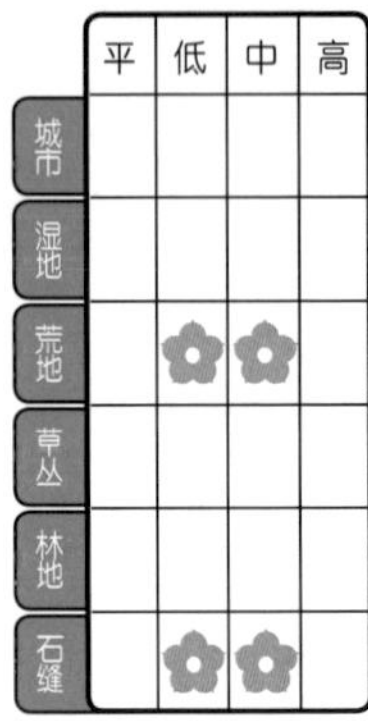

	平	低	中	高
城市				
湿地				
荒地		✿	✿	
草丛				
林地				
石缝		✿	✿	

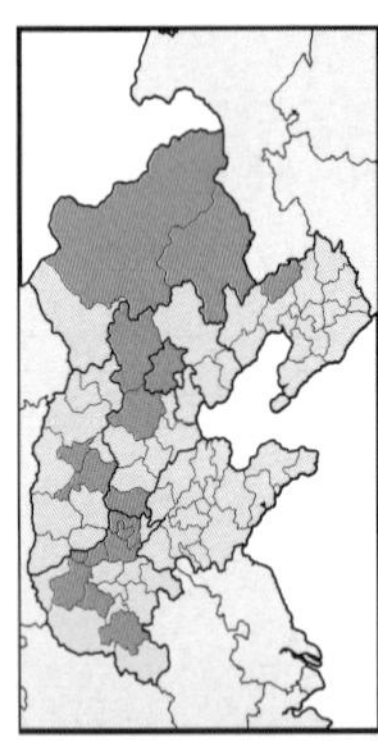

别名：
石莲花

花期
1
2
3
4
5
6
7
8
9
10
11
12

- **外观：** 二年生草本，高5—30厘米；
- **根茎：** 第一年无明显地上茎；第二年茎伸出，不分枝；
- **叶：** 具基生叶，茎上叶互生、排列紧密；第一年仅具基生叶，椭圆形，肉质，全缘，无叶柄；第二年具茎生叶，同基生叶；
- **花序：** 总状花序，顶生；
- **花：** 花绿色，有时带白色，花冠辐射对称；花瓣5枚；萼片5枚；雄蕊10枚；雌蕊5枚。

菟丝子

Cuscuta chinensis

旋花科 菟丝子属

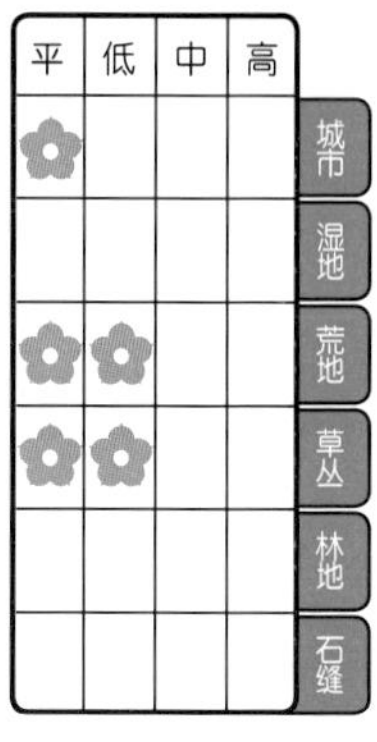

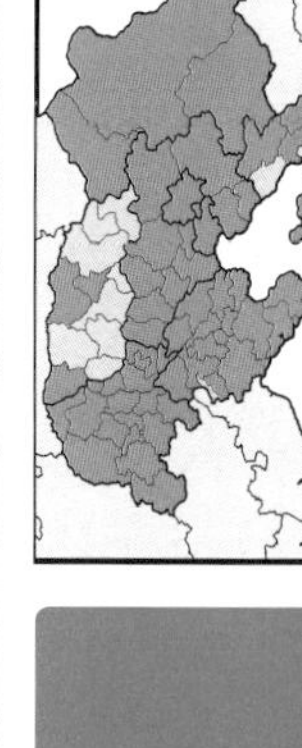

别名：
豆寄生、黄丝、无根草、金丝藤、山麻子

●**外观：**一年生草质藤本，寄生；

●**根茎：**茎黄色，纤细，分枝；

●**叶：**无叶；

●**花序：**伞形花序，有时簇生；

●**花：**花淡黄绿色，花冠辐射对称；花瓣下部合生，上部5裂；萼片下部合生，上部5裂，常不明显；雄蕊5枚；雌蕊2枚，常不明显。

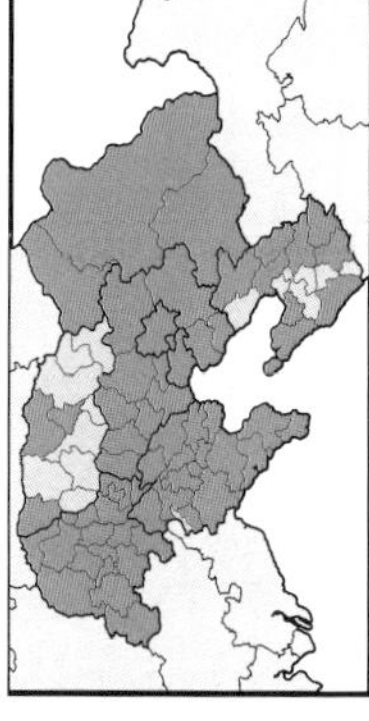

茜草 *Rubia cordifolia*

茜草科 茜草属

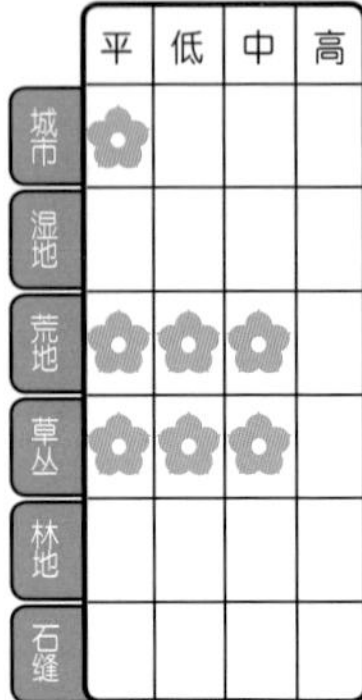

	平	低	中	高
城市	✿			
湿地				
荒地	✿	✿	✿	
草丛	✿	✿	✿	
林地				
石缝				

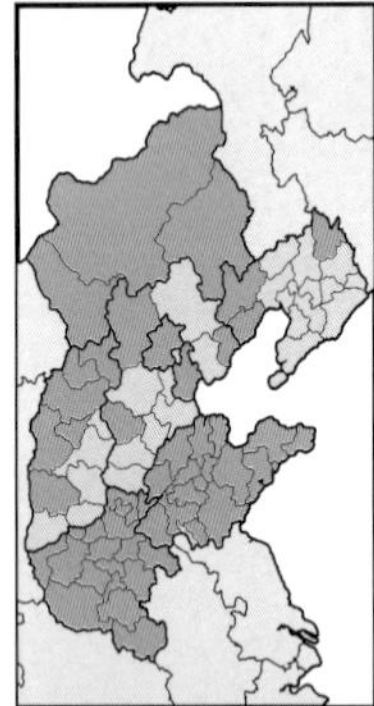

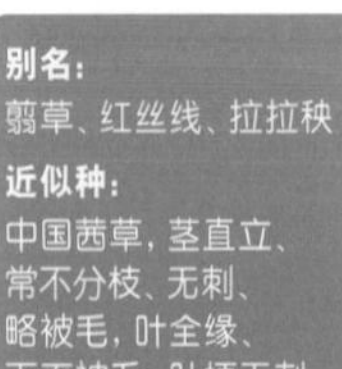

别名：

翦草、红丝线、拉拉秧

近似种：

中国茜草，茎直立、常不分枝、无刺、略被毛，叶全缘、下面被毛，叶柄无刺。

花期

1 2 3 4 5 6 7 8 9 10 11 12

●**外观：**多年生草质藤本；

●**根茎：**茎多分枝，具刺，四棱；

●**叶：**叶轮生，4枚一轮；长圆形，全缘或边缘具刺，具叶柄，叶柄具刺；

●**花序：**聚伞花序，顶生或腋生；

●**花：**花黄绿色，花冠辐射对称；花瓣下部合生，上部5裂（少有4裂）；萼片合生；雄蕊5枚；雌蕊2枚。

五福花

Adoxa moschatellina

五福花科 五福花属

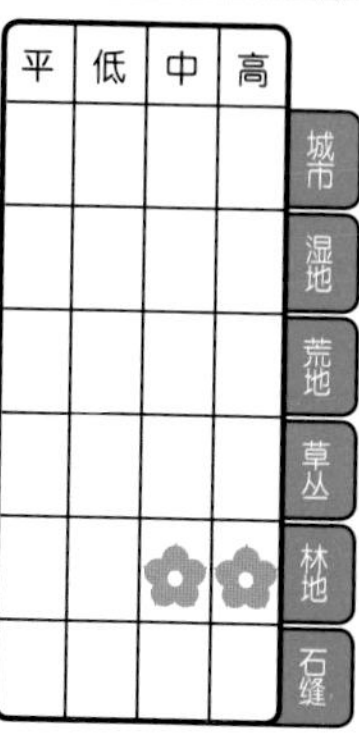

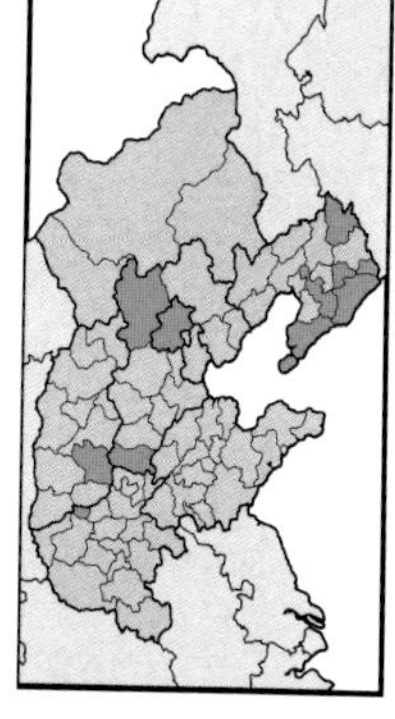

别名：
连福草

花期
1
2
3
4
5
6
7
8
9
10
11
12

● **外观：** 多年生草本，高5－15厘米；

● **根茎：** 茎直立，不分枝；

● **叶：** 具基生叶，茎上叶对生；基生叶为奇数羽状复叶，小叶对生，卵形，浅裂，边缘不整齐，具小叶柄；茎生叶同基生叶；

● **花序：** 聚伞花序，顶生；顶生花与侧生花异形，顶生花1朵，侧生花多朵；

● **花：** 花黄绿色，花冠辐射对称；侧生花花瓣5枚，基部合生，萼片下部合生，上部3裂，雄蕊10枚，雌蕊5枚；顶生花花瓣4枚，萼片2裂，雄蕊8枚，雌蕊4枚。

花锚 *Halenia sibirica*

龙胆科 花锚属

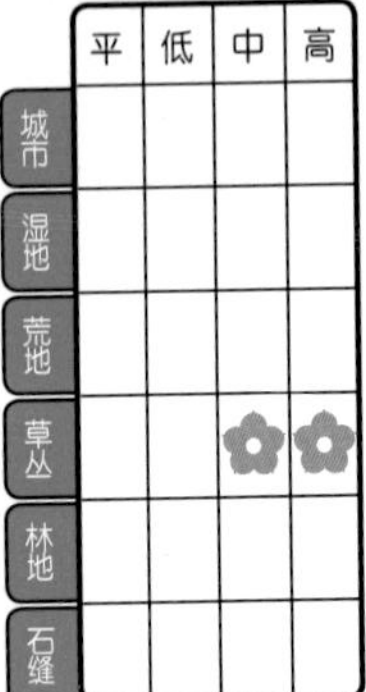

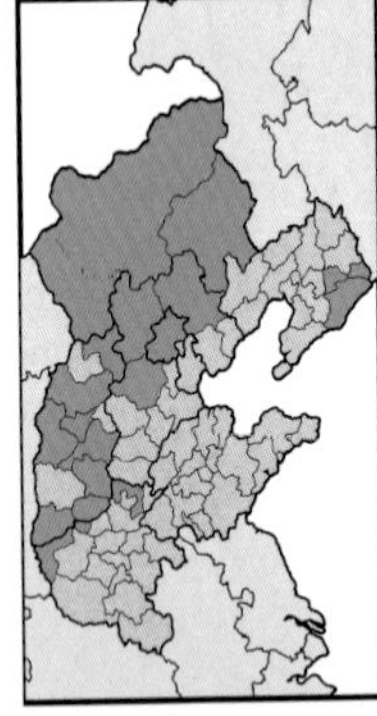

别名：
西伯利亚花锚

●**外观：** 一年生草本，高20–70厘米；

●**根茎：** 茎直立，分枝，具棱；

●**叶：** 叶对生；长卵形，全缘，具叶柄；

●**花序：** 聚伞花序，顶生或腋生；

●**花：** 花黄绿色，花冠辐射对称；花瓣4枚，下部合生，具长管、弯曲；萼片下部合生，上部4裂；雄蕊、雌蕊均内藏。

北重楼

Paris verticillata

百合科 重楼属

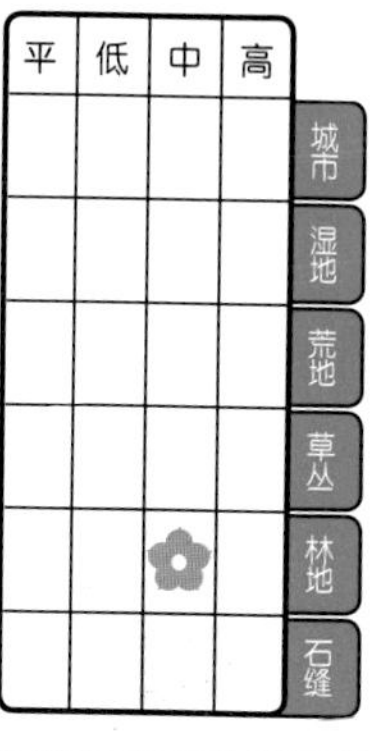

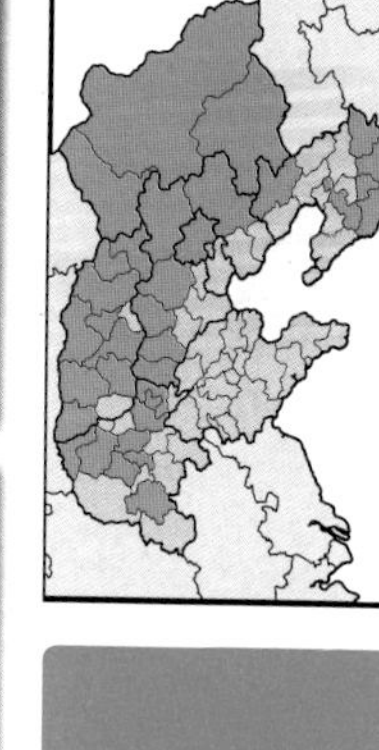

别名：
重楼、七叶一枝花、露水一颗珠、上天梯、轮叶王孙

- **外观：** 多年生草本，高20－60厘米；
- **根茎：** 茎直立，不分枝；
- **叶：** 叶轮生；长卵形，全缘，无叶柄；
- **花序：** 花单生，顶生；
- **花：** 花绿色，花冠辐射对称；花被4枚，叶状；雄蕊8枚；雌蕊1枚，柱头4裂。

花期
1
2
3
4
5
6
7
8
9
10
11
12

乳浆大戟 *Euphorbia esula*

大戟科 大戟属

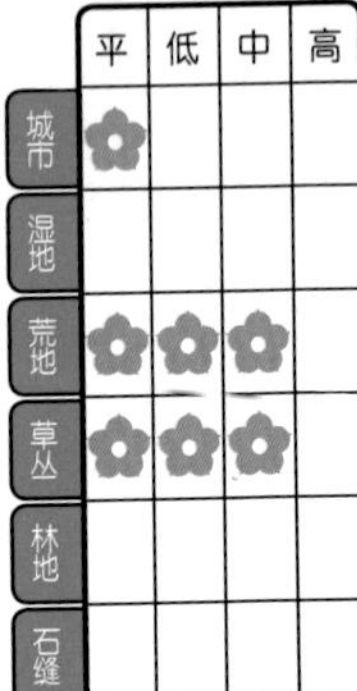

	平	低	中	高
城市	✿			
湿地				
荒地	✿	✿	✿	
草丛	✿	✿	✿	
林地				
石缝				

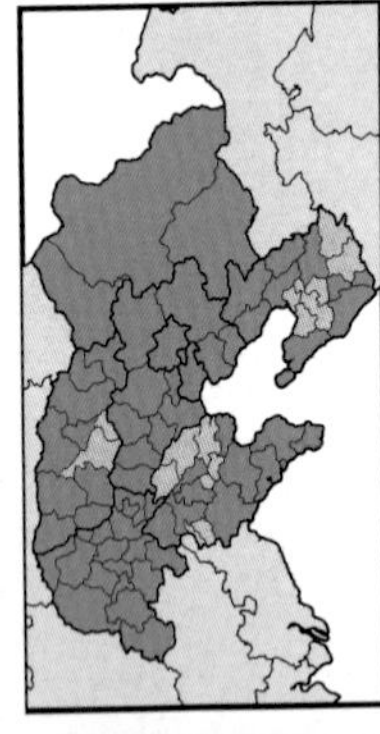

别名：
猫眼草、华北大戟、乳浆草、烂疤眼

近似种：
京大戟，茎被毛，叶下部略被毛。

花期
1 2 3 **4** **5** **6** 7 8 9 10 11 12

●**外观：** 多年生草本，高20－50厘米；

●**根茎：** 根圆柱形；茎直立，多分枝，有时具不发育枝；植物体内具白色乳汁；

●**叶：** 叶互生；狭披针形，全缘，无叶柄；

●**花序：** 雌雄异花，同株；聚伞花序，杯状；苞片半圆形；另具总苞片，叶状，轮生；

●**花：** 花绿色，有时黄绿色，无花被；雄花多朵，位于花序外侧，雄蕊1枚；
雌花1朵，位于花序中央，雌蕊3枚，柱头2裂。

黑三棱

Sparganium stoloniferum

黑三棱科 黑三棱属

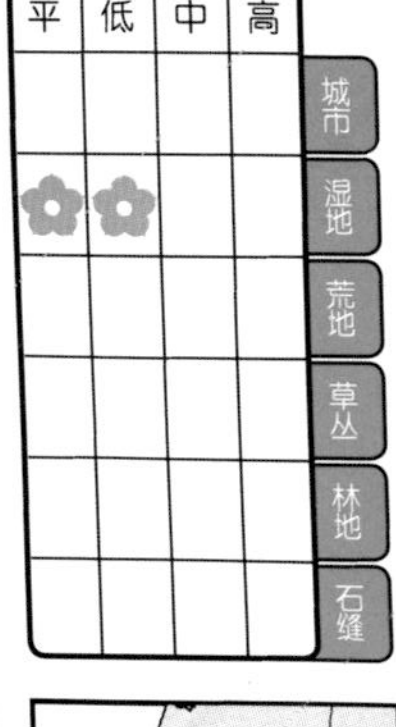

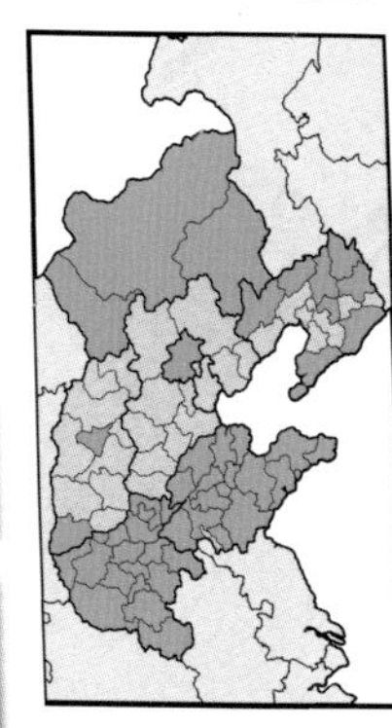

别名：
湖三棱、三棱

●**外观：**多年生草本，高50—120厘米；

●**根茎：**茎直立，有时分枝；

●**叶：**叶互生；线形，全缘，无叶柄，叶基部具鞘、抱茎；

●**花序：**雌雄异花，同株；头状花序，呈球形，顶生；
雄花序在上，雌花序在下，苞片叶状；

●**花：**花淡绿色或黄白色，无花被，较小，聚集。

花期

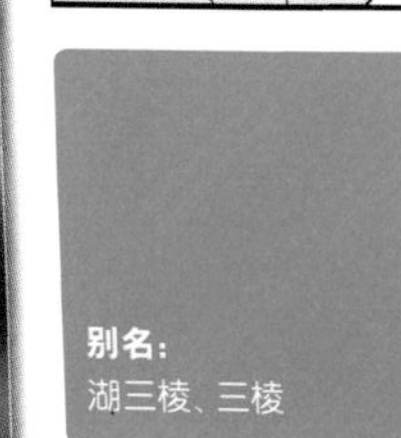

1 2 3 4 5 **6** **7** 8 9 10 11 12

菖蒲 *Acorus calamus*

天南星科 菖蒲属

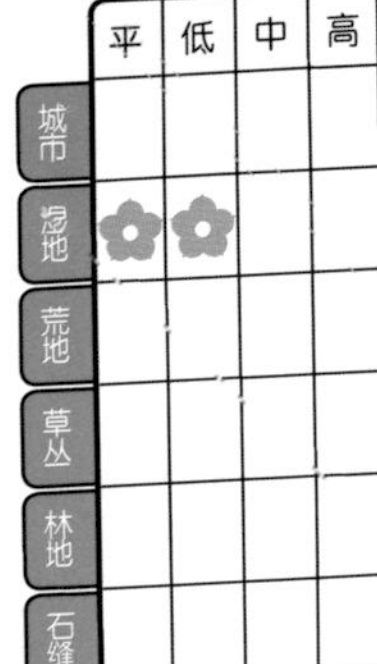

	平	低	中	高
城市				
湿地	✿	✿		
荒地				
草丛				
林地				
石缝				

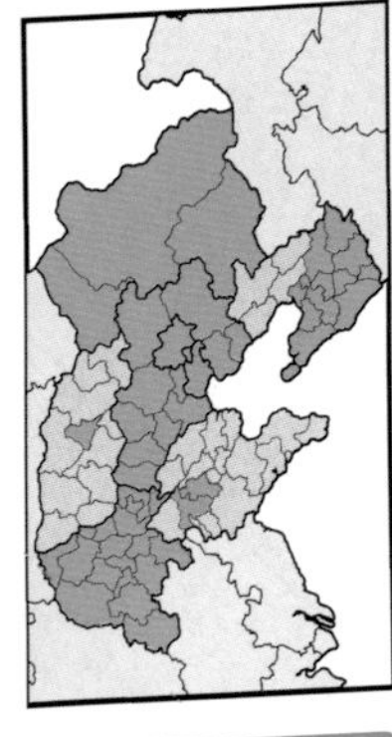

别名：
白菖蒲、臭蒲、泥菖蒲、水剑草、溪菖蒲

花期
1 2 3 4 **5 6 7** 8 9 10 11 12

- **外观：** 多年生草本，高30–70厘米；
- **根茎：** 根茎粗大，横走；无明显地上茎；
- **叶：** 仅具基生叶；条形，全缘，无叶柄，叶基部具鞘；
- **花序：** 肉穗花序，基生；花序梗直立，叶状，花序生于花序梗中上部；
- **花：** 花黄绿色，无花被，较小，聚集。

北马兜铃

Aristolochia contorta

马兜铃科 马兜铃属

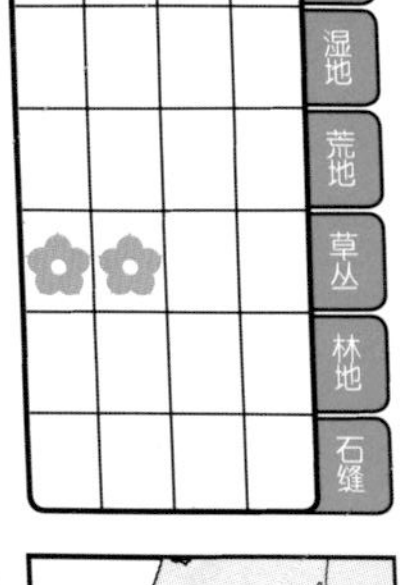

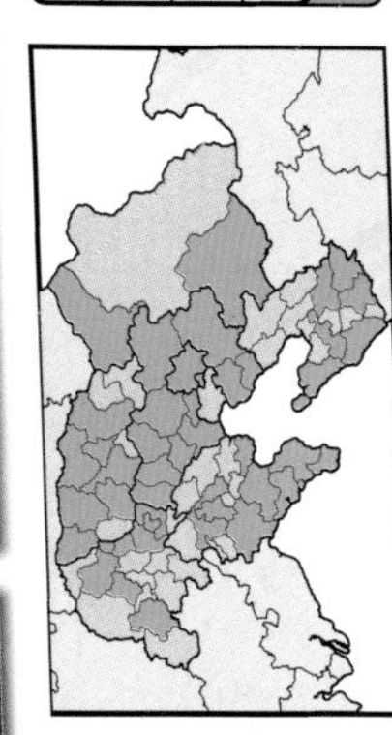

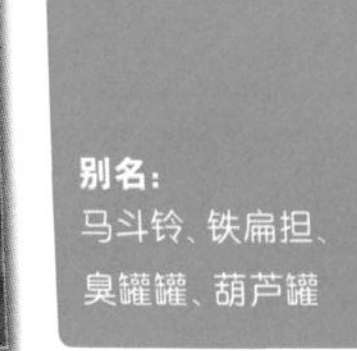

别名：
马斗铃、铁扁担、臭罐罐、葫芦罐

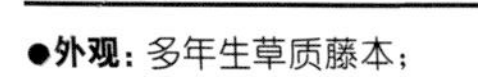

花期
1
2
3
4
5
6
7
8
9
10
11
12

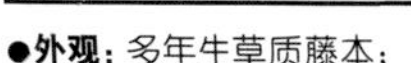

●**外观：**多年生草质藤本；

●**根茎：**茎细长，分枝，常具纵沟；

●**叶：**叶互生；卵状心形，全缘，具叶柄；

●**花序：**总状花序、有时花单生，腋生；

●**花：**花绿色，花冠两侧对称；花被合生呈管状，基部膨大呈球形；雄蕊、雌蕊均内藏。

一把伞南星 *Arisaema erubescens*

天南星科 天南星属

花期 1 2 3 4 5 6 7 8 9 10 11 12

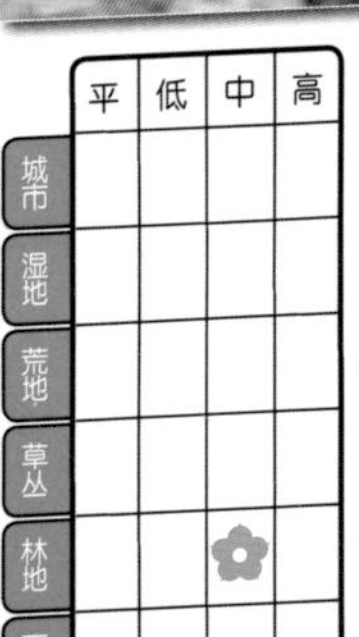

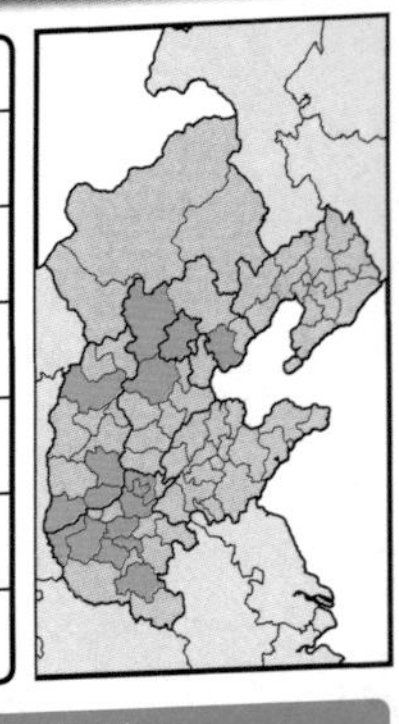

别名： 山苞米、天南星、蛇子麦、虎掌南星、麻芋杆

近似种： 东北天南星，小叶卵形，3–5枚，先端不呈丝状。

- **外观：** 多年生草本，高20–80厘米；
- **根茎：** 块茎球形，略扁；无明显地上茎；
- **叶：** 仅具基生叶，1枚；掌状复叶，呈伞形，具长叶柄、直立，小叶披针形，全缘，先端丝状，无小叶柄；
- **花序：** 雌雄异株；肉穗花序，基生；花序梗直立，花序包于绿色筒状佛焰苞内；
- **花：** 花绿色，较小，聚集。

半夏

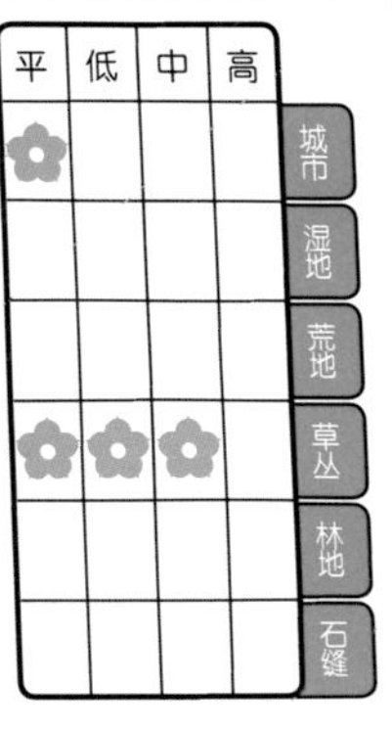

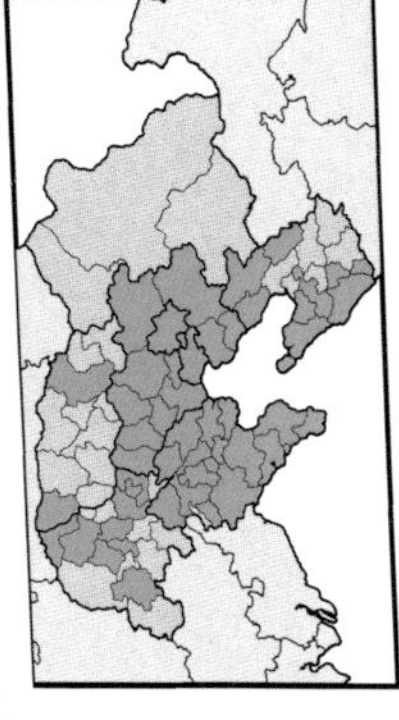

别名：
三叶半夏、土半夏、三步跳、老鸦眼、小天老星

●**外观：**多年生草本，高10—30厘米；

●**根茎：**块茎球形；无明显地上茎；

●**叶：**仅具基生叶；掌状复叶，具长叶柄、直立，小叶3枚，长卵形，全缘，近无小叶柄；

●**花序：**肉穗花序，基生；花序梗直立，花序包于绿色筒状佛焰苞内；

●**花：**花绿色，较小，聚集。

羊耳蒜 *Liparis japonica*

兰科 羊耳蒜属

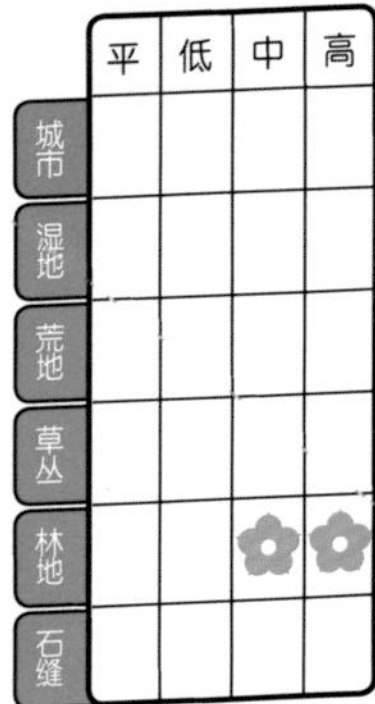

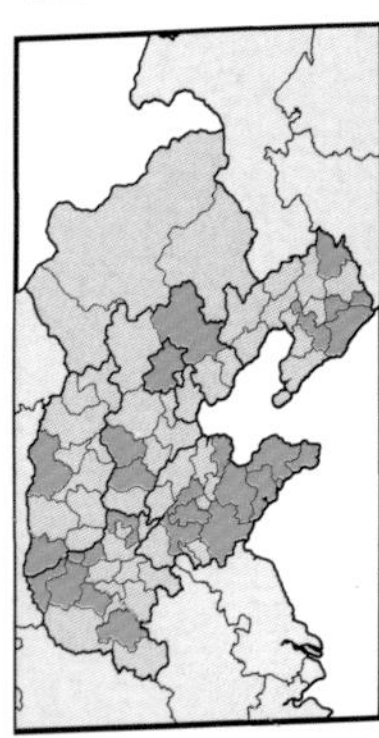

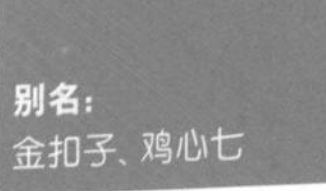

别名：
金扣子、鸡心七

●外观：多年生草本，高20—60厘米；

●根茎：鳞茎卵形；茎直立，不分枝；

●叶：仅具基生叶。2枚；长卵形，全缘，具短叶柄，叶柄基部鞘状；

●花序：总状花序，顶生；

●花：花绿色，或带紫褐色，花冠两侧对称；花被6枚，2轮，特化；雄蕊、雌蕊均不明显。

华北对叶兰

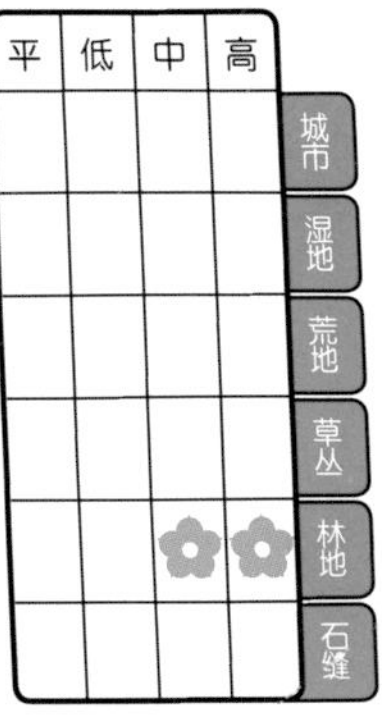

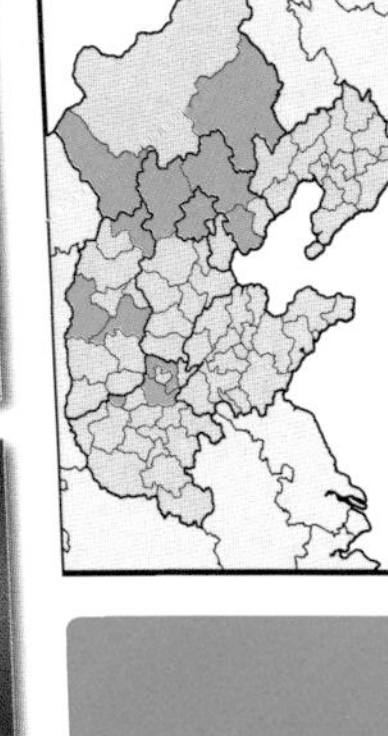

别名:
对叶兰

花期
1
2
3
4
5
6
7
8
9
10
11
12

- **外观:** 多年生草本，高10–20厘米；
- **根茎:** 茎直立，不分枝；
- **叶:** 叶对生，2枚；宽卵形，全缘，有时边缘波状，近无叶柄；
- **花序:** 总状花序，顶生；
- **花:** 花绿色，花冠两侧对称；花被6枚，2轮，特化；雄蕊、雌蕊均不明显。

二叶舌唇兰 *Platanthera chlorantha*

兰科 舌唇兰属

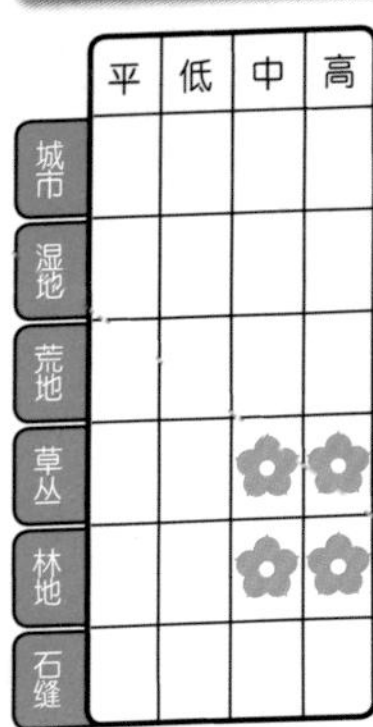

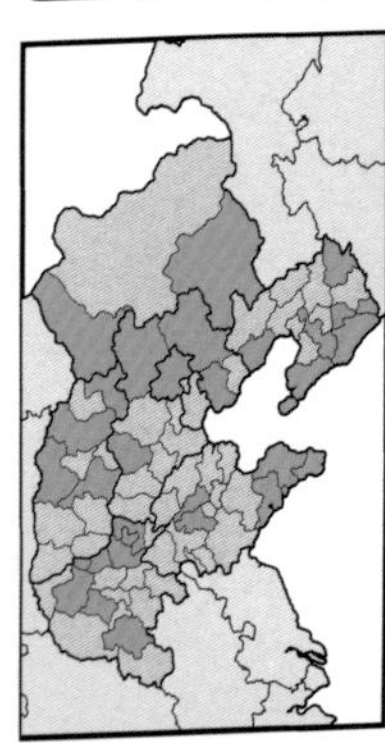

别名：
大叶长距兰

花期 1 2 3 4 5 6 7 8 9 10 11 12

● **外观：** 多年生草本，高20－60厘米；

● **根茎：** 茎直立，不分枝；

● **叶：** 具基生叶，茎上叶互生；基生叶2枚，长圆形，全缘，具叶柄，叶柄具鞘；茎生叶同基生叶，较小，常不明显；

● **花序：** 总状花序，顶生；

● **花：** 花绿色，花冠两侧对称；花被6枚，2轮，特化；雄蕊、雌蕊均不明显。

分科索引

茄科 Solanaceae

玄参科 Scrophulariaceae

紫葳科 Bignoniaceae

列当科 Orobanchaceae

苦苣苔科 Gesneriaceae

茜草科 Rubiaceae

五福花科 Adoxaceae

黑三棱科 Sparganiaceae

泽泻科 Alismataceae

花蔺科 Butomaceae

水鳖科 Hydrocharitaceae

天南星科 Araceae

鸭跖草科 Commelinaceae

雨久花科 Pontederiaceae

百合科 Liliaceae

鸢尾科 Iridaceae

兰科 Orchidaceae

与花草结缘的日子 代后记

如果强行将人们分为两类：能够感受得到大自然的秀美与神奇之人，和不能感受的人，那么我想说，难以和自然沟通的人，生活中或许会丧失许多乐趣。

当然每个人对于大自然的理解、感受和兴趣所在，各不相同。有人喜欢飞鸟，有人喜欢昆虫，有人喜欢岩石、云朵或者雪花，于我，喜欢花草，是自小就养成的兴趣。小时候在野地里乱跑，听大人说，这是地黄，这是罗布麻，这是蒲公英，这是紫花地丁，感觉那些植物形状颜色各不相同，感叹总有那么多花草，花开花落，生机勃勃。

确定与花草产生千丝万缕的纠结，是在大学期间。曾经喜欢鸟，喜欢虫子，喜欢很多东西，但自植物实习之后，忽然有一种隐约的感觉，去了解、去认知、去研究花草，或许是最适合我的。于是考取了植物分类的研究生，于是算是正式与花草们结缘。

我想，喜欢野花的人是极其幸福的——因为花草们就生长在某处，不用追逐，不用躲藏或者闪避，就可以尽情欣赏；而在这世上，植物的种类如此繁多，想必一个人一生，也不可能见到所有，认识所有，所以总会有新鲜植物出现，不会令人厌倦。自从迷恋植物摄影起，拍摄花草照片，便成了我的一大乐趣所在，不同种类，不同角度，不同环境，不同地点……总之植物摄影就像永无止境的收藏，令人乐此不疲。

在野外的游走、研究或拍摄过程中，我结识了许多热爱自然、户外、植物或者摄影的朋友，和他们探讨野外所见的植物种类时，有个念头油然而生：如果有一本合适的彩色图鉴，方便携带，方便使用，将会有更多的朋友可以了解花草、认识花草、从而获得更多快乐。专业书籍对于初学者或爱好者，有时略显艰涩，而可以购买到的图谱，大都存在使用不便的问题——正因如此，在看到欧美、日本乃至我国台湾出版的植物图鉴后，我才想要做一本大陆地区的图鉴，便于使用，面向更多人。于是，这本书便有了存在的理由，于是，我和朋友们便开始为之努力。

后记+致谢

在此，我要感谢我的植物分类学导师，北京师范大学的刘全儒教授。刘先生所传授的知识与见识，令我编著出版这本书有了可能性，而无论上学期间，抑或毕业之后，刘先生所给予的照顾和指导，可谓令人受用终身。

其次，我要感谢如今所在的工作单位，《中国国家地理》杂志社。在此工作的两年时间，令我学会了如何统筹与表达，令我了解到如何将知识简单、清晰、明确地讲述给他人。正是这些经验与历练，让我将本书的重点，由植物分类或者图片展示，转换到读者切实的需求，转换到实用性上。

此外，感谢《中国国家地理》杂志执行总编单之蔷先生慨然赠序，感谢中国林业出版社和责编张衍辉的理解与支持，感谢为本书做设计的美编们辛苦而精心的工作，感谢提供图片和帮助忙活的朋友们，还有，感谢“白暨豚”工作室的每一位成员，正是有你们的支持，我才能够坚持到最后，才会在冰河期感到并不孤单，这本书并非属于我一人，而是属于我们整个团队。

最后，要向两个生态摄影网站——绿镜头和山花浪漫——的朋友们致谢，一起上山、一起下水、一起拍摄和风餐露宿的日子，有你们陪伴的旅途，是草长花飞的行程。

王 辰

2008年春末于京

附：作者简介

王辰，1981年生人，北京土著。

20世纪末低调进入北京师范大学，一度潜心于植物、环境、生态学研究，历时七年，获理学硕士学位；现效力于《中国国家地理》杂志社，忝为青春版编辑，从事谈话、书写、琢磨工作。

曾出版科普读物《虫在江湖》、《常见植物野外识别手册》，及青春小说《坐在对岸的企鹅》、《坐在对岸的企鹅2：南极圈外》，并成功兜售文字、摄影作品百余篇。单纯地热爱自然，热爱花草，热衷于收集植物图片，游走于城镇与野地之间，接受荒郊野岭与繁华都市的双重磨砺。

"白暨豚"工作室

白暨豚工作室由一群爱好博物学的年轻人组成，他们倡导自然观察，并致力于拍摄和绘画中国的自然历史，"白暨豚"博物学图鉴系列就是他们的作品。

你喜欢大自然吗？
你想知道你周围野花、野草和大树的名字吗？
你想了解蝴蝶在展翅飞翔之前幼虫的样子吗？
你能通过小鸟叫声而叫出它们的名字吗？
你认识几种青蛙？
你想知道野地上的脚印是什么动物留下的吗？
你对山涧溪流里鱼和螃蟹感兴趣吗？
你收集贝壳吗？
你找到过真正的化石吗？
你想过脚下不起眼的石头也能分为许多种类吗？
你懂得看云识天气吗？
你能找到牛郎星和织女星吗？
……

不要担心，其实它们一点都不难！
何止不难，简直会让你感觉乐在其中！
只要你有了——"白暨豚"博物学图鉴。
有了这些小册子，你就有了观察自然的基本工具。
它们就像一群专家随时陪伴在你的身边。
现在就开始你的发现之旅吧！
大自然里有丰富的知识、无穷的奥秘和乐趣，等着你去认领。

“白暨豚”工作室计划出版：

蝴蝶与蛾

美丽的蝴蝶就像花从中的精灵，蛾子也并非那么招人厌恶。然而，当蝴蝶还是毛毛虫的时候，你能认出它们吗？你想知道它们是吃什么食物长大的吗？你想了解蛾子如何展现出憨厚、聪明与艳丽吗？这是一本不同于简单蝴蝶图谱的书，这些“会飞的花朵”从卵、幼虫、蛹到成虫的每一个形态，都将展示在你面前！

华北常见鸟类

小鸟或者在枝头鸣唱，或者忙于筑巢、取食，或者只是从你面前展翅飞过，怎样才能在一瞬间辨别它们的种类？在这本书中，你不仅可以了解到快速识别小鸟的方法，而且将会轻易掌握，在什么季节能看到什么鸟，去什么地方能看到什么鸟，而且，最重要的，闭上眼睛，听听叫声，就能知道是什么鸟儿出现了。

湿地植物

河流、湖泊、小溪、池塘……有水的地方就是湿地。生活在湿地中的动物们，无论是水鸟、青蛙、蜻蜓或者成群结队的蚊子，它们都离不开湿地中的植物。这本书会为你介绍我国常见的湿地植物种类，并且告诉你这些植物对于动物、环境乃至人类的作用。不起眼的“水草”们，可以搭建起一个令你难以想像的完美绿色世界！

图片及设计版权

本书摄影作品版权归原作者所有，作品对应作者的详细情况如下：

唐志远（共31张）
金莲花（上）、爪虎耳草（上）、红旱莲（上）、阴行草（上）、银莲花（下）、东方草莓（下）、日本菟丝子（上）、苦参（下）、薄荷（下）、花葱（下）、雨久花（下）、北山莴苣（下）、小药八旦子（上）、西伯利亚远志（上）、斑叶堇菜（上）、活血丹（上）、丹参（上）、通泉草（下）、瞿麦（上）、独根草（上）、二色补血草（下）、烟管蓟（下）、祁州漏芦（上）、裂叶堇菜（下）、中华秋海棠（上）、柳兰（上）、绶草（上）、松蒿（上）、胭脂花（上）、钝叶瓦松（上）、羊耳蒜（上）

黎敏（共16张）
球果焯菜（上）、狭苞橐吾（下）、珊瑚兰（上）、红纹马先蒿（上、下）、玉竹（上、下）、鹿蹄草（上）、白苞筋骨草（上）、矮紫苞鸢尾（上）、毛脉柳叶菜（上）、大花杓兰（上）、山萝花（上）、大花剪秋萝（下）、黑三棱（上）、华北对叶兰（下）

欧智（共15张）
甘菊（上）、狭苞橐吾（上）、天仙子（下）、铃铃香青（上）、华北蓝盆花（上）、岩青兰（上）、瓦松（上）、华北景天（上）、手参（上）、益母草（上）、百里香（上）、羊乳（上、下）、华北对叶兰（上）、二叶舌唇兰（上）

邱仲恒（共9张）
草芍药（下）、水毛茛（上）、滨紫草（上）、勿忘草（上）、三褶脉紫菀（下）、荫生鼠尾草（下）、列当（上）、白鲜（上）、有斑百合（下）

杨奕绯（共6张）
野罂粟（上）、黄花油点草（下）、棉团铁线莲（上）、瓣蕊唐松草（下）、草本威灵仙（上、下）

吴双（共4张）
牛繁缕（上、下）、蛇床（下）、茜草（上）

牛洋（共1张）
青杞（上）

韩烁（共1张）
桃叶鸦葱（下）

除上述标注的图片外，其余为王辰拍摄。